JN094753

第五版

有機化学の理論

学生の質問に答えるノート

山口達明

三共出版

序に代えて　質問は創造の原点

　Issac Newton による "*Quæstiones quædam Philosophicæ*"（哲学に関する
いくつかの疑問）と題するラテン語で書かれた手稿が残されている．ケンブリ
ッジ大学トリニティカレッジの学生時代（1661-1665）に書きためたノートで
ある．哲学といっても，現代では自然科学とされる諸問題が大部分で，例えば，
「第１物質についての・・」，「原子についての・・」，「真空についての・・」，
「時間と永遠についての・・」，「光についての・・」，「色についての・・」，
「精神についての・・」等々，全部で 45 項目の「疑問」について自分が考察し
た結果を書き連ねている．

　1996 年，著者は，英国ブリストルで開かれた科学教育ワークショップに参
加した際，偶然この手稿の存在を知り，急遽演題に取り入れ，"Drawing Out
the Students' *Questiones* to Educate Their Ceativities" というショートトー
クを行った．日本語では「教育」（教え育てる）というが，英語 education の
語源はラテン語 *educatus* で「能力を導き出す」の意味である．わが国の教育
者の目線は教え込み型であり，当初から少し違っていたように思われる．

　「創造力豊かな学生を育てるにはどうしたらよいか」というのがこのワーク
ショップのテーマであったが，これは教育現場の永遠の課題でもある．学ぶ側
には，いわゆる critical thinking の姿勢を保ってテキストを読み，講義に臨む
ことが求められる．そして，講義・講演を聞いたら必ず質問すること，これは
講義を真剣に聴いていたというアッピールであり，なにより演者に対する礼儀
でもある．一方，教える側としては，聴く者の興味をそそるようにすることは
もちろん，質問を引き出す工夫をすることが肝要である．教師は十分な理解を
持って学生の前に立つべきと言われるが，「今はここまでしかわかっていない」
と明確に説明できれば問題ないわけで，「おかしいと思うが一緒に考えよう」
というふうに謙虚に構えればいい．「教師たるもの全てを知っていなければな
らぬ」という自負心あるいは切迫感をもって知識だけを効率よく詰め込もうと

する姿勢は創造性教育からは程遠い．知識だけあっても，その恵み（知恵）が与えられなければ創造性は発揮できないであろう．

ニュートンは，晩年の著書『光学』(1704-1718) に最終的には 31 項目の「疑問（Query）」を添付している．若き日からの熟考の結果を書き留めておきたかったのであろう．大天才といわれるニュートンが発揮した創造力の原点は学生時代の *Quaestiones* にあったといえよう．

若き読者諸氏には，今日から「疑問ノート」を作られたらいかがでしょう．今すぐ答えが得られなくても，いや，ずっと得られなくても，一生，心の糧になることでしょう．

本書は，初版（1979 年）以来，有機化学に関する学生の理論的質問に答える形をとって版を重ねてきた．その間 40 年余，理論の進展を語る部分が多くなった．本版では主として量子有機化学の進化による改訂を加えたが，現在の理論で完成であるはずはない．理論とは所詮人間が考え出したものである．量子化学の次もありうる．まだまだ進歩の余地があるという認識が若い学徒の創造性を刺激すると信じている．管見ながら，わが国の化学教育法は，硬直化した教科書に定められている事柄を憶えこます定式で行われてきている．教師としては一番楽だからである．若い学徒の発想が硬直化して，このままでは critical thinking を推奨している国々に追いつけないのではないかと，老学は杞憂している．

謝　辞　出版社のご理解により，これまでの各版ごとの序文を巻末に残させていただきました．その時々の私の思い入れとお世話になった方々のお名前を留めておきたかったためです．本版では特に千葉工業大学と滝口泰之教授に衷心からの謝意を表します．ご厚意によって分子計算と文献調査が現役時代以上に捗りました．初版以来 40 年，三共出版(株)秀島功氏には一貫して本書を手がけて頂きました．お蔭さまで生きた証しを残すことができ衷心喜んでいます．残り僅かですが終生ご芳情を忘れません．

2019.10.23　　　　　　　　　　　　　　　感謝して　八十老　山口達明

付　記

　前版までに掲載していた次の質問を本版では新しいものと取り替えました．発問自体はご参考になると思いますので次に記載します．旧版の解説は三共出版(株)のホームページをご覧ください．

(1)結合角・結合距離はどうやって決まるのか

(2)カルボカチオンが平面型であるのに，なぜカルボアニオンはピラミッド型なのか

(3)ハロゲン化水素の結合エネルギーは大きいのに，水に溶かすとなぜ容易に完全解離するのか

(4)置換基の電子供与性，電子吸引性はどうして決まるのか

(5)酸性物質のプロトン解離のしやすさは何によって決まるのか

(6)末端アセチレンの水素はなぜ活性なのか

(7)アルコール・フェノールに比べてチオール・チオフェノールはなぜ酸性が強いのか

(8)幾何異性体の物性はどうして違うのか

(9)アルドール縮合とエステル縮合における類似点と相違点はなにか

(10)芳香族化合物の置換反応は，オルト，メタ，パラの位置しか起こらないのか

(11)アルケンに対する HBr のラジカル付加だけが，どうして逆マルコニコフ型付加になるのか

(12)H⁺付加は，どうして還元ではないのか，酸・塩基と酸化・還元はどこが違うのか

(13)分極率の本質は何か　その重要性はどこにあるのか

(14)なぜ水と油は混ざり合わないのか　化合物が溶解するとはどういうことか

(15)Diels–Alder 反応の機構（電子の流れ）はどうなっているのか

(16)どうして一般に脱離反応はトランス位で起こりやすいのか

(17)脱離反応の配向性に関する Hofmann 則は，理論的にどのように説明されるのか

(18)臭素や塩素はそのままでもオレフィンに付加するのに，水素を付加するにはどうして触媒が必要なのか

目　　次

0　化学の方法

1　有機化合物の結合と物性

2　有機化学反応の速度と機構

化学の方法

0.1 化学とは何だろうか

　この命題を掲げると，朝永振一郎の名著『物理学とは何だろうか』[1]がすぐに思い起される．その序章には物理学と化学は兄弟関係にあると述べられているが，それに沿って両者の立場の違いをまず考えてみよう．

物理と化学　このノーベル物理学賞受賞者は，自分が住むマンションの小部屋にある蛍光灯などの電器製品や窓から見える電線・アンテナを見て，「物理学という学問は，現代文明を支える骨組みとして，なくてはならぬ要素になっている」と述べている．しかし，これらの要素がそれなりの機能を発揮するためには，それなりの性能を持った材料が提供されねばならないはずである．そのような材料の開発や製造に関する学問が化学なのである．つまり，でき上がった製品の後ろに隠れていて，現代文明を支えている要素をさらに支えている影の要素は，化学という学問とそれに根ざした技術であるといえるであろう．

　また，「物理学という学問は，現在に至るまで絶えず変化しており，将来も変化するに違いないから物理学の定義をするのは不可能であるが，さしあたりわれわれをとりかこむ自然界に生起するもろもろの現象—ただし主として無生物に関するもの—の奥に存在する法則を，観察事実に拠りどころを求めつつ追求すること」が物理学であるとも述べられている．ただし書きの部分を除けば，化学のスキーマも同様である．

　では何が違っていたかというと，「物理学者が物理学をつくりだすとき拠りどころにするのは数学」であるのに対して，化学者が化学をつくりだすとき拠りどころにしたのは ‘実験結果’ のみであった．

　学問として形づくられる歴史的過程において，「物理学に対しては占星術が，化学に対しては錬金術が切っても切れない関係にあった」わけである．星占いから離れて星の動きそのものに興味を持ち，その法則を見つけ出そうと夜空を

眺め，紙と鉛筆で計算をはじめた人たちが物理学を創始した．一方，金を作り出そうとする錬金術に固執せず，物質の変化そのものに興味を持ち，その法則を見つけ出そうと条件を変えて実験を繰り返し，その実験結果を先入観なしに合理的に解釈しようとした人たちが化学の生みの親となったといえるであろう．

朝永の死によって未完に終わった同書の末尾には，再び物理学と化学の比較が次のように述べられている．・・物理学の進歩は，「数学で書けるようなことしかやっていないから，ドラスチックなことが起こる」が，「生物現象や化学といった分野になると，ちょっとそういう数学的な物指しだけでは判定しきれない．対象が複雑です．」・・

実は，この複雑さこそが化学の魅力の ' 味の素 ' なのである．

化学の魅力

テスト勉強している学生には，答えが「合うか外れるかはっきりしている」物理のほうが化学より人気があるようである．化学は暗記科目であると思われがちなことが不人気の一因であろう．確かに，化学独特の言葉，すなわち化学式を覚えなければ話にならないので，数式から入れる物理に比べてとっつきにくい障壁はある．しかしそれを乗り越えた者には，他の専門の人とは全く違った世界が広がるのである．

先に，化学の拠りどころは実験であると述べたが，一見雑多な実験事実の中に規則性を見出そうと実験を繰り返すのが化学の方法である．そして見出された規則性が化学の理論となる．実験に基づく理論であるから，実験精度がよくなったり，新しい実験方法が開発されると，新しい理論が提唱される[2]．このような進歩・変化を楽しめることが化学の化学たる所以である[3]．

これは，実験に打ち込む余裕のある学生時代にこそ新しい理論・新しいモノを発見できる可能性が高いことを意味する．これも化学の魅力である．

1）朝永振一郎，『物理学とは何だろうか(上，下)』，(岩波新書，1979)．

　「 」内は同書よりの引用部分．

2）本書の中でも，この実例が随所に現れてくるのでそこでまた指摘しよう．

3）化学という言葉の意味するところは，物質の変化に関する学問ということであろうが，化学理論自体の変化を楽しむ「変化学」として化学史を学ぶと化学の魅力も倍加してくる．本書に「化学史ノート」というコラムをつけたのはその一幕見のつもりである．

0.2　化学はいかに創られたか

　前項で述べたように，化学を楽しむにはその進歩・変化を知ることが肝要であり，その過程で「化学とは何だろうか」という問いに対する各人の答えがわかってくるはずである．朝永の前掲書にも同主旨から物理学の歴史が述べられている．化学理論の進歩を，物理学と対比させつつ概観してみよう[1]．

(1) 19 世紀の化学 — 原子と分子

近代原子説から周期律へ　錬金術に決別を告げたボイルの 17 世紀，思弁を廃し実験事実に基づいて議論する姿勢を示したラボアジエの 18 世紀を経て迎えた 19 世紀はじめ，独学の化学者ドールトンによって近代原子論が打ち立てられた．彼の考えは，物質が原子という不変不可分の粒子からできており，元素の種類に対応するだけの種類の原子が存在し，同種の原子は同一の重さ(つまり原子量)を持つというものであった．不変不可分という点を除けば現代では当たり前のことである．現代でも当たり前に通用する理論を 200 年前に提唱したからこそ，ドールトンは近代化学の父の一人に数えられているのである．

　ドールトンによって 1 つの指針を得た近代化学のその後の発達は目覚しく，19 世紀前半には電気分解による新元素の発見（デイビー），電気化学の形成（ファラディー）がなされた．そして，電気によって元素に分解されるのだから元素を結び付けている力は静電力であるとする化学結合論が生まれた（デイビー・ベルツェリウスの電気化学的二元論）．

　その後，多くの元素の原子量が次々と測定された結果，元素の性質と原子量の周期的関係が検討され，1869 年には最終的に元素の周期律という 19 世紀最高の化学理論がロシアのメンデレーフによって提唱された．

有機化学のはじまり 一方，神の支配下にある生命力によって作り出される
と考えられ敬遠されていた有機化合物もようやく人間
の手に落ちてきた．19 世紀前半にはヴェーラーやリービッヒらによって異性
体の概念や基の概念が導入され，分子を形成している原子には一定の配列があ
ることが認識された．後半になると，原子価の概念が導入され，それを基に分
子構造が考えられるようになり，1865 年にはケクレのベンゼン構造が提案さ
れた．有機合成反応の進歩も目覚しく，フリーデル・クラフツ反応(1877 年)を
はじめ現在人名反応として知られているものの大部分は，19 世紀のうちに見
つけ出された．染料合成，医薬品合成の化学工業がはじまったのは，はやくも
1880 年代であった．

このように 19 世紀後半における著しい有機化学の進歩を知ると，電子対共
有による化学結合理論はすでに知られていたのではないかと思われるかもしれ
ない．しかし，電子自体が発見されたのは，1897 年（トムソンの陰極線の実
験）のことであった．また，原子・分子が粒子として実存していることが実証
されたのは，さらに遅れて，20 世紀になってからの 1908 年，ペランがアイン
シュタインのブラウン運動の理論式を実証したときとされている．

19 世紀の化学者・物理学者 このような歴史的経過から，化学者一般のものの考え方
がくみとれる．原子の存在の確証はともかくその存在を
仮説として信じて化学構造を論じ，化学結合の理論はと
もかくその組換えを試行錯誤しながら実行していく・・そのような化学者の姿
が浮かび上がってくる．電子が発見される遥か以前に原子価の考え（フランク
ランド，1847 年）をつくり出し，化学結合とは何なのか皆目わからなくても，
化学者には分子の世界で「知りたいこと・やりたいこと」が山ほどあった．

これに対して，18 世紀末のラボアジエが元素のひとつと考えていた熱（熱
素）の科学を推し進めたのが 19 世紀の物理学者たちであった．彼らは，熱は
物体内の運動による何かとして捉え，これにニュートンらによる力学の関係式
を持ち込んで熱力学を作り上げた．熱力学の法則，エネルギーの概念が形づく
られたのは 19 世紀半ばのことである．古典力学に根ざした物理化学の法則，
たとえば質量作用の法則，ルシャトリエの原理，速度分布則，ファンデルワー
ルス式などが明らかにされたのは 19 世紀のうちであった．

(2) 20 世紀の化学 — 電子

電子対と化学結合論　19 世紀末の電子の発見以来，物理学者たちの関心がようやく原子そのものに向いてきた．原子から電子が飛び出してきたり，原子が崩壊することが明らかにされた．不変不壊の究極粒子という原子のイメージが壊されて「物理学の危機だ」と叫ぶ学者もいたが，原子に構造があることが認識されるようになった[2]．ラザフォードが原子核の存在を実証した直後，1913 年にはデンマークのボーアがスペクトルデータとプランクの量子論を基にした原子模型を提案した．電子が原子核の周りのある量子条件を満足する軌道の上のみを古典力学の円運動式に従って回っている，というのがボーアの模型であった．だが，物理学者たちは，量子条件というだけでは，「なぜ陰電荷の電子が陽電荷の原子核のまわりを一定距離だけ離れて回転しているのか」という素朴な疑問に答えることはできなかった（0.3(1)）．

　しかし，化学者にはこれで十分であった．原子核の周りに群がっている電子こそが化学結合の担い手であると直感したのである．1916 年にはアメリカの物理化学者ルイスが共有結合(covalent bond)の理論を発表した（0.3(2)参照）．最外殻の電子を「価電子」と呼び点で表示するのは彼の発案である．電子は電荷を持っているから，互いに反発しあってなるべく空間的に離れて位置した方が安定であるので点電子を立方体の 8 隅に配置したモデルを考え，電子対結合による分子を組み立てた．これがよく知られているオクテット（8 隅子）則のもとである．物理学者のボーアが電子は回転運動しているとしたのに対して，化学者ルイスはむしろ定位置に静止していると考えた点は面白い対比である．現在では，さすがに立方体は用いられていないが，安定な希ガス型電子配置として名ごりを留めている．

　分子構造ばかりでなく，有機化学反応を電子の動きとして解釈しようとする理論が，1930 年代にはじまった有機電子論(electronic theory)である（0.4(3)参照）．この理論では，反応の起点を静電的引力に置き，反応分子内の電荷分布の違いに着目して，分子のどの部分とどの部分が結びついていくかを電子の流れとして矢印で表わすのが特徴である．きわめて簡便で，有用な理論であるが定性的な議論しかできないのが致命的である．

**量子力学の誕生
と量子化学**

このように，原子分子中の電子の世界を目に見えるかのように適当に想像して理論を構築していった化学者たちに対して，この微細な世界にはそれまでの物理学(古典力学)が通用しないことを知った物理学者たちは，新しい物理学の体系を模索していた．1920年ごろにはボーア模型の限界が見えてきた[3]．それを打ち破ったのが，1925年のハイゼンベルグの不確定性原理や，1926年のシュレーディンガーの波動方程式にもとづく量子力学(quantum mechanics)であった．

一方，化学の世界でも，オクテット則では説明つかない分子がたくさんあった．ベンゼンのように一重結合と二重結合の中間を考えなければならない場合である．これを救済するために，アメリカの化学者ポーリングは量子力学の初期の成果である共鳴理論(resonance theory)をいち早く化学結合理論に取り入れた．分子内の電子はちょこまかしているから，共鳴限界式の間をすばやく行ききをしているだろうというのが最初の発想であった．後には各構造の加重平均が実際の構造であると説明されるようになった（0.4(2)参照）．

その後，物理学者たちは，量子力学によって原子の世界を数式で表現することには比較的容易に成功できたが，分子についてはテコずっていた．その間に，化学者の方は，大胆な近似によって分子内の電子状態を計算し，実験データと付き合わせてはパラメータを定め，量子化学とよばれる分野を作り上げてきた．1992年に到って，ポーリングは「量子力学によって変化したのは物理学より化学だ」と述懐している[4]．確かに，長い化学の歴史のなかで数学がその理論構成の主役となったのは画期的なことである．

(3) 21世紀の化学 ― 電子分布そしてオービタル

いうまでもないが，化学は物質の科学である．そして物質を扱うあらゆる現代技術の基盤を提供してきた．実験によるパラメータを使わない分子軌道法計算などによって単一分子の世界がパソコンレベルで描き出されるようになった．しかし，分子の集合体(凝縮系)としての物質の特性をすべて数学で表現できるようになるのはかなり先のことであろう．単一分子に相当手間取った量子化学であるが，分子系については大型コンピュータを駆使してもさらに大変であろう．工業材料としては分子からできてない物質が圧倒的に多い．これらをどう

理論化し，簡便化するかが，量子化学に課せられた大きな課題であろう．

19世紀にはその存在が論議された原子・分子は，この地球上では単独で存在することの方がむしろ稀である．20世紀に大いに進歩した電子による化学結合論は，原子と原子を結びつけて単独分子を形成する特殊な場合に限定されていたといえる．

よく考えてみると，この世界の物質を構成しているのは，原子・分子というより，元素の種類に対応する数の原子核と，そこからにじみ出てきている電子のみである．原子核の内部はまだ物理学者の領分であるからそのまま預けておいて，その外側である物質全体の理論を扱うのがこれからの化学であろう．

数学の苦手な化学者でも，もっと進歩したパソコンを日常的に使いこなし，物質全体にひろがる電子の密度分布を簡単に計算して新しい素材を開発する日がくるに違いない．いや，既にきている．本書はその一端を取り入れている．

1）なお，この命題もアインシュタイン–インフェルト，『物理学はいかに創られたか（上，下）』，（岩波書店，1939）を模したものである．

2）原子構造が考えられるぐらいであるから，この頃には原子や分子の存在はとっくの昔に確認されていたものと考えられるかもしれない．しかし，ようやく1909年になってフランスのJ.ペラン（Perrin，1870-1940）が分子の存在を実証したのである．彼は，ブラウン運動（1827年に発見）に関するアインシュタインの理論(1905)を実験的に証明し，アボガドロ数を計算して分子の大きさを求め，「ブラウン運動と分子の実在性」という論文を発表している．ギリシャのデモクリトスに始まる原子論は，幾多の紆余曲折を経た後（その間のことは，田中実，『原子論の誕生・追放・復活』，新日本文庫）に詳しいが，まさに闘いの歴史である），最後に19世紀末オストワルドを代表とする強力な原子仮説否定論者との論争を勝ち抜いてここに勝利をおさめた．ペランは，『原子』と題する著書の終りに次のような勝利宣言をしている．

「原子論は勝利を得た．……しかしこの勝利の中にさえも，われわれの初期の理論が確定的でかつ絶対的であったということが消滅して行くのを見るのである．原子は永久的で分割できぬものではなく，それ以上簡単化されないという単純性にも，極限においては1つの限界が与えられる．そしてそれらの想像もつかない小ささの中に，われわれは新しい世界の驚くべき雑踏を予覚し始めている．」（玉蟲文一訳，岩波文庫）

3）物理学者たちの古典力学的発想への疑問を喚起した点，ボーア模型の意義は大きい．

4）L. Pauling, "The Nature of the Chemical Bond—1992", *J. Chem. Educ.*, **69**, 519(1992).

0.3　化学の理論とはどういうものなのか

　前項では，化学の全体的な発展を歴史的にながめた．ここでは，高校でも習う基本的な化学理論のうち，有機化学と関係の深い項目，

　(1)　電子配置，(2)　共有結合，(3)　電気陰性度，(4)　水素結合，(5)　水分子の形

が何のために考え出され，どのように発展してきたかを少し細かく眺めることによって化学理論の発想・方法とはどういうものなのかを語ることにする．

　そして，高校時代にはそれなりに納得していた概念に，それぞれ，どのような問題点があり，どのように解決されようとしていることを学んで「理論の進化」を楽しみ，「科学の進歩」を実感して頂きたい．

(1)　電子配置（ボーア模型）

電子・原子核の存在と原子模型　1897 年，トムソンが原子の中から電子が飛び出すことを陰極線の実験によって明らかにして以来，原子の構造が物理学研究の対象になった．原子に構造があるということは，原子が不変不壊の究極粒子ではないことが認識されたということに他ならない．

　原子構造論としては，1903 年に提案されたトムソンのブドウパン(陽球)模型（原子の中に電子が埋め込まれているというもの），および，当時東京帝国大学教授だった長岡半太郎の土星型原子模型が知られている[1]．さらに，1911年になって，ラザフォードが金箔を使った実験で原子の大きさに比べて非常に小さい原子核の存在を確認，有核原子模型を提唱した．これは，電子が原子核の周囲をクーロン力と遠心力のバランスを保ちながら回っているものであった．

力学的原子模型の問題点　しかし，このような力学的模型では説明しきれない実験事実として，1885 年頃からはじまっていた水素の原子スペクトルの研究があった．水素中での放電によって水素原子が

生成し，そのとき放出してくる光を分光すると線スペクトルが得られ，これが
いくつかの系列にまとめられる[2]．このような線スペクトルが発生する原因は，
水素原子内のエネルギー変化によるものであり，その変化が放出される光の波
長に対応する一定値をとると考えられた．しかしながら，単なる力学的釣り合
いで電子が回転しているならどんな量のエネルギーでも出し入れできるはずで
ある．というのは，このような古典力学的惑星モデルでは，そのエネルギーの
大きさに応じて電子の回転半径が変わればよいわけで，巨視的にどんな大きさ
のエネルギーでも吸収または放出することができる．つまり，系列化した線ス
ペクトルは得られないはずで，その線スペクトルの波長（エネルギー）に規則
性があることは，古典力学では説明づけられないことになる．

　　ボーアのアイデア　　一方，1900 年，プランクは，振動数 ν である振動子の
エネルギーは，$\varepsilon = h\nu$（h はプランク定数）で表わされ
る単位量の整数倍であるという量子仮説を提唱した．これが量子論の誕生であ
った．

　これを水素の線スペクトルの解釈，つまり水素原子の電子配置に適用したの
がデンマークのボーアである(1913)．彼は，水素原子の電子は，その角運動量
が $h/2\pi$ の整数倍である惑星型軌道(orbit)の上のみを運動している‘定常状態’
にあると考えた．この定常状態は量子数（現在でいう主量子数）によって特徴
づけられる．K 殻，L 殻，M 殻…（この呼び方は元素の X 線スペクトルに関
する研究による）が，量子数 $n=1$，2，3…に対応し，各軌道（殻）には最
大 $2n$ 個の電子が入りうると考えたのである．

　つまり，ボーアのアイデアの特徴としては，
　1）原子内の電子は，プランクの量子仮説を援用して計算されるある一定距
　　　離だけ原子核から離れた軌道(電子殻)の上のみを回転運動していること，
　2）原子内には，各電子殻によってエネルギーの異なる電子が存在すること，
　3）各電子殻に入りうる電子の数には一定の電子配置があること，
をあげることができる．このようなボーアの説が当時支持されたのは，水素の
スペクトルという実験事実をよく説明できたからであった[3]．

　その後，分解能の高い分光器の発達によって，線スペクトルがさらに数本の
線から成り立っていることが明らかとなった．その結果，量子数として主量子

数のほかに副量子数が必要となり，磁場（ゼーマン効果）・電場（シュタルク効果）によるスペクトル線の分裂を説明するために磁気量子数，さらには，線スペクトルの二重線への分裂を説明するためにスピン量子数が必要となってきた．このような新しい実験事実が見出されるたびに，ボーアを中心とするコペンハーゲン学派とよばれた物理学者たちは新しいパラメータによる修正ボーア模型を考案した[4]．

ボーア模型の矛盾点と　　このようなボーアの説は，のちのハイゼンベルグの
その解決　　　　　　　不確定性原理(1927)に照らしてみると，電子の性質についてあまりにも確定的なことを述べすぎており，現在では波動力学の発達によって完全に過去のものとなっている．当初から次のような矛盾点が指摘されていた．

1) 電荷を持っている電子が回転してもエネルギーの損失がなく，いつまでも運動しているのはなぜか？（電磁気学によれば，電子が回転すると磁場が発生しエネルギーが失われるはずである．）

2) 電子がある定められた軌道半径より原子核に近づけないのはなぜか？（陰電荷の電子が陽電荷の原子核との静電引力に打ち勝って離れて永久に回転できるためのエネルギーはどこからくるのか？）

3) なぜ特定の量子化されたエネルギー単位しか取らないのか？（これは，現在，古典(前期)量子論とよばれている当時の理論の限界であった．）

　物理学者たちは，このような矛盾点を解決するのに苦慮していた．しかし，1926 年にいたって，ドゥ・ブロイの物質波の理論より予言された電子の波動性をもとにシュレーディンガーが波動方程式を適用することを提唱し，その後その波動関数から得られる電子の存在確率分布の概念にもとづく波動力学的模型が受け入れられるようになった．シュレーディンガーの方程式は，三次元的に拡がる電子の波動を解析し，そのエネルギー状態を求めるのに 3 個の整数によっている．この整数がスピン量子数を除く 3 種の量子数にほかならなかったわけで，分光学的立場から考えられた修正ボーア模型のパラメータにそのまま対応するものであった．

---

1) 明治 36 年の日本においてこのような世界的な研究が発表されていたことは大いに誇るべきことである．長岡の原報文訳は，物理学史研究会編，『原子構造論』，（東海大学出版会，1969）に収めら

れている．

　　長岡が最初に発表したのは 1902（明治 32）年 12 月の東京数学物理学会であった（同学会会報，
2，p.92）．彼は，マックスウェルの土星の輪に関する理論を引用して土星的原子模型を提唱し
ている．それによると，その輪の代わりに多くの電子が列をなして等角円運動しているとすると
エネルギー消費がほとんどないはずで陽電気球から離れて運動し続けられ，また，規則正しい原
子スペクトルの線列も説明できると述べている（『東洋学芸雑誌』，第 328 号（明治 42 年）．ボー
アによる原子模型の提案（1913）の 10 年余も以前にすでにその原型が示されていたことになる．
（実際の土星の輪については，2004 年に探査機カッシーニが撮影した写真により，その直径 26 万
キロ以上，厚みはわずか 40 m に無数の氷塊が分布していることが明らかにされている．）

2）すなわち，可視光線領域でのバルマー系列（1885 年），紫外線領域でのライマン系列（1922 年），
赤外線領域でのパッシェン系列（1896 年），ブラケット系列（1922 年）およびプント系列（1925
年）である．各系列の各スペクトル線の波長 λ は次式でまとめて表わされる．

$$1/\lambda = R\ (1/n^2 - 1/m^2)$$

R はリドベリ定数．n，m はある簡単な整数である．この整数が量子数のもとになっている．

3）化学的には，19 世紀に見出された周期律に対して電子配置という理論的根拠を与えた意義も大き
い．

4）ここに，分析機器（方法）の発達が次々と新しい事実の発見をもたらし，それによって新しい説
明が必要となり，新しい理論の形成に拍車をかけたことを歴史的に認識することができよう．よ
い理論というものは，その時点において得られた事実によく合った解釈を与えるものといえる．
その後新しい事実が見い出されて，その理論と矛盾するようになると，それは修正されてさらに
新しい理論が組立てられていくのである．

(2) 共有結合（原子価と電子対）

古典的原子価説　　原子価とは，ある元素の原子が，他の原子といくつ結合し
うるかを表わす数である．その数が相手の原子にかかわら
ず常に一定であることに初めて気がついたのはフランクランドで，1852 年の
ことであった．その後，1858 年にはイギリスのクーパーとドイツのケクレが
それぞれ独立に，炭素原子が 4 価であり，互いに結合し得ることを提唱した．
さらに，原子価を価標とよばれる線で表わし，それを結びつけて化合物を構造
式といわれる図式で表現されるようになった．

　　しかし，価標によって構造式が表されても，「どうして炭素と炭素が結びつ
くのか？」といった化学結合の機作についての疑問は解決しなかった．19 世

紀末に電子が発見され，原子構造が提案されたあと，1910 年代になってよう
やく電子配置による化学結合の理論が提唱されるに到った．

コッセル（イオン結合）とルイス（共有結合）のアイデア　　1916 年，ドイツのコッセルは，希ガスの原子が化学結合することなくイオン化しにくいことに着目し，その安定性の原因を電子配置の対称性が高いためと考えた．さらに，自然はより安定な状態へ移るのが大原則であるとの発想から他の元素のイオンも電子を得るか失うかして希ガスと同じ安定な電子配置になっているというイオン結合の理論を発表した[1]．

　また，同じ年，アメリカのルイスは，19 世紀初め，デイビーやベルツェリウスらによって唱えられていた化学結合に関する電気化学的説（0.2(1)参照）とその後発展した原子価説との対立を，互いに補足し合うように理論付けることを目的とした論文を発表した[2]．

　「原子は芯(kernel)と外側の殻(shell)とからできており，殻には偶数個の電子が入り，とくに立方体の 8 隅に対照的に配置される 8 電子を保持しようとする傾向がある」と考え，立方体原子説を考案した．立方体を考えたのは，「8 電子の最も対称的な位置であり，電子が互いに最も遠く離れているから」と説明している．希ガスが不活性で安定なのは，最も外側の殻にある電子が立方体の 8 隅をちょうど満たしているからである．ルイスは，これを 8 電子則(8-electron rule)とよんで，これによって無極性物質の結合（共有結合）ばかりでなく極性物質の結合(イオン結合)も説明できるとのべている．

　コッセルとルイスによるアルゴン（Ar）の原子モデルを次に示す[3]．

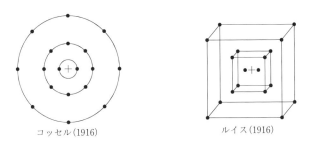

コッセル(1916)　　　　　　　ルイス(1916)

図-1　アルゴンの原子モデル

また，ルイスの原典には図-2のような原子模型が描かれている．● は最外

殻の電子を表わしている．ルイスは，この立方体模型の稜または面が接して電子を共有することで安定な希ガス型の電子配置になるため結合すると説明した．ヨウ素分子と酸素分子について図-3のような図が示されている．しかし，立方体模型では，三重結合に関してはうまく説明できないこともルイスは認めている．現在では，8隅子（オクテット，Octet）説として知られている歴史的な理論の起源としての意味しか持たない[4]．

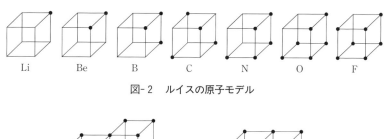

図-2　ルイスの原子モデル

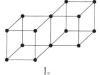

図-3　ヨウ素と酸素の分子モデル

**電子対という概念は
どうして生まれたか？**

同じ論文（1916年）の中でルイスは，2つの原子を結び付けている2つの電子をコロンつまり2つの点で表わすことを提案している．これが現在ルイス式あるいは点電子式として使われているものの始まりである．現在では，共有電子対は価標（つまり線）で表わし，非共有電子対をコロンで表わすのが普通である[5]．

　さらに，リチウムより原子量の小さい原子では，この一組の電子対が安定なグループを形成して結合することを認め，「一般に電子対の方が8電子群よりも基本的な単位として考えなければならないかも知れない」とルイスは述べている．電子対を形成することによって安定な結合となることについての理論的な説明は，その後，量子力学（ハイトラー・ロンドン理論）によってなされた．2つの電子のスピンが逆平行である状態が安定な結合を形成する条件となることがわかっている．

1）W. Kossel, "Über Molekulbindung als Frage des Atombaus", *Ann. Physik.*, **49**, 229–362(1916).

2）G. N. Lewis, "The Atom and the Molecule", *J. Am. Chem. Soc.*, **38**, 762–785(1916). 竹林松二訳,「原子と分子」,『化学の原典　12　有機電子説』, p. 1,（東京大学出版会, 1976）.

3）ボーアが原子内で電子は回転運動していると考えたのに対して, コッセルあるいはルイスは原子内の電子は定位置に配置されていると考えていた. とくにルイスは,「電子は一連の異なる位置に安定な平衡を保って原子に保持される」とボーアを批判している. 1902 年にはこの立方体原子模型を考えていたと注記している.

4）よくいわれている 8 隅子（オクテット）則の由来は, 1919 年, ルイスの説を理論的に計算した I. Langmuir が, 8 個の電子が 8 隅に位置する構造をオクテット(octet)と名づけたからである.

5）第 3 周期元素が関係する化合物をルイス式で表現しようとした場合, どの共鳴限界式で表わすのが最も適当であるかを, *ab initio* 法といわれる最新の計算法による結果から検討したところ, 次のように, 近年のテキスト等に示されている式よりもオクテット則にしたがって書いた式の方が寄与率が高いと指摘されている. L. Suidan, *et al.*, "Common Textbook and Teaching Misrepresentations of Lewis Structures", *J. Chem. Educ.*, **72**(7), 583–586(1995).

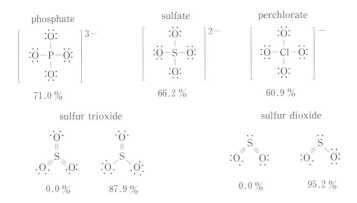

(3) 電気陰性度

ポーリングの発想　電気陰性度とは, 化学者が元素の定性的な性質としてよく用いているものであって, 分子内の原子が電子をひきつける力とでもいうべき量であると, ポーリングは『化学結合論（第 2 版）』(1940)の中で述べている[1].

その理論的根拠となったのは, ある 2 つの原子が共有結合する場合, それら

の電気陰性度の差によって部分的イオン性（つまり分極）が起こり，その結果，‘正常’共有結合に対して過剰の（付加的）結合エネルギーが生じて結合が強化されている（1.3.1参照）というのである．実測される結合エネルギーから逆算して電気陰性度を算出しようとするわけであるが，問題はいかにして分極していない‘正常’共有結合のエネルギーを求めるかであった．それについて，彼は，同書の中で電気陰性度決定法として次のように説明している[1]．

　「二種の原子AおよびBの間の結合エネルギーをD(A-B)とし，又，A-A及びB-B両分子の結合エネルギーを夫々D(A-A)及びD(B-B)とし，更にD(A-A)及びD(B-B)の算術平均を以てA−B間の正常結合の値なりと仮定すると，D(A-B)と((D(A-A)＋D(B-B))との差△(A-B)はA及びBなる両原子の電気陰性度(electronegativity)が異なる程増加するものである．」

　ここに，共鳴理論と同様，仮想の構造についていかに確からしい理論を工夫するアイデアが述べられている．

　ポーリングは，各種結合について求めた△の平方根に係数0.208を乗じて，CからFまでの電気陰性度がちょうど2.5から4.0までになるようにした．こうしてできたポーリング目盛が今日最もよく用いられている．

その他の電気陰性度目盛[3]　以上のように，ポーリングの算出法が半経験的・任意的であったため，その後理論的根拠がもっとはっきりした方法が考えられている．

　マリケンは，電気的に陰性であれば，陽イオンにはなり難く，陰イオンにはなりやすいはずであると考えた[2]．そして，陽イオンになり難さはイオン化エネルギーEで表わされ，陰イオンになり易さは電子親和力A（陰イオンのイオン化エネルギーに相当）とし，両者を足して2で割った値を電気陰性度χとした．

$$\chi = (E+A)/2$$

　マリケンの方法では，ポーリングと違って原子のオービタル(1.1.2参照)毎の値が求められ，混成オービタルによる電気陰性度の違いを議論することができるのが特徴である．これを「原子価状態の電気陰性度」ということもある[4]．

　その後，あるオービタルの電子には核電荷による引力に対してその他の電子による斥力が遮蔽作用するとして定義される有効核電荷（スレーター則）に比

例する値として新しい電気陰性度の算出法が提案された（Allred & Rochaw, 1958）[5]．近年，光電子スペクトルの発達によって荷電子のエネルギーが容易に実測されるようになってきたが，次の式で定義されるそれらの平均値 *AVEE* で電気陰性度を近似できることが明らかにされている（Allen, 1989）．

$$AVEE = (aI_s + bI_p)/(a+b)$$

ここに，I_s，I_pはそれぞれ s, p オービタルのイオン化エネルギー，a，b はそれぞれのオービタルに属する電子数．

　これらの算出法による電気陰性度は，F を 4.0 として計算しなおすといずれもポーリングの電気陰性度とほぼ一致することが明らかにされている[6]．そのため，多少修正しただけでポーリング目盛が現在でも用いられる[7]．

**元素周期表との関係は
どう説明されるか？**
　元素の電気陰性度は，周期表で左から右へ，下から上へ行くほど大きくなる．このような電気陰性度の傾向は，価電子と原子核の間の電気的引力の大小によって説明される．まず，周期表の同じ周期なら周期表の右へ行くほど核の陽電荷が増すから，当然電子に対するクーロン力が増大するので電気的な陰性が大きくなる．

　一方，同じ族列では下へ行くほど当然核電荷が増加するにもかかわらず，電

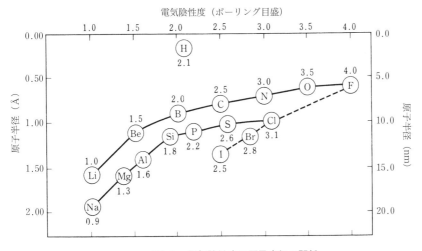

図-1　電気陰性度と原子半径の関係

気陰性度が逆に減少するのはどうしてであろうか・・？　核と最外殻の価電子との平均的距離が遠くなり，クーロン力が弱まるうえに，その間に一周期ごとに1つの内部電子殻が入り込んできて，核電荷を遮蔽してしまうので，正味としては引力が減少する．これは，先に述べた有効核電荷（スレーター則）と同じである．つまり，周期表の下へ行くほど核電荷は増加するが，有効核電荷は減少するからといえる．

　参考までに，電気陰性度の大きさを周期表にそって表わしたものを図-1に示す．縦軸は原子半径で，このようなプロットをすると一定の関係が読みとれるはずである．

どのように使われるか？　電気陰性度の値は，結合型の判定基準として便利である．その差（ΔEN）が1.7以上あるような原子間の結合は，イオン結合性が50%以上となる．2つの元素A，Bの電気陰性度（EN_A，EN_B）の関係が分極性に及ぼす効果を図示すると次のようになる．

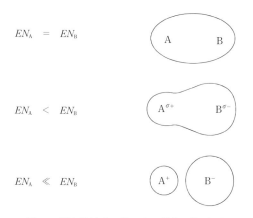

$EN_A = EN_B$

$EN_A < EN_B$

$EN_A \ll EN_B$

図-2　電気陰性度の差による結合形態（分極性）

　有機化学における電気陰性度という概念の重要性は，共有結合において電子の分極の方向とその大きさを知るのに役立つことにある．そして，この分極ということによって，有機化合物の物性，反応性の違いを説明できる場合が多い．例えば，次のような事柄があげられる．詳しいことは各項を参照されたい．

（a）官能基の電子供与性・吸引性（1.5.4参照）

(b) 酸性・塩基性の強さ （1.5.1 参照）

(c) 水素結合の強さ （0.3(4)参照）

1) ポーリング，『化学結合論』（第 2 版，1940），（小泉正夫訳，共立出版，昭和 17 年）p.62；L. Pauling, "The Nature of the Chemical Bond. IV. The Energy of Single Bonds and the Relative Electronegativity of Atoms" , *J. Am. Chem. Soc.,* **54,** 3570(1932).

2) S. Mulliken, A New Electroaffinity Scale；Together with Data on Valence States and on Valence Ionization Potentials and Electron Affinities". *J. Chem. Phys.*, **2**(11)：782-793(1934).

3) 1943 年，当時京都帝国大学にいた李泰圭は，LCAO 法で求めた置換基の誘導効果と双極子モーメントの実測値から負電性（electronegativity）の新しい尺度を求めている．李泰圭，「有機置換基の反応性への影響(1)，(2)，(3)」，『物理化学の進歩』，**17**(1)，p 3，p 16，p. 32（1943）．戦時中のことであって同誌の欧文版は偶々発行されておらず，残念ながら世界的には認知されていなかった．山口ら，「日本初の有機電子論研究：戦時中（1940-1945）の李泰圭（京都帝大）」，『化学史研究』，**43**(2)，p. 121（2016）．

4) 原子価状態（valence state）という概念は，ある原子が他の原子と結合している状態，つまりいろいろな分子中での原子（atom in molecule）の電子状態を平均化して表そうとするものである．これは，原子価結合法（VB 法）という分子計算の概念と同様の発想である．多くの原子に関して求めたマリケンの電気陰性度 $X(M)$ は，ポーリングの電気陰性度 $X(P)$ との間に次式のような相関式が成り立ち，ポーリングの目盛に換算できる．

$$X(P) = 1.35[X(M)]^{1/2} - 1.37$$

炭素の各混成オービタルに関して得られた結果を各々の s 性（1.3.2 注）とともにまとめると表-1 のようになる．s 性が高いオービタルほど電気陰性度 *EN* が高くなることがわかる．

表-1 　炭素の混成 AO ごとの電気陰性度 （*EN*）

オービタル （s ％）	*EN* （ポーリング単位）
s （100）	3.86
sp （50）	2.99
sp² （33）	2.66
sp³ （25）	2.48

S. G. Bratsch, "Revised Mulliken Electronegativities 1. Calculation and Conversion to Pauling Units", *J. Chem. Educ.,* **65**, 34(1988).

5) 現在では，変分法といわれる方法で波動方程式を解いた結果をもとにして遮蔽定数を計算する規則が求められている．E. J. Little Jr. and M. M. Jones, "A Complete Table of Electronegativities", *J. Chem. Educ.,* **37**, 231 （1960）．

6) J. N. Spencer, R. S. Moog and R. J. Gillespie,"Demystifying Introductory Chemistry, Part 3",

J. Chem. Educ., **73**, 627(1996).

7）R.G.ピアソンは，1960年代，各種の酸（求電子試薬）と塩基（求核試薬）の反応性を検討して，硬い試薬と軟らかい試薬に分類し，硬いものどうし，軟らかいものどうしが反応しやすいという経験則（HSAB則）を提唱していた．70年代になってフロンティアオービタル理論の進展を受けて，HOMO-LUMOの値からハードネスの概念を導入した定量的な議論がなされるようになった．それに伴い，絶対電気陰性度（absolute electronegativity）がHOMO-LUMOを用いて定義されている．（R. G. Pearson, "Absolute Electronegativity and Hardness Correlated with Molecular Orbital Theory," *Proc. Natl. Acad. Soc.*, **83**, 8449(1986)；山口達明，『フロンティアオービタルによる新有機化学教程』，（三共出版，2014），p. 52）．

（4）水素結合

どうして見つかったのか？　水素結合とは，分子間あるいは分子内に水素（H）を介して形成される弱い結合である．その発見は意外と古く，1912年に，水酸化トリメチルアンモニウムが水酸化テトラメチルアンモニウムよりも弱い塩基であることの説明のために，次式左のような構造を与えたのが始めであるといわれている[1]．ここに記されているN-H-Oが水素結合の最初の表現であるが，現在では，右側のように…で表わす．

$$
\begin{array}{c}
CH_3 \\
| \\
CH_3-N-H-OH \\
| \\
CH_3
\end{array}
\qquad
\left[
\begin{array}{c}
CH_3 \\
| \\
CH_3-N-H\cdots OH_2 \\
| \\
CH_3
\end{array}
\right]^{\oplus}
$$

　1914年には，次式左のようにカルボン酸が2分子水素結合して2量体構造になるために分子量のわりには沸点が高くなることや，右のように分子内キレートを形成するのでこの水酸基の酸性が弱くなっていることが考えられていた（1.5.5参照）．

なぜ水素（H）は水素結合するのか？

古典的な原子価の規則によると，水素原子（H）は結合に使える電子を1個しか持たないから，1つの共有結合しか形成しないということになる．しかし，Hが，電気陰性度が大きい原子（例えば，F，O，N）と結合すると$\delta+$に分極し，Hに電子受容性が生じる[2]．そのため近傍にあるもう1つの電気陰性原子から電子を受取るようになる．この流れ込んできた電子によって新たに生じた配位結合が，水素結合である．

この際，見落されやすいことであるが，水素原子（H）が内殻電子（価電子でなく結合に関与しない電子）を持っていないということが重要である．もしもHが内殻電子を持っていたとすると，相手の電気陰性原子の電子と反発しあって，ファンデルワールス半径以内に喰い込んだ接近は許されなくなるからである．したがって，H以外の原子は，水素結合のような分子間力[3]を形成しない．

水素結合のような弱い結合がなぜ重要なのか？

水素結合の強さ（おおよそ5 kcal(21 kJ)/mol）は，通常の共有結合よりずっと弱く，その長さも周囲の状況によって大きく変わる[4]．このことから，水素結合による分子間引力に'結合'という語を使うことに批判的な人もいた．水素橋（hydrogen bridge）という別名も，こういうことから使われているのであろう．

しかし，実際には，多くの化合物の二次的構造（立体的配置など）が，水素結合によって規定され，その物理的，化学的性質が大きな影響を受けているのである．例えば，以下のような点があげられる．

（ⅰ）沸点，融点，（ⅱ）分子会合（e.g.カルボン酸の二量体），（ⅲ）水に対する溶解性（e.g.アルコール），（ⅳ）酸の解離度（e.g.二塩基酸の相対強度），（ⅴ）立体異性，（ⅵ）吸着性，（ⅶ）分光学的性質

さらに，水素結合は，生体系においては決定的に重要な役割を演じているのを忘れてはならない．まず，酵素タンパクにおいては，そのポリペプチドのα-ヘリックス構造ばかりではなく，その三次構造も水素結合によって規定され，酵素作用の選択性発現に大きく寄与している．また，ＤＮＡの二重らせん構造や，それによるタンパク質合成の際に必要なコードの読みとりに対しても

水素結合が大きな役割を果している．水素結合を考えないと，生体系で行なわれているような高選択性，高性能な反応を論ずることはできない．

---

1) T. S. Moore and T. F. Winmill, "The State of Amines in Aqueous Solution", *J. Chem. Soc.*, **101**, 1635(1912).

2) C−H 結合に関してもさらに弱い水素結合　C−H…O が存在することが，1960 年代には知られていた．D. G. Desiraju, "The C−H…O Hydrogen Bond：Structural Implications and Supramolecular Design", *Acc. Chem. Res.*, **29**, 441(1996).

3) 分子間引力としては，水素結合のほかに双極子-双極子間引力，ファンデルワールス力がある．

4) M. S. Goedon and J. H. Jensen, "Understanding the Hydrogen Bond Using Quantum Chemistry", *Acc. Chem. Res.*, **29**, 536(1996).

　　H_2O の 2 量体に関して，分子モデル計算した結果が図-1 のように示されている．それによると，水分子の H の＋電荷（＋0.19 e）の中心ともうひとつの水分子の持つ非共有電子対の−電荷（−0.19 e）の中心との間の距離は 7.6 nm で，各 O−H 結合の長さは 10.0 nm であるので，両分子の O の距離は 27.6 nm となる．また，この 2 量体の水素結合を解離するために必要なエネルギーは，6.5 kcal/mole-pair と計算されている．

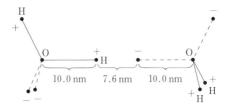

図-1　H_2O 2 量体の水素結合モデル計算

P. Lykos, "Modeling the Hydrogen Bond within Molecular Dynamics, *J. Chem. Educ.*, **81**, 147(2004).

(5) 水分子の構造

水分子が直線構造にならないのはどうしてか　　水の分子の 2 個の水素原子と 1 個の酸素原子が，H−O−H のように一直線に並べば H 間の反発も少なく安定なはずである．ところが，水分子は極性を示すからら直線ではなく折れ線型であると説明されている．折れ線になる原因は，以下に述べるように，O の原子オービタルが球状（殻状？）の 2 s

だけでなく方向性のある 2 p も関与しているからにほかならない．全方位に広がる 2 s オービタル（あるいは高校化学で学ぶ L 殻）だけしか関与していなかったら当然直線分子になるはずである．波動関数を解くことによって殻状電子配置のイメージから大きく外れた異形の p オービタルが得られる意義は大きい（1.1.3 参照）．結合に角度があるということは，理論計算によって得られてくる p オービタルが実存することを実証しているといえよう．

水の H−O−H 結合角が 104.5°に なるのはどう説明されるか？

水が極性分子となるのは，水の分子の形は直線ではなく折れ線形であると説明されている．その折れ線の角度が，p オービタルによる 90°でも，sp³オービタルによる 109°28′でもなく，104.5°になるのはなぜか．それを説明するのは意外と簡単ではない．

　これまで大きく分けて二通りの説明が教科書には取り上げられてきた．2 つの説の違いは水分子の O がどのようなオービタルを使用して結合形成していると考えるかということである[1]．以下，これまでにどのような説が提唱されてきたか歴史的流れを追って説明する．

水素上の陽荷電の反発による角拡大 （非混成酸素オービタル）

ポーリングは『化学結合論』（第 2 版，1940）において共有結合の方向性について述べ，水分子の O−H 結合は電気陰性度の差（$\Delta EN = 1.4$）から 39 ％のイオン結合性を示し，正に分極した H が互いに反発するため，H−O−H 結合角は p オービタルの基準である 90°から 104.5°に広がっているのであると説明している[1]．さらに，O の結合オービタルに関しては，O の 2 s オービタルのエネルギーは 2 p よりも約 200 kcal（48 kJ）/mol も安定であるためほとんど混成せず，結合エネルギーなどから計算した結合オービタルの s 性は 6 ％に過ぎないから O の結合オービタルは混成していないと結論している．アンモニアの H−N−H 結合角が 107.3°になるのも同様にして説明される．また，硫化水素では H と S の電気陰性度の差が少なくてあまり分極してないので H の正電荷も小さく，また S 原子が大きいため H−H 間の距離も遠くなることから，H と H のあいだの反発が少なくなる．そのため，H−S−H 結合角は p オービタルの基準角 90°に近い 92.2°となる．結合距離は O−H が 9.6 nm であるのに対して S−H が 13.5 nm であ

り，ファンデルワールス半径は O が 14.0 nm，S が 21.0 nm，H が 11.0 nm
である．これらを基にして分子模型を描くと図‐1 のようになり，上の説明が
よく理解される．

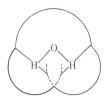

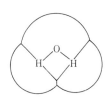

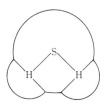

(a)　∠HOH＝90°の場合
　　（点線部分が重なり合う）

(b)　∠HOH＝104.5°の場合
　　H···H＝15.19 nm

(c)　∠HSH＝90°
　　H···H＝19.14 nm

図‐1

非共有電子対の反発による角縮小 （混成酸素オービタル）

「簡易原子価論」においてはじめて指摘さ
れた．この理論は，水分子のみならず，
メタン，アンモニア，さらには錯化合物
の結合の方向性を電子対の反発によって
説明した先駆的な説（電子対反発則）で
あった[2]．

　その後，1957 年にいたって，VSEPR
(Valence Shell Electron Pair Repul-
sion) 理論による説明がなされ，その後
多くの教科書にも取り上げられている[3]．
この理論によれば，水の O は 4 つの電
子対によって囲まれており，それらの方

非共有電子対が，分子の形に重要な意味
をもつことについては，1939（昭和 14）
年に槌田龍太郎によって発表された「新

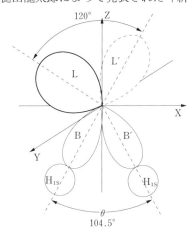

図‐2　電子対反発 (VSEPR) による説明

向は正四面体角を向くはずであるが，図‐2 の XZ 面にある共有電子対（B,
B′）は原子核（とくに O）によって強く引きつけられているので，非共有電子
対（L, L′）に比べて相互の反発が弱く，H－O－H 結合角が縮まって 104.5°
になると説明される．

**光電子スペクトルによる説明
（非混成酸素オービタル）**

1970 年代になって，光電子スペクトルによって各オービタルのエネルギーが実験的に正確に求められるようになり，しだいに明らかにされていった[4].

　水の光電子スペクトルには，図-3(a)のように，O の 2 s オービタルによる深い 32 eV 以外に 12.6，14.7，17.2 eV のイオン化ポテンシャル（IP）に相当する 3 つの吸収帯が観測される．図-3(b)には H_2O の MO と各々のポテンシャルエネルギー（計算値）を示した．記号は，対称性 C_{2v} を持つ MO の群論によるタイプ分けである．2 a_1 と 1 b_2 が O と H の結合性 MO，1 b_1 と 1 a_1 が非結合性 MO であって，ここに非共有電子対（LP）が入っている．1 a_1 は O の 2 s に相当し，かなり深く IP が大きい．それぞれ図-3(a)の光電子スペクトルと一致していることがわかる．もし，水の O 原子が sp^3 混成オービタルを形成して図-4(a)に示したように 2 対の非共有電子対が同一のエネルギーレベル

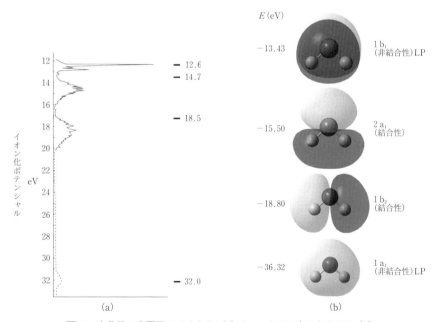

図-3　水分子の光電子スペクトル（a）と *ab initio* 法による MO（b）
（座標軸の向きに注意，オービタルの濃淡は位相の違い）

になっているとすると，２ｓの吸収がなくなりそれぞれ１種の共有電子対（σ）と非共有電子対（LP）に相当する２つのイオン化エネルギー吸収帯しか示さないはずである．光電子スペクトルの結果は，図-4(b)のように２ｓがLPとして残り２つの非共有電子対は同一ではないことを示唆している．

　実は，水の分子構造に関する分子軌道計算による考察がVSEPR理論と同年には発表されていた．それによると，非共有電子対には２種類あって，ひとつはＯと２つのＨのなす面に垂直な２Ｐオービタルで，もう１つはH−O−H角を２等分する線上にあってＨと反対方向に伸びた２ｓと２ｐの混成オービタルからなっている．

　さらに，1978年，*ab initio* 法とよばれる近似を用いない分子計算によって，Ｏに関してはVSEPR理論における非共有電子対間の反発はほとんど問題とならないことが明らかにされた．また，H−O−Hの角度を決めるのは，角度を広げようとする共有電子対の反発力と，混成しないでなるべくより安定な２ｓオービタルを利用しよう(ということは角度が90°に近づくこと)とする力のバランスであると説明された[5]．

　このようにして現在では，水のＯがsp³混成しているとする説は，実験的にも理論的にも非常に不利な状況にある．水分子の結合は，最初に述べたポーリングのモデルのように単純に書き表すのが最も妥当であるといわれている[6]．

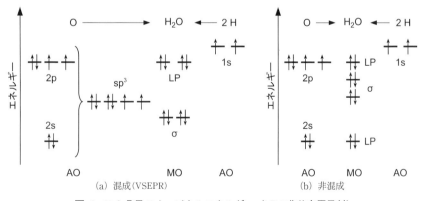

図-4　H_2O 分子のオービタルエネルギー（LP：非共有電子対）

分子オービタルからの発想　これまで述べてきたことは，O がどの原子オービタル（AO）を使って分子を構成していると考えるのが最も簡単に実際の水分子の構造を説明できるかという議論である．これは，s，p とそれらの混成したオービタルという単純な AO（波動方程式から求められる）を組み合わせて分子の状態を求めようとする原子価結合の考え方である．

このような発想に対して，オービタルは分子全体に広がっていると考えるのが分子オービタル（MO）の考えで，古典的な混成オービタルは必要ない[7]．パソコンの発達により水分子の MO 計算が簡単にできるようになっている現在，先のような議論はこれ以上無用となったと考えてよいであろう．

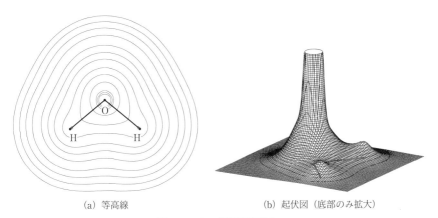

(a) 等高線　　　　　　　　(b) 起伏図（底部のみ拡大）

図-5　H_2O の電子密度分布

化学の発想・化学の方法　複雑なものの理論をなるべく単純な理論の上に構築しようとするのが科学理論の方法である．分子を原子の結合で表わすことは古くからの化学者の発想であったが，原子価理論，電気陰性度，共鳴理論，有機電子論など，いずれもこのような発想に基づいている．しかし，それには自ら限界があることを認識しておくべきであろう．

実際に，水分子に関してパソコンを用いて分子計算（DFT 法）した結果を示す．水分子の電子密度分布（存在確率密度分布に電子数をかけたもの）の等高線図が図-5(a)である．最も外側の線は 0.001 au（原子単位）で，これは，ファンデルワールス半径から求めた気相 H_2O 分子の大きさに相当する．この

範囲内に 99 ％以上の電子が分布している．起伏図（図-5(b)）に示すように，O の原子核の位置がもっとも密度が高く 289.78 au である．これに対して，H の原子核の電子密度は，0.4341 au であり，O−H 結合間の最低点 0.3640 au よりわずかに高いだけである．O の電気陰性度が高いため，H から電子が奪われていることが一目瞭然である．

　そのような認識から，さらに新しい発想が生みだされてくる．それが化学の方法である．

1）ポーリング，『化学結合論』（第 2 版，1940），（小泉正夫訳，昭和 17 年）p.86.

2）このような日本の化学者の先駆的業績が，世界的にはほとんど知られていないのは甚だ残念である．槌田龍太郎，"新簡易原子価論（ I ）"，日本化学会誌，**60**，245(1939)；"Extended Co-ordination Theory. I. Configuration of Simple Compounds of Typical Elements"，*Bull. Chem. Soc. Jpn.,* **14**(4)，101(1939). 塚原徳道，"槌田龍太郎研究 1，2"，化学史研究，**1**，23(1974)；**5**，29(1976).

3）本書初版（1979）においてもこの説が広く受け入れられていると紹介したがその後の進歩はめざましい．このモデルは，水の 2 つの非共有電子対を同等に扱い，右の図のように描けるため「兎の耳」とあだなされている．

4）光電子スペクトル（PES）は，分子あるいは原子のオービタルのエネルギーを直接測定できる方法であり，MO 計算の結果に対する実験的裏付けを与えるものである．H. Bock, P. D. Mollere, "Photoelectron Spectra：Experimental Approach to Teaching Molecular Orbital Models," *J. Chem. Educ.,* **51**, 506(1974).

　　しかし，同じ O−H 結合であっても単一のピークにはならないことが指摘されている．J. Simons, "Why Equivalent Bonds as Distinct Peaks in Photoelectron Spectra"，*J. Chem. Educ.,* **69**, 522(1992).

5）M.B.Hall, "Valence Shell Electron Pair Repulsions and the Pauli Exclusion Principle"，*J. Am. Chem. Soc.,* **100**, 6333(1978)；"Stereochemical Activity of s Orbital"，*Inorg. Chem.,* **17**(8), 2261(1978).

6）M.Laing, "No Rabbit Ears on Water-The Structure of Water Molecule：What Should We Tell the Students?"，*J. Chem. Educ.,* **64**(2), 124 (1987).

7）密度汎関数（DFT）法と呼ばれる最近盛んに用いられるようになった分子計算法によって最適化計算した結果は，結合角 ∠ HOH は 104.5194°，OH 結合距離は 0.9614Å，O の分極 δ ＝ −0.4356，H の分極 δ ＝ ＋0.2178 であった．また，そのときの AO ポピュレーション解析による

と，Oの非結合電子対の1つは$2p_z$で間違いないが，もう1つは$2s$のうちの54％と残りの2つのp(p_x，p_y)のうちの46％とからの混成オービタル$sp^{0.85}$（s1に対してp0.85の意味）に収まっている．さらにHとの結合オービタルは，残った$2s$と$2p$が$sp^{3.34}$混成していると計算される．この結果は，sp^3よりp（90°で交叉）の割合が多いため∠HOHがsp^3に対応する正四面体角109.5°より縮まり104.5°となることをよく説明できる．

このように，混成オービタルがsとpの整数比にならないことを当然のこととして受け入れれば本文で述べたような議論も起こらないはずである．

0.4　有機化学をどう学んだらよいのだろうか

　大学に入って有機化学を専門として学び始めた学生は，当初，高校の化学との格差に驚き悩むことであろう．この驚き悩みが好奇心となって勉学意欲を燃やし続けられればいいが，そうでなく投げ出してしまう者も少なくない．好奇心を持ちつづけられるのは，天下り的な記述にあき足らず，自分の頭で考えて疑問を発見し，その解決に努力する者である．

　そのような者が，自ら学ぶ際には学問体系を見とおしていることが大切である．以下，有機化学の体系を展望しておこう．

(1) 有機化学の学問構成 ─ どんなことを学ぶのか

高校化学のレベル　有機化学の理論は，構造論と反応論に大きく二分することができる[1]．

　現在の高校化学教科書のこの分野に関係する部分を，0.2で述べた化学理論発展の歴史と照らし合わせてみると，1910-20年代（つまり1世紀前）までに留まっていることがわかる．

　すなわち，化学結合論に関しては，電子対共有・オクテット則から電気陰性度・極性結合までで，その後の共鳴理論さらには量子化学については触れていない．また，有機化学反応に関しては，電子論について全く触れられていないので，無理のうちに暗記せざるを得ない．

　高等数学の知識を必要とする量子化学を今日の高校生に教えることは難しいであろうが，思慮深い一部の生徒の発する教科書に関する素朴な疑問に答えるには，共鳴理論あるいは電子論的考察は必要となってくるであろう．

化学専攻生の学ぶべきこと　素朴な疑問にこたえるために，もう一段上の理論が必要となるということは，理論の発展の歴史を跡付けることに他ならない．つまり，ある理論の問題点や矛盾点がいかにして解決されてきたかを知るということである[2]．

　大学で化学を専攻とするなら，より高度な理論を学ぶことは当然のことであるが，それは高校化学の限界と問題点を明確に意識した上でなされるべきであろう．また，教える側でも「こういう問題点を解決するために，あるいは，こういう実験事実を説明するために，この新しい理論が作り出されたのだ」と説明し，さらにできれば，「新しい理論にもこういう問題点がある」と明確に指摘すべきであろう．化学の理論が絶対不変のものであるかのような教え方は，独創性の芽をつむことになりかねない[3]．

大学有機化学・大学院有機化学　大学での有機化学で新しく学ぶ理論として，構造論では共鳴理論，反応論では電子論がある．次項以降にそれらの創生理由と問題点をまとめて述べる．しかし，前者については，量子化学の進歩によりすでに存在理由が失われているといってよいであろう．後者は，非常に化学らしい理論であり，数ある有機化学反応を整理分類するのに便利に活用できる．構造論に比べて反応論の分野は量子化学的表現にはまだまだ困難が伴うが，フロンティア軌道理論をはじめ多くの研究成果によって解明されつつある．

　有機化学の構造論・反応論の発展に関して，仮に Hop（高校），Step（大学），Jump（大学院）と分けてみると次表のようになるであろう．大学で習う数学の素養を必要とする量子有機化学は，一応大学院レベルとしておく．

	構造論	反応論
Hop	化学結合(1916–)	化学反応式
Step	共鳴理論(1930–)	有機電子論・反応機構 (1930–)
Jump	量子化学 分子軌道法(1932–)	量子化学 フロンティア軌道論など (1952–)

1）本書の第1部と第2部がそれぞれに対応する．

2）それが本書の意図するところの1つであるので，随所に化学理論の歴史的進歩を述べた．

3）本書冒頭「序に代えて」で述べたように「心にいつも？マーク…」が，創造の原点となるからである．これも，本書初版以来の意図である．

(2) 共鳴理論 ― 何のために考え出されたのか　問題点は？

共鳴理論の成り立ち　歴史的にみると，共鳴(resonance)という概念は，1920 年代ハイゼンベルグによって量子力学の一部として示唆され[1]，1930 年代はじめ，ポーリングが量子力学的共鳴と名づけてベンゼンのような環状共役系分子の安定性の説明に結びつけたものであるといわれている[2]．

　共鳴理論が考え出された背景には，たとえば炭素の原子価は 4 であるという 19 世紀以来の古典的な原子価論と 1910 年代のオクテット則がもつ矛盾点があった[3]．ある分子の実際の電子配置は，単純に原子価にあわせて結合させることによって常に完全に表現できるとは限らない．多くの結合は分極していて多少ともイオン結合性を持っているし，ベンゼン環のように単結合と二重結合の中間の性格を持つこともある．このような電子状態は，現在，波動関数という数学的手法に立脚した分子軌道法によって表現することができるが，この方法の発展する以前は共鳴理論によって説明され，それなりの成果をあげていた．確かに，いろいろな有機化合物の性質を説明するのに便利であった[4]．

　現在では，分子軌道法による表現が煩雑なため，実際の分子の姿を頭においた上，共鳴理論的表現を便宜的に用いていると考えてよかろう．要するに，簡単便利をとるか精確厳密をとるかの選択ということになる．

共鳴理論に対する批判　「共鳴」という概念を化学結合論に持ち込むことは，単純な古典的原子価理論を維持し，発展させるのに大いに効力があったが，単純な理論に立脚しようとするために新たな問題点を含んでいた．そのため，当初からいくつかの批判がなされてきた[5]．

　共鳴理論は理解しがたい内容を持っており，誤解による混乱を初学者の間に起こしやすいという教育的立場からの主張である．1865 年ベンゼンの構造について亀の甲構造を発案したケクレは，シクロヘキサトリエンの平衡混合物，つまり，両者の間を迅速に行ったり来たりしている状態にあると説明していた（注 2 図参照）．実際のベンゼンは，このような平衡状態でないことは現在周知のことであるが，共鳴法では平衡関係と区別するため両頭の矢印を用いて

のように表現する．初学者にとってこのような表現は，ケクレの説明[2]と混同しやすく，「共鳴」という語感からも実際のベンゼンが両方の状態の間を振動しているかのように誤解しやすい．

このような誤解は，全く実在してないいくつかの限界構造式というものを概念的につき合わせるためであるとして，唯物論的立場の科学者達から思想的な面での批判がなされた[6]．

さらに，共鳴法の個々の構造では，π 電子が分子全体にわたって分布していること，つまり，分子軌道を形成していることを認めていないわけで，量子力学の原理をもとに考えれば，これは不自然であるという分子軌道論側からの批判もある．

現在ベンゼン環については，⬡ のような表現が一般的になってきている．いろいろな参考書について，著者が共鳴（レゾナンス）の概念をどのように取り扱っているかを調べてみるのも面白かろう．

本著者の考え方は，1.4.1 に述べる．

1）W. Heisenberg, "Mehrkorperproblem und Resonanz in der Quantenmechanik", *Zeitschrift für Physik*, **38**, 411 (1926).

2）L. Pauling and G. W. Wheland, "The Nature of Chemical Bond. V. The Quantum-Mechanical Calculation of the Resonance Energy of Benzene and Naphthalene and the Hydrocarbon Free Radicals", *J. Chem. Phys.*, **1**, 362-374 (1933). この文献の冒頭には，ケクレ構造をはじめその他の化学者の提案するベンゼン構造について下図のように取り上げ，それらの批判が述べられていて興味深い．

Kekulé　　Claus　　Armstrong　　Dewar　　Ladenburg

　次のような異性体が分離できないのは，ベンゼン環が左右にはげしく行き来しているためとケクレは説明している．

3) ポーリングとほぼ同時期, インゴールドは原子価の縮退によるメソメリー状態（'メソ'=中間；'メリー'=状態）という概念でこれを説明していた. 有機電子論を体系づけたといわれるインゴールドは, ポーリングが「共鳴」という言葉を使うことをすでに批判していた. C. K. Ingold, "Principles of an Electronic Theory of Organic Reactions", *Chem. Rev.*, **15**, 225-274(1934). この文献は, 有機電子論に関する総説である. 和訳：『化学の原典 12, 有機電子説』, 東京大学出版会.

4) 例えば, 教科書で共鳴理論によって説明されているのは, 芳香環の求電子的置換反応におけるカルボカチオン中間体の安定性の問題である（2.3.2 参照）.

5) 1942 年には, はやくも槌田龍太郎は"共鳴仮説"に対して次のように批判している.「物質構造の本質に触れるものではなく, 単に理解を易からしめる説明に過ぎない事を記憶する必要がある. ……その便利さの点において, 往々にして何らかの性質または反応の説明に必要な構造式を造り, 説明のための説明を作り上げるかの如く見ゆる事すらある. ……この便利といふ意味には単に既知の事実を説明するといふ事しか含まれないのであって, 未知の構造を推定し或いは決定せんとする演繹的有用性を欠くのは科学理論としての共鳴仮説の根本的な弱点である.」 （『化学外論, 上巻』, 昭和 17 年, 共立出版, p.212, 一部改)

6) "ソ連に於ける化学構造の論争", 化学の領域, **6**, 449(1952)；A.E.Stubbs, "分子構造に関するソ連の宣言", 化学の領域, **7**, 502(1953)；"ソ連の共鳴批判をこう考える", 化学の領域, **7**, 6(1953)；山口達明, 劉学銘："共鳴理論批判問題の再認識", 化学史研究, 1987(1), 44.

(3) 有機電子論 ── なぜ電子のことを学ぶのか　その限界

有機電子論の構築　1916 年以降のルイスあるいはラングミュアらによる電子対共有結合の概念の発展を受けて, 電子の移動という観点から, 有機分子の極性に基づいて有機化学反応を理論的に説明しようとする研究が, 1920 年代に入って, イギリスのラップワースやロビンソン, ついではインゴールドらを中心に始められた[1].

　彼らは,「有機化学反応において, 反応分子の特定の個所どうしが結合するのはどうしてか」という問題を解明するための指導原理を静電的引力に求めたのである.

分　極　電気的モデルで分子を記述しその反応性を議論するには, 分子内における電荷の偏りとその移動しやすさ, つまり, 分極性(polarization)と分極能(polarizability)を知る必要がある. 前者は, 分子の静的（永

欠）分極のことで，後者は，分子どうしが近づいて反応するときに起こる一時的な分極のことである．それぞれ，分子の双極子能率（モーメント）μ，分極（能）率 α で表される[2]．分極性は，ポーリングやマリケンらによって数値化された元素の電気陰性度（0.3(3)参照）によって簡単に推定できる．電子密度分布（電子雲）の変形しやすさを意味する分極能は，その後，反応の活性錯合体を安定化させて反応を促進させる効果として考えられるようになっている（2.2.3 参照）．

化学結合の分極をもたらす電気的効果は，誘起効果（inductive effect，I 効果）と共鳴効果（resonance effect，R 効果）に分けて考えられる．誘起効果は，σ 電子系に関するもので（——）のように価標に矢印をつけて表わされる．共鳴効果は，π 電子系・非共有電子対に関するもので（⌒）のような曲がった矢印で表示される．結合の分極を表わすのに $\delta+$ あるいは $\delta-$ が用いられているが，この δ は，双極子モーメント

$$\mu = \delta \times r \quad (r \text{ は電荷中心間距離})$$

で定義される値($0 < \delta < 1$)である．

極性による置換基の分類 　両効果によって電子を押し出すように働く置換基を電子供与基(electron donating group)，電子を引っ張るように働く置換基を電子吸引基(electron withdrawing group)と区別する．置換基がいずれであるかは，分極性から考えて結合手のついている原子が $\delta-$ なら電子供与性，$\delta+$ なら電子吸引性と見当をつけることができるが，厳密にはハメット則の置換基定数を調べる必要がある（1.5.1 注 4 参照）．

反応試薬の分類 　有機電子論では，反応する化合物を基質(substrate)[3]と試薬(reagent)に分けて考え，さらに，試薬を求核性試薬(nucleophilic reagent，nucleophile)と求電子試薬（electrophilic reagent，electrophile)に大別する．前者は，アニオニック試薬ともいい，反応前に持っていた電子を相手に与えて共有する性質，後者は，カチオニック試薬ともいい相手の電子をもらって共有する性質をもっている試薬のことである[4]．

反応機構論 　以上のべたようにして，有機反応を電子の移動として組み立てることを反応機構論(reaction mechanism)という．なぜこのようなことを考えるかというと，そうすることによって数ある有機反応を機構

の違いによっていくつかのパターンにわけて整理できるメリットがあるからである．

　この化合物とこの化合物を反応させるとこういう化合物が生成するのだ・・と，天下り的に与えられてきた化学反応式に対して，その‘わけ’を提供するのが反応機構論である．反応機構というのは，反応の中間プロセスを電子論的に合理的に考えることである．一見複雑にしているように見えるが，中間プロセスを考えることによって，かえって単純化でき，反応をよりよく理解できるようになるのである．まさにこれが化学理論の目指すところなのである．

　有機反応は，反応物がどう変化して生成物になっているかに注目して，置換反応(substitution)，脱離反応(elimination)，さらにその逆の付加反応(addition)の3つに大別される．

反応中間体　反応物はいくつかの反応中間体(reaction intermediate)を経る多段階の素反応によって生成物に到ると考えられている．

　有機反応の場合，反応の中心元素は炭素であるので，炭素の陽イオン（カルボカチオン，carbocation）あるいは陰イオン（カルバニオン，carbanion）が反応中間体となることが多い．これらはイオン反応と分類されるのに対して，炭素ラジカル(radical)が中間体となる場合はラジカル反応という．

　これらの反応中間体は，反応途中にある準安定な状態と考えられているが，さらにそれらの間の不安定な状態を遷移種(transition species)といい，そのうち最も高いエネルギー状態のときの原子配置を活性錯合体(activated complex)という（2.1.3参照）．

反応機構の分類　先に述べた反応試薬の分類と反応の型を組み合わせて，反応機構の違いによって次の5つに分類される．

①　求核的置換反応……ハロゲン化アルキルとエステルの主要反応

〔型1〕 $Nu^{\ominus} + -\overset{|}{\underset{|}{C}}-L \longrightarrow Nu-\overset{|}{\underset{|}{C}}- + L^{\ominus}$

（例）ウィリアムスンのエーテル合成

$$C_2H_5O^{\ominus} \quad \overset{H}{\underset{CH_3}{\overset{|}{C}}}\overset{H}{\underset{\delta+\ \ \delta-}{—Cl}} \longrightarrow C_2H_5O-\overset{H}{\underset{CH_3}{\overset{|}{C}}}\overset{H}{\diagdown} + Cl^{\ominus}$$

〔型 2〕 $Nu^{\ominus} + \overset{\delta^-}{\underset{\delta^+}{}}C-L \longrightarrow Nu-\overset{O^{\ominus}}{\underset{|}{C}}-L \longrightarrow Nu-\overset{O}{\overset{\parallel}{C}} + L^{\ominus}$

(例) エステル合成

$$C_6H_5-\overset{O}{\overset{\parallel}{C}}-OH \xrightarrow{H^{\oplus}} C_6H_5-\overset{\overset{\oplus}{O}H}{\overset{\parallel}{C}}-OH$$

$$CH_3-\overset{..}{O}: + C_6H_5-\overset{\oplus}{\underset{|}{C}}-OH \xrightarrow[-OH^{\ominus}]{} CH_3O-\overset{\oplus}{\underset{C_6H_5}{C}} \xrightarrow[-H^{\oplus}]{} CH_3O-\overset{O}{\overset{\parallel}{C}}-C_6H_5$$
$\overset{|}{H}$ ...... $\overset{|}{OH}$ ...... $\overset{O-H}{}$

② 求核的付加反応……カルボニル化合物の主要反応

〔型〕 $Nu^{\ominus} + \overset{\delta^+\ \delta^-}{C=O} \longrightarrow Nu-\overset{|}{\underset{|}{C}}-O^{\ominus} \xrightarrow{E^{\oplus}} Nu-\overset{|}{\underset{|}{C}}-O-E$

(例) カニツァーロ反応

$$HO^{\ominus} + \overset{H}{\underset{C_6H_5}{\overset{\delta^+\ \delta^-}{C=O}}} \longrightarrow HO-\overset{H}{\underset{C_6H_5}{\overset{|}{C}}}-O^{\ominus} \underset{\longleftarrow}{\overset{OH^{\ominus}}{\rightleftharpoons}} {}^{\ominus}O-\overset{H}{\underset{C_6H_5}{\overset{|}{C}}}-O^{\ominus} + H_2O$$

$$C_6H_5-\overset{O^{\ominus}}{\underset{O^{\ominus}}{\overset{|}{C}}}-H + \overset{H}{\underset{C_6H_5}{\overset{\delta^+\ \delta^-}{C=O}}} \longrightarrow C_6H_5\overset{O}{\overset{C}{\underset{O^{\ominus}}{}}} + H-\overset{H}{\underset{C_6H_5}{\overset{|}{C}}}-O^{\ominus}$$

③ 求電子的付加反応……アルケン・アルキンの主要反応

〔型〕 $E^{\oplus} + {>}C=C{<} \longrightarrow E-\overset{|}{\underset{|}{C}}-\overset{\oplus}{\underset{|}{C}} \xrightarrow{Nu^{\ominus}} E-\overset{|}{\underset{|}{C}}-\overset{|}{\underset{|}{C}}-Nu$

(例) $H^{\oplus} + CH_2=\underset{C_6H_5}{\overset{|}{CH}} \longrightarrow CH_3-\underset{C_6H_5}{\overset{\oplus}{CH}} \xrightarrow{Cl^{\ominus}} CH_3-\underset{C_6H_5}{\overset{|}{CH}}-Cl$

④ 求電子的置換反応……芳香族化合物の主要反応

〔型〕

(例) フリーデル・クラフツ反応

$$CH_3-Cl + AlCl_3 \longrightarrow CH_3^{\oplus}\ AlCl_4^{\ominus}$$

⑤　脱離反応……ハロゲン化アルキルとエステルの主要反応（①と競争）

$$\text{〔型〕 } Nu^{\ominus} + \text{H–C–C–L} \xrightarrow{-NuH} \text{>C=C<} + \text{L}^{\ominus}$$

$$\text{（例） } C_2H_5O^{\ominus} + \text{H–CH}_2\text{–CH–Br} \xrightarrow{-Br^{\ominus}} \text{CH}_2\text{=CH} + \text{CH}_3\text{–CH–OC}_2H_5$$

（S$_N$反応）　　　　　　　79 %　　　　　　21 %

有機電子論の限界　　有機電子論では，矢印で電子の流れを示して反応機構を考えた．しかし，事実として電子がそのように流れているという保証はない．そもそもオクテット則に立脚する有機電子論では，電子を粒子とみなしているわけで，波動性を全く考慮していない．つまり，量子力学以前の理論であるといえる（実際の成立時期（1930 年代）には波動方程式は知られていたが）．

　では，なぜ今なお有機電子論を学ばねばならないのであろうか？　その理由の第 1 は，前項で述べたような有機反応を一応理論的に整理・説明できるからである．さらに，次項に述べるように，構造論に比べて反応論に量子化学を適用することが簡単ではなかったことも理由にあげられるであろう．

　有機電子論的考察では説明できない実験事実について，量子化学（分子オービタル）を用いることによって明快に理論化された例が，福井理論（1952年），あるいはウッドワード・ホフマン則（1965 年）である[5]．

1）化学は実験を主体とする学問であることは間違いないが，実験結果が集積してくるとそれを整理する原則あるいは法則といったものが提言され化学の理論が生まれる．ここに，複雑な有機反応をいちいち覚えるのは大変だという初学者の不満と化学者の発想の一致を見ることができる．

2）C. K. Ingold は，電子移動機構と分極・分極能との関係を次のような 4 つの効果で説明している（0.4(2)注 3）の文献参照）．

電子移動機構	分極	分極能
一般誘起機構（→）	Inductive effect	Inductomeric effect
互変異性機構（⌒）	Mesomeric effect	Electromeric effect

　現在ではこのうち誘起（inductive）効果のみが使われ，メソメリー効果は共鳴効果にとって代わられている．共鳴のことを互変異性といっている．

3）反応点の原子が炭素である方を基質とするのが普通である.

4）インゴールドの発案による. 彼は，電子対を共有するのでなく，電子を完全に供与する試薬が狭義の還元剤，電子を完全に奪うのを狭義の酸化剤としてそれぞれの試薬に分類している.

5）これらの研究業績により，1981年のノーベル化学賞が，福井謙一と R. ホフマン（ウッドワート・ホフマン則により受賞）に授与された.

(4) 量子有機化学 ── 量子力学が有機化学とどう関係するのか

量子力学と有機化学　歴史的にみれば，量子化学の発展以前に，有機化学は驚くほど多くの実験事実やそれにもとづく経験則の蓄積を持っていた. しかしながら，有機化学が真の科学として成長したのは，原子や分子の本質がよく理解されるようになってからであった. そこで多くの有機化学書においても，原子論・化学結合論から筆を起こしているのである.

　化学結合の本質は電子である. ということは，その真実の姿を知るには1926-7年に物理学者たちによって導入された量子力学の力を借りなければならないことを意味する. 量子力学の力を借りるということは，電子の波動性を受け入れることである. それは，波動方程式をもとにして計算されるオービタル（軌道関数）を使って化学を考えるということである.

　帰納的な学問であった化学において，ここにようやく本格的に数学を活用し演繹的な議論が可能になったのである. 0.1で述べた朝永振一郎の考え方にあてはめれば，化学がようやく物理学的になったといえるであろう. 量子力学（quantum　mechanics）を用いて化学的知識を体系化していく学問を量子化学（quantum chemistry）という. 量子化学の主な研究対象は化学結合であった. そして，まず有機構造論の分野がその恩恵を受けて大いに進歩した.

原子価結合法 (VB法)　シュレーディンガーが波動方程式を提唱してわずか1年後の1927年には，ハイトラーとロンドンによって水素分子の化学結合に量子力学が適用され，原子価結合法とよばれる近似計算法が提案された. すなわち，水素分子の波動関数を2つの水素原子の波動関数の積で近似できるとし，それぞれの電子を交換した関数を考慮することによりエネルギーの最小値が得られることを明らかにした.

　このような計算手法は，化学者たちが考えていた電子対共有という概念（0.

3(2)）に理論的根拠を与えたので大いに注目を集めた．1931 年にはポーリングによって原子価結合法に立脚した量子力学的共鳴理論が提唱された（0.4(2)参照）．また，同時に結合の方向性を説明するために混成の概念も導入された．

　　水素分子についてはいち早く近似に成功した原子価結合法であったが，少し複雑な分子に適用しようとするといろいろな困難が伴い，今日では分子軌道法の方が分子計算の主流となっている．

分子軌道法
（MO 法）
　　分子軌道法というのは，フント・マリケン・ヒュッケル法ともいわれ，原子価結合法とほぼ同じ時期にこれらの人たちによって創始された．1 つの原子核の周り（1 中心）の電子状態すなわち原子オービタルについて成功した近似法を，分子（多中心）の場合に適用しようというのが彼らの発想だった．

　　最初に成功したのは，現在，単純ヒュッケル法といわれる π 電子のみを対象とした計算法である（1931）．実際には永年方程式とよばれる行列式を解くだけで，π 電子系の関与した事象を説明できた．たとえば，芳香族性（ヒュッケル則），共役系有機化合物の構造と色の関係，フロンティア電子（福井）理論（1952）さらには軌道対称性理論（ウッドワード・ホフマン則，1965）もこの計算法の結果で説明される．一見粗雑な近似であるにもかかわらず驚くほど多くの化学的現象を説明できたので，当初から化学者たちには大変有用な理論的道具となってきた．

　　σ 電子を含めた電子系に関しては，まず内殻電子を含めた原子核を座標上に配置し，分子全体のエネルギーが最小になるように価電子を分布させる手法がとられた．しかし，その計算は複雑を極め，大胆な近似パラメータを採用しなければならなかった．化学者たちは，大型コンピュータを用いて経験的あるいは半経験的計算法（拡張ヒュッケル法，CNDO 法など）といわれるさまざまな近似計算を行っていた．コンピュータの性能向上もあって，現在では近似をなるべく用いない非経験的方法 *ab initio*（'はじめから'の意）法とよばれる計算すらパソコンを用いて日常的にできるようになっている．

　　MO 法を実際に計算してみればわかることであるが，まず空間座標に各原子の原子核を配置し，次にそのフレームの中に電子を入れていき各エネルギー準位毎に電子密度の分布を求める．そのときの決まりは，分子全体のエネルギー

を最小にするように電荷を分布させ，原子の配置を修正することである．

　このことからもわかるように，電子雲でイメージされる電子分布の中に原子核が点在しているのが量子化学の世界における分子の姿である．化学結合は，もはや価標といわれる線のような明確なものではなく，濃淡のある電子雲のイメージで語られ，従来の価標では結ばれなかった原子間でも電子の存在確率はゼロではない（1.2.5 参照）．古典的な原子価という規制もなくなっているから，共鳴構造を考える必要もなくなった．

　コンピュータを活用することによって，従来の分子構造式から解放された新しい有機化学の理論が展開されようとしている．

MO vs VB
永遠のライバル？
しかしながら，有機化学教科書における化学結合の理論は，相変わらず電子対の理論に基づき，原子オービタルどうしが重なり合うことによって結合形成されると説明されている．MO 法より VB 法のほうが，この教科書的発想に近く初学徒にも受け入れられやすいことを示している[1]．また，VB 法自体もポーリング以降の長い低迷の時期を経て近年復活し，計算ソフトも市販されるようにまでなった．MO 法は大きな分子の構造モデリングや軌道の対称性，フロンティア理論を議論する際に有効であり，VB 法は局所的な化学的作用・反応機構を論じるのに有効であるといわれている[2]．

本書における分子計算
本書では，パソコンで簡単に計算できるようになった *ab initio* MO 計算法を主として用いるが，従来の有機化学教科書の説明との乖離をできるだけ避けるために，原子オービタル（AO）とその重なりを表示，説明するよう努めた．また，分子全体の形状に関しては，電子密度分布を等高線図あるいは起伏図として可視化することにした．HOMO などの分子オービタルの形状は，容易に想像できるようなものではないので，軌道理論によって反応性などを説明する必要のあるときのみ限定的に用いた．

1）MO 法と VB 法の比較は，次の文献に詳しい．マレル・ケトル・テッダー，『量子化学―化学結合論を中心として』（広川書店，1977 年）12 章「MO と VB の比較」；E. Cartmell & G. W. A. Flowles,『原子価と分子構造』（原著 4 版，久保昌二訳，丸善，1980 年）7，8 章．

2）近年の VB 法の進歩については，R.ホフマン（**0.4(3)**注 5 ）を囲む次の対談中で語られている．
R. Hoffmann, S. Shaik, P. c. Hiberty, "A Coversations on VB & MO Theory：A Never-
Ending Rivalry ?" *Acc. Chem. Res*., **2003**, 36(10) pp. 750-756.

化学教育ノート　有機化学はサイエンスと言えるか

　　1910 年代の共有原子価説（03(2)参照）をもとに，1930 年代に至ってロビンソン，インゴールドらによって有機反応を電子の動きとして説明する有機電子説が提案された．その後，これを有機電子論という学問分野に作り上げた有機化学者たちは，膨大な数の有機反応を反応機構として分類整理し（04(3)参照），新しい合成反応の開発などに大いに役立ててきた．

　　有機電子説を取り入れた初期の成書，『物理有機化学』[1]の中で著者 L.ハメットは，「似た分子は同様な反応をするはずだという仮説はサイエンス（科学）というよりある種のアート（技術）である」という趣旨のことを述べていたという．確かに，電子を粒子とみてその移動によって機械的に化学変化が進行すると考察する有機化学者たちは，物理学者のみならず，身内であるはずの物理化学者からも前近代的な思考と切り捨てられ見限られてきた．

　　電子の移動によって反応機構を考えるアルゴリズムの破綻はディールス・アルダー反応を no mechanism としていたことに表れていた（2.4.4 参照）．反応機構だけではなく，構造論においても原子模型の作成に便利で分かりやすい原子価説に固執して共鳴理論が生まれ，混成軌道論が考案されてきた（04(2)，1.1.7 参照）．「(真実かどうか論証できないが)，こう考えるとうまく説明できる」ということであった．

　　ごく最近，「有機化学を初学者にサイエンスとして教えていいか，むしろエンジニアリングではないか」という論説がアメリカの化学教育誌[2]に投稿された．本書の成り立ちと同様，学生たちの critical thinking の賜物であろう．

1) L. P. Hammett, "Physical Organic Chemistry," McGraw-Hill, (1940).

2) E. F. Healy, "Should Organic Chemistry Be Taught as Science?", *J. Chem. Educ*., **96**(10), 2069-2071(2019).

1

有機化合物
の
結合と物性

1.1 波動方程式とオービタル

1.1.1 シュレーディンガーの波動方程式を解くことによって，どうして電
子の存在確率が求められるのか
波動方程式の正しいことはどうして証明されるのか

シュレーディンガーの発明　運動している電子には一定波長の波動が付随し
ているという電子の波動性に関するド・ブロイ
の理論的予言(1924)[1]と，水素原子の線スペクトルのパターンが弦の振動に類
似していることから，シュレーディンガーは直観的に電子の運動方程式は波動
型の式になるのではないかと思いついた(1926)[2]．

古典力学的な運動方程式：

運動エネルギー(T)　＋　位置エネルギー(V)　＝　全エネルギー（E）

に対して振動体(たとえば弦)の理論を持ち込んだことが，シュレーディンガー
の新しい着想であった[3]．それによると，電子に付随した波動の三次元的な様
子は，波動関数（ψ）および電子の質量（m），プランク定数（h），その系の
全エネルギー（E），（位置)ポテンシャルエネルギー（V），さらに系の三次元
座標(x, y, z)を含む次の偏微分方程式で表わされることになる．

$$\frac{\partial^2 \psi}{\partial x^2} + \frac{\partial^2 \psi}{\partial y^2} + \frac{\partial^2 \psi}{\partial z^2} + \frac{8\pi^2 m}{h^2}(E - V)\psi = 0$$

電子の運動式としてこの式を適用することは，ほかの特別な基本的原理に基
づいているわけではなかった．当初は，シュレーディンガーの思いつき・大胆
な仮説であったが，この式の解が種々の実験事実をよく説明できることから，
正当性が認められているものである．この点を誤解しないようにすべきである．
シュレーディンガーの方程式が正しいかどうかは，実験事実を理論的に説明で

きるかどうかということなのである．

波動方程式から得られる情報　波動方程式は全エネルギー（E）がある特定な値をとるときにだけ解が得られる．その特定な値，すなわち固有値はボーアの原子模型でいう定常状態エネルギーに相当し，量子数によってきまるものである．さらに，それぞれの固有値に対応してϕの関数形がきまる（これをスレーター関数という）．つまり，原子内の電子の波動関数は，軌道関数（orbital function）あるいは単に軌道（orbital，オービタル[4]）とよばれ（マリケンが命名），それによってs，p，dなどのオービタルの形や性質が求められる．

波動方程式におけるϕは，三次元の関数であるが，単振動の方程式における振幅を表わす関数に対応している．そこで，振幅の2乗が振動の強さを表わすように，ϕ^2は微小単位体積 $dxdydz$ 内での電子の存在確率を与えるという新しい概念が，その後ボルンによって導入された．この単位体積中の電子の存在確率をドットの濃淡で表わすことを約束すると，いわゆる電子雲模型が描けるようになるのである（1.1.4 注5参照）．

波動力学的原子模型　シュレーディンガーと時を同じくしてハイゼンベルグが提唱した不確定性原理(1927)によって，電子が粒子と波動の二重性を持つため，電子の位置と運動量の両方を同時に正確に決めることはできないということが理論的に証明された．そしてボーアのように電子の軌跡を'軌道'としてとらえようと考えるのは完全にあきらめねばならなくってきた．しかし，そうすることによってボーア模型の持っている矛盾点（0.3(1)参照）が一挙に解決したのである[5]．

そこで，波動力学における原子像を改めて描いてみると次のようになる．

1) 電子の動く軌道あるいは軌跡を明らかにすることはできないし，また，明らかにしようと考える必要はない．

2) 電子の存在は三次元的な確率分布によって知ることができる．

3) s電子に関しては，原子核を中心とする微小体積内の存在確率が最大となるが，p電子などのように原子核の位置の存在確率がゼロとなる場合もある．

4) 電子の存在がゼロになるのは，ϕの符号の入れかわる節面と動径方向無

限遠である（1.1.5 参照）．

5）したがって，原子の寸法というものははっきり定義しにくく原子には境
　界がないといってよい[6]（1.1.4 参照）．

波動方程式の有用性　　波動方程式は，このように原子の電子状態を明らかに
したばかりでなく，さらに大切な分子の諸性質を定量
的に説明することに成功した[7]．すなわち，結合エネルギー，結合距離，分子
振動，エネルギー準位などが計算され，それらが実測値とよい一致を示したの
である．しかしながら，さらに複雑な分子について適用することには多くの数
学的困難が伴い，かなりの近似をすることが必要であった．現在，コンピュー
ターの発達によってそのような困難がつぎつぎと乗り越えられ，より正確で目
的にあった解を得る方法が考案されている[8]．

　このような研究の積み重ねによって，シュレーディンガーの波動方程式が間
違いなく有用である（つまり正しい）ことが実証されているわけである．

1）17 世紀における Newton 対 Huygens（ホイヘンス）にはじまる光の粒子説と波動説の論争は，
　　19 世紀はじめには，いったん波動説に落ちついていた．光は波動として描かれ Maxwell の電磁
　　気学によって説明されるのに対し，物質は粒子（原子）から成り立ち Newton 以来の力学によっ
　　て支配されるものと考えられていた．

　　　ところが，20 世紀初頭，Einstein の光量子説によって光が粒子性をも兼ねそなえていることが
　　明らかとなった．一方，原子内電子の運動に Bohr が考えたように周期性があることは，電子と
　　いう物質粒子にも波動性をもたせなくては説明できない．このような二重性(duality)は，1922
　　年 de Broglie（ド・ブロイ）が提唱した物質波の考え方によって総合的にうまく説明されるよう
　　になった．de Broglie はその成果を著書『物質と光』(1939)の中で次のように誇っている．
　　「そこで我々は物質が光と同様に波及び粒子から成ることを知った．物質と光はその構造において
　　人が昔考えていたよりもはるかによく似たものであると見えて来た．これによって我々の自然観
　　は美しく単純なものとなった」(河野与一訳，岩波文庫)

2）この発明の過程は，G. C. Pimentel, R. D. Spratley（千原秀昭，大西俊一訳），『化学結合―その
　　量子論的理解』，東京化学同人，p.22 に詳しい．これが，0.1 で紹介した『物理学とは何だろ
　　うか』で朝永の言う数学による物理学のドラスチックな発展の典型例である．

3）このように，経験に基づく直感によって 2 つの理論を組合わせることが，研究を飛躍的に発展さ
　　せた例は数多くある．

4）'軌道'という日本語からくるイメージをなるべく少なくするために．本書では '軌道' そのものを

示すときには，英語の orbital をカタカナ書きにして用いることにする．

　また，オービタルというのは，数学的な便法であり，本書を含め通常よく行われているように，仮に可視化プログラムなどによって表現されたとしても実験的に観測・測定が可能な物理量ではない．この点，電子密度あるいはエネルギーと明確に区別して考える必要がある．このことに関連して，酸化銅の d オービタルが観測されたと報じて大きなインパクトを与えた *Nature* 誌 (1999) の記事に対して，実際に観測されているのは電子密度であって "オービタルが見えた" というのは不適切であるとの批判が述べられている．E. R. Scerri, "Have Orbitals Really Been Observed ?", *J. Chem. Educ.*, **77**, 1492-1494 (2000).

5) 電子と原子核が反対の電荷を持っているなら静電的な引力によって合体してしまうのではないだろうか？　このような素朴な疑問が生じるのは，電子を粒子としてみる惑星型原子模型にとらわれている結果といえる．原子レベルの領域では，電子は波動としての性格が強く現れ，その波長は極めて短くなるのでエネルギーは非常に大きくなる．そうするとその狭い領域の束縛から逃れようとするエネルギーが強く働き，静電的な引力とバランスし原子核の周辺部に分布することになる．F. P. Mason and R. W. Richardson, "Why Doesn't the Electron Fall into the Nucleus ?", *J. Chem. Educ.*, **60** (1), 40 (1983).

6) 原子半径として知られている値は，各結合について原子核間距離は測定できるので，それらの間に加成性がなりたつように平均化されたものである．

7) "シュレーディンガーの波動方程式は化学にどう役立ったか" という特集が，化学，**31**, 406 (1976) にあるので，さらに詳しく知りたい人は参照されたい．

8) しかしながら，一方において量子化学理論の日常的な有用性についての疑問が投げかけられていることも事実である．例えば，H. A. Bent, "Tangent-Sphere Models of Molecules", *J. Chem. Educ.*, **40**, 446 (1963).

1.1.2 原子の周りの電子は殻状に分布しているのか

原子模型　20 世紀初めに提案され，当初，原子スペクトルデータを説明できることから受け入れられていたボーアの原子模型（いわゆる軌道論）の矛盾点が，波動力学の出現（1927 年以降）によって解決されてきた（0.3(1)参照）．

　その結果，原子内の電子は惑星系の動きにイメージされる円軌道上を回転しているのではなく，存在確率分布として認識されるということであり，電子雲（ドットの濃淡，1.1.4 図-1 参照）で表現されるようになった．さらに，円軌道のような平面的な構造では化学結合の方向性を説明できないとして 3 次元的な立体構造で表現しようとする試みもある．一部の化学教科書で，円を球にし，線を面に変更したイメージが電子配置として提示されている[1]．しかし，このような説明によると，実際の電子の分布が縞状に広がっていると誤解されかねない．K 殻，L 殻，M 殻といった表現がこの縞と対応するかのように都合よく解釈されるからである．

水素原子に関する量子化学計算　原子内の電子の存在確率が波動関数の 2 乗で表されることが波動力学の大きな成果であった．量子化学教科書では，波動力学的な原子モデルの最も単純な例として水素原子（電荷 $Z = 1$）が説明されている．近似法を用いないでも解けるからである．

　そのシュレーディンガー方程式を通常の直交座標（x, y, z）から，原点からの距離（動径 r という）の関数で表示するために図-1 のような球面極座標（r, θ, φ）の関数に変換すると，波動関数 ψ は次式のように，距離依存性の部分 $R_{n,l}$ と角度依存性の部分 $Y_{l,m}$ とに分割される．ここに，n, l, m はそれぞれ主量子数，方位量子数，磁気量子数を表し，それらの値によって関数が定まる（詳しいことは本書の域を超えるので量子化学の入門書を参照のこと）．

$$\psi_{n,l,m} = R_{n,l} \cdot Y_{l,m}$$

s オービタル
の波動関数

ここで，主量子数
$n = 1$，2，3 で，
方位量子数 $l = 0$，
磁気量子数 $m =$
0 の場合には距離
依存性のみとなり，
角 度 依 存 性 の
$Y_{l,m}$ の 部 分 が 定
数になり，原点か
ら全方向に同じ広
がり（つ ま り 球

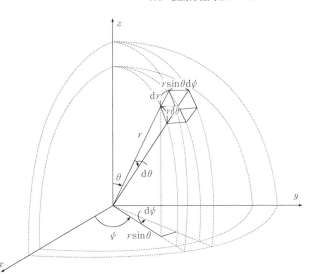

図-1　球面極座標と単位体積表示

状）を持つ波動関数となる．これらがそれぞれ 1 s，2 s，3 s オービタルであ
る．それら波動関数は表-1 のように角度依存性の部分は一定で，原点（原子
核の位置）から全方向同一であるが距離依存性部分が異なる．

表-1　水素類似原子の s オービタル波動関数

Z（電荷）$= 1$，a_0（ボーア半径）$= 0.529$ nm

オービタル名	量子数			波動関数 $\psi_{n,l,m}$	距離依存性部分 $R_{n,l}$	角度依存性部分 $Y_{l,m}$
	n	l	m			
1 s	1	0	0	$\psi_{1,0,0} =$	$2\left(\dfrac{Z}{a_0}\right)^{3/2} e^{-Zr/a_0}$	
2 s	2	0	0	$\psi_{2,0,0} =$	$\dfrac{1}{2\sqrt{2}}\left(\dfrac{Z}{a_0}\right)^{3/2}\left(2 - \dfrac{Z}{a_0}r\right)e^{-Zr/2a_0}$	$\dfrac{1}{2\sqrt{\pi}}$
3 s	3	0	0	$\psi_{3,0,0} =$	$\dfrac{2}{81\sqrt{3}}\left(\dfrac{Z}{a_0}\right)^{3/2}\left(27 - 18\dfrac{Z}{a_0}r + 2\dfrac{Z^2}{a_0^2}r^2\right)e^{-Zr/3a_0}$	

類家正稔，『詳解量子化学の基礎』，東京電機大学出版局（2012）

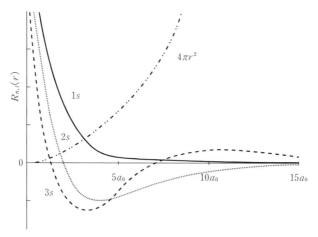

図-2　1 s，2 s，3 s の波動関数比較

　これらの式を用いて原点からある方向軸 r への波動関数 ψ を図示すると図-2(a)のようになる．1 s の波動関数（$\psi_{1,0,0}$）は原点から単純に減少して 0 に近づいていく．2 s の波動関数（$\psi_{2,0,0}$）は，高さは 1 s の半分程度であるが急激に減少しいったんマイナスになってから 0 にもどる．3 s の波動関数（$\psi_{3,0,0}$）はさらに半分程度の高さであるが，いったんマイナスになってからプラスに転じ波打つ形となるように算出される[2]．

動径分布関数　　さらに，図-1 において原点からの距離 $r \sim r + dr$ の殻状の空間（球殻）に存在する確率（これを動径分布という）を図-2 中に点線で示した球体表面積 $4\pi r^2$ の増加から求めるとピークが出現する．1 s オービタルのピーク位置が，線スペクトルのデータから Bohr が求めた軌道半径（ボーア半径 $a_0 = 0.529$ nm）に一致する．球殻の体積は球体表面積（$4\pi r^2$）に比例して増加すると見なしていいから，トータルすれば分布のピークがあるのは当然である．しかし，その空間中の単位体積あたりの分布密度が高くあたかも電子雲の密度が高い縞状の層があるかのようにイメージするのは明らかに間違いである．

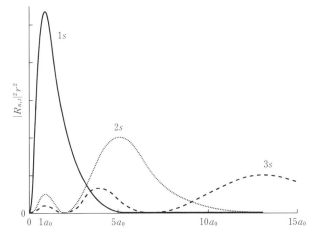

図-3 原子核からの距離 $r \sim r + dr$ の球殻に電子を見出す確率（動径分布）

さらに，ボーアの軌道論に対する

「陽電荷の原子核に対して陰電荷をもつ電子が合体しないで空間的に離れて回転しているのはどうして？」

という素朴な疑問の説明には当時の科学者も苦慮していた．それは電子を粒子として考えていたからであった．オービタルという波動性を受け入れればそのような疑問が解消される．

1）原子核のまわりの電子は，いくつかの層（電子殻）に分かれて存在しているとして図-4のような俯瞰図で説明されている．しかし，仮に電子雲が目に見えたとしてもこのように殻状に見えるはずがないことは本文の説明から明らかであろう．

図-4 電子殻俯瞰図

2）このような単位体積あたりの確率分布を俯瞰図として3次元表示するのは困難なので，波動関数をxy平面上の起伏図として示すと図-5のようになる．これらsオービタルはいずれも原点，つまり原子核の位置に集中していることがわかる．図-4のように原子核から離れた空間に殻状に存在しているわけではない．sオービタルは核の位置に集中し，そこから波動として滲み出しているようなイメージである．

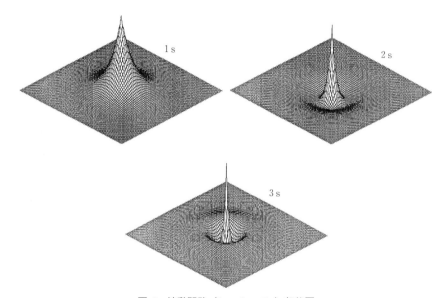

図-5　波動関数（1 s，2 s，3 s）起伏図
（時田澄男，現代化学，1987(1)，p 44 より改変）

1.1.3 p軌道（オービタル）の交差部分（？）はどうなっているのか

当然の誤解　　pオービタルの説明として図-1のように8の字型に略して表わしている教科書が多いために，誤解に基づくこのような疑問が起こるのであろう．十分に説明を加えないでp軌道としてこのような略図を使うと，‘軌道’という言葉にひきずられて，電子が8の字上を回っていると早合点してしまうかもしれない．また，そう考えないまでも，この8の字をz軸のまわりに回転して得られる曲面上に電子の存在確率が高く，その内側の電子密度は低い殻状のように，全く違ったイメージを持ってしまうおそれがある．

pオービタルには2つの中心　　p_zオービタルの場合，電子の存在確率の最も高い点は，原点をはさんで対称なz軸上の2点にあり，原点（原子核）上では，その確率はゼロとなる．これは，波動関数の計算結果によるものである[1]．電子雲によってより実際に近い$2p_z$オービタルのイメージを図-2のように表わされていることがある．

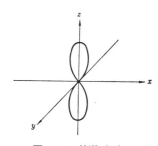

図-1　2p軌道（？）

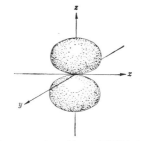

図-2　$2p_z$オービタルの電子雲（？）

オービタルには限りがない　　この図でまだ注意すべき点がある．8の字型（二次元表示）や二球型（三次元表示）によって表わされる曲線や曲面は，その内側にある電子の存在確率が，たとえば総計95％となる範囲[2]を示したものであって，その表面上にある単位体積当たりの電子の存在確率はむしろ低いのである．図-2のように界面があるかのように表されているのはむしろ作図上の問題である[2]．

**pオービタルの
波動関数による理解**

1.1.2 で述べた水素原子の波動関数

$$\psi_{n,l,m} = R_{n,l} \cdot Y_{l,m}$$

を用いて実際に計算してみると2pオービタルの形は，従来のテキストに表現されているものとかなり違っていることがわかる．

　主量子数 $n = 2$ の場合には，方位量子数 $l = 0$（磁気量子数 $m = 0$）の2sオービタルのほかに，$l = 1$ があり，この場合には m が $m = 0$ 以外に $+1$，-1 に分裂する．これらが2pオービタルで，それぞれの波動関数はつぎのようになる．sオービタルの場合とは逆に，距離依存性の部分は同一であるが，角度依存性部分は x，y，z 軸方向に分割される．

$$\psi_{2,1,0} = R_{2,1} \cdot Y_{1,0}$$
$$\psi_{2,1,+1} = R_{2,1} \cdot Y_{1,+1}$$
$$\psi_{2,1,-1} = R_{2,1} \cdot Y_{1,-1}$$

表-1　水素類似原子の2pオービタル波動関数

Z（電荷）$= 1$，a_0（ボーア半径）$= 0.529$ nm

オービタル名	量子数			波動関数 $\psi_{n,l,m}$	距離依存性部分 $R_{n,l}$	角度依存性部分 $Y_{l,m}$
	n	l	m			
$2p_z$	2	1	0	$\psi_{2,1,0} =$		$\sqrt{\dfrac{3}{4\pi}}\cos\theta$
$2p_y$	2	1	+1	$\psi_{2,1,+1} =$	$\dfrac{1}{2\sqrt{6}}\left(\dfrac{Z}{a_0}\right)^{5/2} re^{-Zr/2a_0}$	$\sqrt{\dfrac{3}{4\pi}}\sin\theta\cos\phi$
$2p_x$	2	1	-1	$\psi_{2,1,-1} =$		$\sqrt{\dfrac{3}{4\pi}}\sin\theta\sin\phi$

類家正稔，『詳解量子化学の基礎』，東京電機大学出版局（2012）

**2pオービタルの
分布の様相**

$2p_z$ オービタルに関して，1.1.2 の図-3 と同様，z 軸方向の動径分布を図-3 に示す．2pオービタルの波動関数は原点を通過する．これは波動としてはあり得ることである．したがって原子核の位置での存在確率はゼロとなり，その上下2か所で極大となる．動径分布の極大はさらに少し離れた位置となる．

　それを等高線で表したのが図-4 である．それによると，1sと違って $2p_z$ オービタルの存在確率は原点ではなく，その上下2か所の z 軸上にあることがわかる．$2p_x$，$2p_y$ オービタルに関しても同様になる．

　波動関数の計算による2pオービタルの形は，従来テキストに示されている

ものとかなり違っている[2]．それによると，$2p_z$オービタルに関して一電子近似で表わした波動関数（Slater 関数）を解いて得られる電子密度の等高線は図-4 のようになり，それを基に立体的に電子雲表示すると 1.1.4 図-1 のようになる．

結論として，p軌道が原点で交差するというようなことはなく，pオービタルは原点に分布していない．

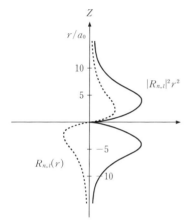

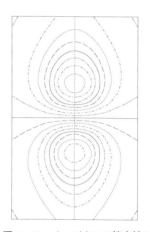

図-3　$2p_z$オービタルの波動関数と動径分布関数　　　図-4　$2p_z$オービタルの等高線[2]

---

1 ）水素原子の場合，通常 2 p には電子が存在しないが数式上では実際には電子が入っていないオービタル（励起状態）についても計算できる．

2 ）I. Cohen, "The Shape of the 2p and Related Orbitals", *J. Chem. Educ.*, **38**, 20(1961).

─ 化学史ノート　化学者ファラデー ─

　ファラデーというと，電磁誘導の発見（1831），電気分解の法則（1833）などの電磁気学上の業績で有名であるが，若い頃には化学的な仕事をしていたことは忘れられがちである。そもそも少年時代製本工であったファラデーは，ロンドンの Arbemarle 街に今もある Royal Institution の化学教授デイビーに見いだされ，その後任として同所に住み，実験と講演に明け暮れた一生を送ったのである。

　ファラデーの最初の化学的業績は，塩素と炭化水素との光化学反応であった。エチレンに塩素を付加させ，さらに日光を当てると塩化水素が発生して，炭素・塩素結合が形成され C_2Cl_6 の結晶を生成することを見いだしている（1820）。現代化学で重要な塩化ビニル，ヘキサクロロベンゼンも見いだしているそうである。天然には見出されていなかった有機塩素化合物を最初に合成したのがファラデーであったことは，驚くばかりである。

　さらに，ベンゼンの発見者としても有名である。ロンドンの都市ガス会社からコンプレッサーのシリンダー内に凝縮する液体の試験を依頼された研究成果であった。1825 年のことで，彼は二炭化水素（C_2H）と名付けていたが，その化学構造（ケクレの亀の甲は 1865 年）や重要性が認識され始めるのは，それよりずっと後の話である。ファラデーが取り出したベンゼンはロンドンの科学博物館（Science Museum）に展示されている。

　鍛冶屋の息子であった彼が，スチール・アロイに興味を示したのは当然だったかも知れない。現在では利用価値の高い合金を大変苦労して次々と作り出していたが，当時は刃物用としてぐらいしか利用されなかった。そのほか，光学ガラスやガスの液化に関する研究も行った。

　1827 年に出版された『化学実験操作法』は，彼の唯一の化学書であるが，その後長い間化学実験の定本として多くの化学者（たとえばエジソン）に利用されたそうである。また，驚くべき回数の通俗講演をこなしているが，その巧みさ，造詣の深さは，『ロウソクの科学（原名：Chemical History of Candle）』を読むとよくわかる。これは，1848-49，1860-61 年のクリスマス講演として子供たちを集めて行ったものの記録である。第 6 講のはじめに日本の絵ロウソクのことが紹介されていて興味深い。

（参考）　G. Porter, J. Friday(ed), "Advice to Lectueres―An anthology taken from the writings of Micheal Faraday & Lawrence Bragg", (Mansell Information Pub. Ltd., 1974).

1.1.4 p オービタルにおいて，ひとつの電子が節面の上下に同時に存在するのはおかしいのではないか

また，どうやって電子は節面を横切るのか

当然の疑問 p オービタルの電子の存在確率分布は，1.1.3 で示したように確率分布ゼロの面（節面）の上下に広がっていて交叉していない．とすると，同じ 1 つの電子が節面の両側に同時に存在するはずはないし[1]，節面を横切るとすると存在確率がゼロというのはおかしいのではないかという疑問を持つものが多い．思慮深い学生が抱いて当然の疑問である．

しかし，この疑問に対してまともに答えている化学教科書はほとんどない．例外的にこれに触れているアリンジャーの説明をまず借りよう[2].

「読者は電子がいかにして節面を横切るのかと疑問に思うかもしれない．もっとも直接的な答えは，節面というのは非相対論的計算に基づいて予言されたものであるということであって，教科書には相対性の効果を考慮する場合には，電子密度がゼロになる面が，非常に小さいがある程度の電子密度を持つという記述が欠けている．従って節面は単なる近似であって，実際に存在するものではなく，電子は大きな困難なしに節面を横切ることができる．」

電子の波動性 このように，いきなり相対論を持ち出されて説明されてもなかなか納得できないであろう．これまで学んできた事柄に立ち戻って考えてみよう．

ここにあげたような疑問が生じるのは，電子の波動性を前提としている波動関数の解から得られた確率分布に対して，粒子としての電子の存在をまた持ち込んで考えるという矛盾を犯しているからである[3]．つまり，電子が，ある時間ある場所に周囲と不連続な存在（すなわち粒子）として位置していると考えるから矛盾が生じるのである[4]．確率分布には，同時刻・全ての場所の確率が記述されているのである．目にすることができる通常の波動ならば，同時に全領域に連続して存在していることに誰も疑問を差しはさまないであろう．

電子の動きを波の動きとして考えれば，節面があることも理解される．強度ゼロの節面の存在が波動の基本的条件だからである．正弦波ならば，$n\pi$ のと

き高さが 0 となり，その前後で正負が入れ替わる．このことについても疑問はないであろう．

電子雲表示の意味するところ

このような質問が出てくるのは，電子の確率分布として描かれている電子雲(electron cloud)表示に原因があるように思われる．これは，確率分布の領域と同時性を表すのに都合がよいから用いられているわけである．しかし，雲にたとえて呼称し，ドットで表わすことは細かい水滴の集まりという粒子性のイメージにつながり，さきの矛盾が生じかねないので注意を要する．電子雲表示のドットは個々の電子を表わしているわけではない．単位体積内での存在確率の大きさをドットの濃淡で表わすことを約束する[5]と，具合よく確率分布を図示できるのでよく用いられているのである（1.1.1 参照）．この約束を銘記してないと電子の粒子性の解りやすさについつい引き込まれてしまう．

1.1.3 で述べた $2p_z$ オービタルに関して，電子雲であらわすと図-1 のように表示される．

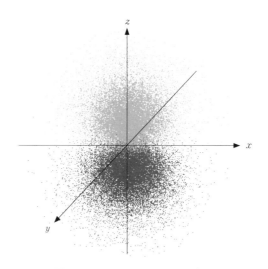

図-1 $2p_z$ オービタルの電子雲表示

濃淡は波動関数の位相が逆であることを表している．一般的には，1.1.5 のように＋－で表す．

さらに注意しなければならないのは，電子雲表示に明確な界面があるかのように見えるが，その外側でも確率分布はゼロではないことである．表現上致し

方ないことであるが，電子雲は確率分布の高い部分のみを表しているのである（1.1.3参照）．いま，ある１つの原子に所属する電子が，原子核から遠く離れたところに存在するかということを考えた場合，電子を粒子であるとすると，遠くには飛んでこないと思われるであろう．しかし，波動とすれば数学的にはその関数の強度は無限遠までゼロにはならない計算になる．

1）ある１個（粒子的な表現である）に相当する電子を小さい穴が２つあいている板にぶつけると，電子は同時に両方の穴を通って反対側で干渉する．これが電子の波動性を証明する簡単な実験である（朝永振一郎，『量子力学的世界像』，弘文堂，1965）．

2）N. L. Allinger, M. P. Cava, D. C. Dejough, C. R. Johnson, N. A. Lebel, C. L. Stevens（伊藤椒，吉越昭訳），『アリンジャー有機化学（上，中，下）』，（東京化学同人），p. 21.

3）R. H. Johnsen and W. D. Lloyd, "How Does the Electron Cross the Node ?", *J. Chem. Educ.*, **57**(9), 651(1980).

4）Heisenberg の不確定性原理によれば，電子の位置に関する不確かさはほぼ原子の大きさになる．したがって，原子内で電子がどこにあるかという議論はこの原理にも反することになる．この原理を信じれば，このような悩みから救われるはずである．

5）電子雲表示を理解するために電子の存在確率密度（ψ^2）と単位体積あたりのドット数の多さ（任意）の関係を図に示すと次のようになる．グラフの横軸の単位，原子単位（a.u.）はボーア半径 a_0（＝5.2918 nm＝52.918 pm）を１としている．

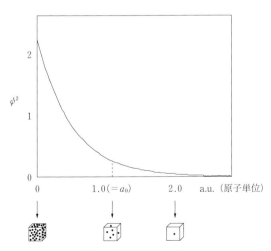

図-2　電子雲表示の意味

1.1.5 pオービタルにつけられた符号は何を意味するのか

波動関数の位相　pオービタルの波動関数と存在確率の関係を理解しやすくするためにp_xに関して並列に表わしたのが図-1である．その波動関数（ψ）の位相を表わす＋−をそのままオービタル表示に移行してつけられていることがあるのでこのような疑問が生じる．電子の状態を波動型の式で表わすために導入されたのが波動関数ψであるから，節面を持ちその前後で位相が変わる．それを示すためにつけられた符号であって電荷とはまったく関係ない．電子の存在確率はψ^2だからもちろん正である．

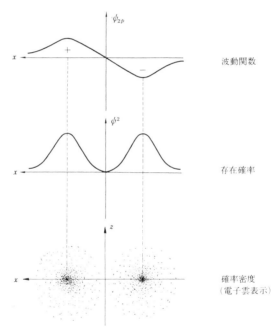

図-1　2pオービタルのいろいろな表現

位相の存在意義　電子の存在分布を表わすにはψ^2が有用であるが，化学反応で基本的な役割をするのはψ^2ではなくてψの方である．ψの符号に関して重要なのは，2個のAO，ψ_Aとψ_B，が結合するには同符号

どうしでなければならないということである[1]．同位相（$\pi = \psi_A + \psi_B$）は結合性（bonding）MO となるが，逆位相（$\pi^* = \psi_A - \psi_B$）では反結合性（antibonding）MO となる．つまり，逆位相の組合わせの場合には2つの核の間に $\psi_A - \psi_B = 0$ である節面が生じてしまい結合が成立しない．これを略図で説明すると図-2のようになる（1.1.6参照）．

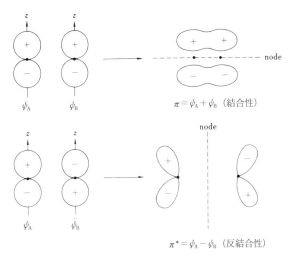

$$\pi = \psi_A + \psi_B \quad \text{（結合性）}$$

$$\pi^* = \psi_A - \psi_B \quad \text{（反結合性）}$$

図-2　2つのpオービタルによる結合性または反結合性πオービタルの形成

　電子環状付加反応（2つのpオービタルから1つの σ 結合が形成）に関する有名なウッドワード・ホフマン則も，pオービタルの同符号どうしが重なり合ったときにしか結合しないということがもとになっている[2]．この法則の詳しいことはここでは述べないが，波動関数を使って化学反応をエレガントに説明しており，pオービタルの関数に＋－の符号があるという波動方程式の結論に実験的根拠を与えるものといえよう．さらに，この法則は，シュレーディンガーの波動方程式が有効・有用であることの有力な実践的検証となっていると見ることができる．

1）このことも，通常の波動の場合と対応して考えれば理解しやすいであろう．

2）Woodward・Hoffman 則に関する参考書：N. T. Anh（三田達訳），『ウッドワード・ホフマン則』，東京化学同人；井本稔，『ウッドワード・ホフマン則を使うために』，化学同人．

1.1.6 反結合性オービタルは何のために必要なのか

分子オービタル計算で得られる情報　分子オービタル（MO）を求める最も
簡便な近似法として当初マリケンによ
って提案された LCAO 法[1]というのがある．この近似法は，結合する 2 つの原
子オービタル（AO）を表わす関数（χ_a，χ_b）の線型結合（数学的に両者の和
または差をとること）によってなされる．

$$\psi_a = 1/\sqrt{2}\,(\chi_a - \chi_b)$$
$$\psi_b = 1/\sqrt{2}\,(\chi_a + \chi_b)$$

図-1　ψ_a と ψ_b の形成とエネルギー関係図（H_2）

　このようにして計算されてくる MO のうち，ψ_a で表わされる MO が反結合
性（anti-bonding）といわれるもので，このオービタルは 2 つの原子核の間に
節面があって，電子は核と核の間に集まらず，原子の結合をむしろ妨げる．図-
2 には水素分子イオン H_2^+（MO に電子が 1 個入った状態，計算が容易なので

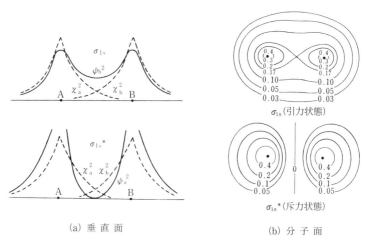

(a) 垂 直 面　　　　　(b) 分 子 面

図-2　H_2^+ 分子の電子分布

これで近似することが多い．また，低圧の水素ガス中で放電すると分光学的に検出され測定値もえられる）について正確な計算による電子分布を示した．(a) の点線は，H原子が結合していない場合の AO の電子分布を示している．分子を形成するとすると，この電子が，実線で表わしたように，結合性 MO の σ_{1s} では 2 つの原子核 A，B の間に集まり，反結合性 MO の $\sigma_{1s}{}^*$ では外側へ押しやられていることがわかる．

さらに，水素分子に関して結合オービタル（図-3(a)）と反結合オービタル（図-3(b)）を計算し可視化してみると両者の違いが明確にわかる．反結合オービタルでは 2 つの H でオービタルの位相が完全に逆でそれらの間に全く分布がないのに対して，結合オービタルでは図-2 の $H_2{}^+$ の場合と同様，両者の間に大きく分布している．

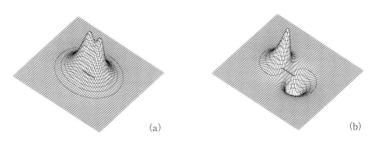

(a)   (b)

図-3 H_2 の結合オービタル（a）と反結合オービタル（b）の等高線
(中央に見える太い棒線の両端が H の原子核の位置)

反結合性オービタル
によって説明されること

それでは，MO 法で計算されてくるからといって，なぜ結合を妨げるようなオービタルの存在を考えなければならないのか？　一口にいえば，反結合性オービタルを考えないとうまく説明できない事柄があるからである[2]．

例えば，酸素原子 O の電子配置は，2 p オービタルに 4 個の電子が入っている．酸素分子 O_2 を形成するにあたっては $2p_x$ で 1 個の σ オービタル（σ_x），$2p_y$ と $2p_z$ で 2 個の π オービタル（π_y と π_z）を形成したとすると，各 O に 1 個ずつ計 2 個の 2 p 電子があまることになる[3]．この電子は，反結合オービタル $\pi_y{}^*$，$\pi_z{}^*$ に 1 個ずつ入り，その結果 O_2 は不対電子を 2 個持ち，強い常磁性[4]を

示すと説明づけられる（図-4）．O_2の場合，反結合性オービタルが重要な役目を果たしているのである．このように説明できたことは，MO法の初期における成果であった．

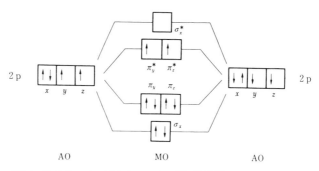

図-4　O_2の2pオービタルのエネルギー準位図（O_2の常磁性の説明）

また，光照射などで分子に適当なエネルギーが与えられると，その分子は基底状態から励起状態になる．これは，電子が励起され，結合性オービタルから反結合性オービタルに遷移することを意味している（1.4.5参照）．このことは，分子の紫外・可視スペクトルが電子スペクトルともよばれる所以である．対応する結合性オービタルと反結合性オービタルのエネルギー準位はちょうど相殺するようになっているので（図-1），励起された分子では電子が互いに反発して結合が解離する可能性も出てくるわけである．

ルイス理論からの脱却

化学結合の本体は電子であり，1対の電子を共有することにより2つの原子が結合するという理論が，アメリカの化学者G. N. Lewisによって提案された．今から100年あまり以前のことである．現在，高校化学における化学結合の説明はこの理論に留まっている．そのためであろうか，分子オービタル理論を学んでも，波動関数の解として結合に関与しているオービタル（bonding）にのみ注目し，関与してないオービタル（anti-bonding）が計算されてくることが無意味なことのように思われるかもしれない．しかし，その重要性が改めて指摘されている[4]．

結合性反結合性軌道 （HOMO-LUMO）相互作用

有機電子論による反応機構の説明では，電子を与える側として求核試薬・電子を受け取る側として求電子試薬の概念を学ぶが，これらはMO

論ではそれぞれ HOMO（最高被占軌道）エネルギーが高い分子・LUMO（最低空軌道エネルギーが低い分子に相当する．HOMO・LUMO に関しては，さきに述べたようにそれらのエネルギー差や分布が分子計算によって求められるので，それらの相互作用としてかなり定量的な議論が可能となる（2.2.7　注 5）参照）．

福井理論　　LCAO 法によって計算される MO 群のうち，HOMO・LUMO のことをフロンティアオービタル（frontier orbital, FMO）と名付け，それらの相互作用で反応性を説明したのが福井謙一である．福井理論あるいはフロンティアオービタル理論[5]と呼ばれている（1952 年発表[6]，1981 年ノーベル化学賞）．

　福井理論のポイントは，反結合性として片付けられていた LUMO の重要性に着目したことであった．相手の電子を受け入れて化学結合を形成するのは空の MO であって，LUMO のエネルギー準位と分布が反応性を支配するということである．ある分子が電子を与えて結合形成しようとするとき，相手分子の空いている MO のうちエネルギー準位が最も低いものが多く分布している部位をターゲットとするということである[7]．結合の分極性など全電子密度の分布からでは正確に説明できなかった反応性を最も動きやすい電子（フロンティア電子）のみを切り出して議論したところに成功の鍵があった．おそらく反結合性軌道，LUMO の有用性を明らかにした最初の研究成果であろう．

　福井謙一がフロンティア軌道理論を考えるきっかけとなったのがナフタレンの反応性であった．なぜナフタレンは求電子試薬に対しても求核試薬に対しても 1 位（内側）のみで反応するのかは，従来の有機電子論では説明できなかったからである．

　福井理論が従来の電子論と違う点は，反応に際して分子中の全電子（あるいはその密度）が関与するのではなく，分子を形成しているオービタルのうちのフロンティア軌道（求電子的攻撃には最高被占軌道（HOMO），求核的攻撃には最低空軌道（LUMO））と名づけられたオービタルの広がりが最も大きい部位が攻撃されると考えたことである．

　その根拠は，HOMO のエネルギーはイオン化ポテンシャルの符号を逆にしたものであり，そのエネルギー準位が高いほどイオン化しやすく電子供与性が

高いと考えられ，また，LUMO のエネルギーは電子親和力の符号を逆にしたものであり，そのエネルギー準位が低いほど電子親和力（すなわち電子受容性）が高くなると考えられるからである．LUMO に入ったとしたら最も多く分布するであろう位置を求核試薬が攻撃するという大胆な発想が大きな飛躍をもたらした．

あらためて，ナフタレンに関して *ab initio* MO（STO 3 G）法で計算した結果を図示すると，全電子密度分布は図-5(a)のように，1 位も 2 位も差異が見られない．これに対して，HOMO（図-5(b)），LUMO（図-5(c)）は，形こそ違え，いずれも 1 位の方が広がっている．そのため，求電子試薬も，求核試薬も 1 位で置換反応することが説明される．

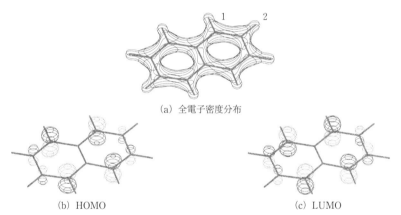

(a) 全電子密度分布

(b) HOMO　　　　　　　　　　　　　　　(c) LUMO

図-5　ナフタレンの全電子密度分布とフロンティア軌道（MOLDEN 可視化ソフトによる）

MO 計算の有用性

このように，反結合性オービタルは，無意味どころか分子の励起状態，ひいてはスペクトルや反応性を説明するのに非常に重要な意味を持っているのである．このことは，通常電子が存在しない反結合性オービタルのエネルギー値までも算出できる MO 法の価値を高める結果になっている．

1）Linear Combination of Atomic Orbital の略で，MO（分子軌道の関数）を各原子の AO の線型（一次）結合によって表わそうとする方法．

2）逆に考えると，これらの事実が反結合性オービタルの実在を証明し，さらに，MO 法の妥当性を検証しているといえる．

反結合性オービタルの重要性について書いた本としては，M. Orchin. H. H. Jaffe（米沢貞次郎 訳），『反結合性軌道の役割』，東京化学同人，がある．

3）O の最外殻電子は6個だから，単純なオクテット則から O_2 は二重結合を形成することは当然のことで何の疑問も感じられないであろう．しかし，高校化学で習う旧い理論に留まっている限り先に進めないはずである．

4）D. E. Lewis, "Organizing Organic Reactions：The Importance of Antibonding Orbitals", *J. Chem. Educ.*, **76**(12), 1718-1722(1999).

5）福井謙一，『化学反応と電子の軌道』（丸善，1979（昭和 54）年）本書にはほとんど数式が使われておらず，数学イコール理論的理解ではないことを示す素晴らしい成書である．

6）K. Fukui, T. Yonezawa, H. Shingu, "A Molecular Orbital of Reactivity in Aromatic Hydrocarbons," *J. Chem. Phys.*, **20**(4), 722-725(1952).

7）このことを福井自身が次のような図で表している．

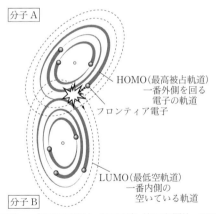

福井謙一，『学問の創造』，朝日文庫（朝日新聞社，1987）．

1.1.7 どうしたら混成オービタルを作ることができるのか

概念であって現象ではない　炭素の電子配置は $1s^2 2s^2 2p^2$ で価数は 2 価のはずであるのに，実際には安定な炭素化合物の炭素の原子価は 4 であるし，その結合方向は正四面体型である．これを説明するために，1931 年ポーリングによって提案されたのが原子オービタルの混成（hybridization）という概念である[1]．

　混成という概念について，ファーガソンは次のように述べている[2]．「混成は共鳴と同じく現象でも力でもないことを理解すべきである．混成，共鳴は分子を記述し，分子の性質を説明するための道具ないしは術語である」．

数学的混合操作　炭素の sp 混成オービタルの形成を説明するのに，次のような図式が用いられることがあるため，「混成軌道のできるメカニズムはどうなっているか」などというふうに，実際にこのようにして作られているかのように考えがちである．

　しかし，これは化学結合の方向性を説明するために軌道関数を数学的に線型結合する操作[3]を表わしているのにすぎないのであって，実際にこのような現象が起っているわけではない．つまり，各原子に固有の AO を足し合わせて新しいオービタルを作り現実の分子の姿を説明しようとする操作を混成というのである[4]．数学の世界であるから，概念として存在しても，文字通りに混ぜ合わせ現象あるいは反応（？）が起っているわけではない．

　もちろん，炭素以外の原子についても必要な場合には，混成オービタルを考えてもよいのである．例えば，H_2O や NH_3 の結合角を説明するために，混成オービタルを考えるものとそうでないものがある（0.3(5)参照）．また，このように中間的な状態を表わすため，さらに進んで，sp^3 とか sp^2 のように整数比で混合するのではなく，s 性何パーセント，p 性何パーセントというように述べる場合もある[5]．また，sp^5 などのように通常教科書に現われてこないような

混成オービタルを考えることもある（1.2.6 参照）.

**化学結合論における
混成理論の占める位置**

ここで化学結合理論発達の過程を概観して見よう．それによって混成理論の現在の立場が明らかになるであろう．

19 世紀半ばに原子の結合手の数が定まっているとする原子価（valence）説が唱えられ，20 世紀初めには原子を結合させているのは電子であるとわかりルイスの電子対共有の考えによって化学結合が説明されるようになった．その後，電子を粒子と見て電子配置図，最外殻電子などの概念をうまく使って原子価理論との整合性を合わせてきた（ここまでが高校化学の限界であろう．古典力学の世界である）.

ところが，1920 年代になって，波動力学が興り，原子内の電子を波動としてとらえ，その分布が波動関数（オービタル）として記述されるようになった．そして，原子と原子が結合するにあたって，古典的な原子価理論に合うように原子オービタルを数式上で組み合わせるというのが，混成の考え方である．ちょうど原子を 1 個ずつつなぎ合わせて分子模型を組み立てるときのように，結合手に相当する数の混成原子オービタルが相手の原子オービタルと重なり合って共有結合が形成されると考える．このような発想は有機化学者に受け入れられやすく，有機化合物の分子構造を原子から構築して説明するのに便利である．近年でも原子価結合法といわれる分子計算が行われている.

混成計算で得られた原子オービタルの角度（炭素の場合 109°28′ あるいは120°）から実際の分子構造の結合角のずれについては，VSEPR 理論（0.3(5)参照）によって定性的に修正して説明づけられている[6].

教育現場での問題

混成オービタルの考え方は次のような事柄を学生に対して説明しやすいので，教育現場で便利に用いられてきた.

① sp^3炭素，sp^2炭素などの原子模型を結合させて分子模型を作製することによって有機分子の 3 次元的立体構造を理解させる.

② メタンの 4 つの C-H 結合が等価であることを理解させる.

等々である.

しかしながら，このような説明をうけた学生が少し論理的に考えてみれば，事実に合うように（after-the-fact）都合よく説明していることが見透かされ

てくるはずである.

　「エチレンの π 結合が σ 結合の上下で重なっているのなら三重結合というべきではないのか」

と質問する率直な学生も現われる. そのような学生の質問に教師はどのように答えたらよいのだろうか.

　メタンが等価な C-H 結合を持ち正四面体構造をしていることは,sp³混成を用いないでも2sと2pの組み合わせで説明される[7]し,実際メタンの光電子スペクトルデータ[8]は等価な結合オービタル準位を示唆しているわけではない. このことは H_2O の場合と同様である(0.3(5)参照).

　このようなことから,学生を混乱に陥れている「混成原子オービタル」をそろそろ引退させるべきではないかという意見も出されてアメリカ化学教育界では賛否の議論がなされている[9]. 素晴らしいことである.

化学理論のありよう　つまり,混成という考え方は,分子を原子から概念的に形成する際に,その原子の波動方程式を解いて得られるsとかpとかのAOを組み合わせる手法によって,分子の形体をなるべく単純な理論でうまく説明するために人為的に導入されたものである. したがって,ある混成オービタルが唯一絶対のものであるとは限らない. このような議論の余地が残されているところが化学理論の楽しいところではある.

1) L. Pauling, "The Nature of the Chemical Bond. Application of Results Obtained from the Quantum Mechanics and from a Theory of Paramagnetical Susceptibility to the Structure of Molecules", *J. Am. Chem. Soc.*, **53**, 1367(1931).

2) L. N. Fergson (大木道則, 広田穰, 岩村秀, 務台潔訳), 『構造有機化学(上,下)』, 東京化学同人(1965), p. 24.

3) 数学的混合操作については, 福井謙一, "絵で考える量子化学(2)−軌道の混合", 化学と工業, **29**, 364(1976)にわかりやすく説明されている. 数学的混合というのは, 混成オービタルの波動関数 ψ_i を各 AO の波動関数の線形結合:

$$\psi_i = a_i s + b_i p_x + c_i p_y + d_i p_z$$

(この場合, s, p_x, p_y, p_z は各 AO の波動関数を表わし, a_i, b_i, c_i, d_i は i 番目の混成オービタルに対する寄与率に対応する係数)

で表わすことである. 具体的に正規の混成オービタルの関数は:

$$\text{sp}^3 : \psi_1 = \frac{1}{2}(\text{s}+\text{p}_x+\text{p}_y+\text{p}_z) \qquad \text{sp}^2 : \psi_1 = \frac{1}{\sqrt{3}}\text{s}+\sqrt{\frac{2}{3}}\,\text{p}_x \qquad \text{sp} : \psi_1 = \frac{1}{\sqrt{2}}\text{s}+\frac{1}{\sqrt{2}}\text{p}_x$$

$$\psi_2 = \frac{1}{2}(\text{s}+\text{p}_x-\text{p}_y-\text{p}_z) \qquad \psi_2 = \frac{1}{\sqrt{3}}\text{s}-\frac{1}{\sqrt{6}}\text{p}_x+\frac{1}{\sqrt{2}}\text{p}_y \qquad \psi_3 = \frac{1}{\sqrt{2}}\text{s}-\frac{1}{\sqrt{2}}\text{p}_x$$

$$\psi_3 = \frac{1}{2}(\text{s}-\text{p}_x-\text{p}_y+\text{p}_z) \qquad \psi_3 = \frac{1}{\sqrt{3}}\text{s}-\frac{1}{\sqrt{6}}\text{p}_x-\frac{1}{\sqrt{2}}\text{p}_y$$

$$\psi_4 = \frac{1}{2}(\text{s}-\text{p}_x+\text{p}_y-\text{p}_z)$$

となる.

4) 混成は，大きさ，すなわちエネルギーがそれほど違わない AO の間で可能である．強い共有結合をつくるためには，混成オービタルの方が s, p, あるいは d オービタルよりも効果的である．

5) A. Streitwieser, C. H. Heathcock, "Itroduction to Organic Chemistry", Collier MacMillan International Edition, p. 26 ; G. I. Brown (鳥居泰男訳), 『初等化学結合論』, 培風館 (1973), p. 113.

6) R. J. Gillespie, "Teaching Molecular Geometry with the VSEPR Model", *J. Chem. Educ.*, **81**, 298-304(2004).

7) 山口達明, 『フロンティアオービタルによる新有機化学教程』, 三共出版 (2014), p. 17.

8) A. W. Potts, T. A. Williams, W. G. Price, "Ultra-violet photoelectron on the complete valence shells of molecules recorded using filtered 30.4 nm radiation," *Faraday Dicuss. Chem. Soc.*, **1972(54)**, 104-115.

9) A. Grushow, "Is It Time to Retire the Hybrid Atomic Orbital?", *J. Chem. Educ.*, **88**, 860-862(2011). その後，これに対する反論もいくつかだされている．N. J. Tro, "Retire the Hybrid Atomic Orbital? Not So Fast", *J. Chem. Educ.*, **89**, 478-479(2012) ; P. C. Hiberty, F. Volatron, S. Shaik, "In Defense of the Hybrid Atomic Orbitals," *J. Chem. Educ,*. **89**, 575-577(2012) ; A. Grushow, "In Response to Those Who Wish to Retain Hybrid Atomic Orbital in the Curriculum," *J. Chem. Educ.*, **89**, 578-579(2012).

　また，これとは別に「原子価理論」そのものの見直しも提言されるようになってきている．H. O. Pritchard, "We Need To Update the Teaching of Valence Theory," *J. Chem. Educ.*, **89**. 301-303(2012).

1.2 **共有結合と分子構造**

1.2.1 化学結合力の本質は何か
2 つの原子オービタルが重なり合うと，どうして共有結合が形成されるのか

原子間に働く力 帯電粒子間に働く力（静電力）のことはよく知られている．原子は正に帯電した原子核と負に帯電した電子とから成り立っているわけで，原子と原子の結合に際して働く力もこれらが持つ静電的引力にほかならない．

原子または原子団全体が正または負に帯電した陽イオン，陰イオンが集合してイオン性化合物を作る場合がイオン結合で，これが静電的引力によることは明らかである．これに対して，有機化合物において重要な共有結合(covalent bond)は電子対結合(electron pair bond)ともよばれるが，イオン結合のような単純な話にはならない[1]．

電子対共有から原子オービタルの重なりへ いま，2 つの遊離した原子の間の距離 r を徐々に近づけていった場合を想定してみよう．原子核間の距離が十分に離れているうちは，まわりの電子どうしの静電的反発もあって共有結合は成立しないが，ある距離をすぎると一方の原子の電子と他方の原子核との間の引力が勝るようになる．このような状態を原子オービタル(AO)が重なり合ったと表現する[2]．さらに両原子が近づいたとすると，こんどは原子核間の反発力が優勢となるため不安定になる．このように，原子核と電子との間の引力と原子核間，電子間の反発力がちょうど釣合った距離 $r = r_e$ が結合距離になるわけである．この位置でこの系全体のポテンシャルエネルギーは最低となる（図-1）．原子の状態でばらばらにいるより結合した方が安定になるから（あるいは安定になる場合に）分子が形成され

るのである.

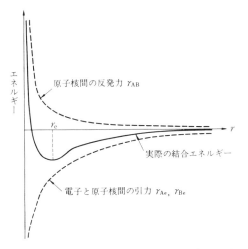

図-1 核間距離 r とポテンシャルエネルギーの関係

「なぜ共有結合の種類によって結合距離が違うのか」という素朴な疑問に対して電子対共有による結合というだけでは答えられない. ここに述べたような AO の重なり合いという発想によって説明可能となる.

価標(共有結合を表わす線)の実体 AO が重なり合ったとき,それぞれの電子は2個の原子核から引力をうける

ようになり,核間の結合領域[3]に存在する. これを裏がえして核の立場から見ると,図-2のように電子を媒体として2つの核が引きつけられていることになる. 電子が同時に2つの核の間の領域に存在するために結合が生じる. これが共有結合である. 原子核と原子核を結びつけているのは,ほかならぬ電子である.

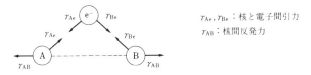

r_{Ae}, r_{Be}:核と電子間引力
r_{AB}:核間反発力

図-2 2つの原子核(A,B)と電子の間の静電力(γ)

化学こそ電子の科学

電流は自由電子の流れ（の逆）であるが，化学結合の電子は原子核によって押さえ込まれ存在領域の決められた‘不自由電子’である．それだけに，電子状態についていっそう厳密な議論がされるのである．そのような微小領域での電子は波動性が顕著となるので波動力学の出番となる．

有機化学の内容は，大きく構造論と反応論に分けられるが，化学構造論とは，いかに原子が結合しているかということであり，化学反応論とは，いかにその結合の組替えが行なわれるかということである．以上述べたように，化学結合の本質は電子であるから，化合物中の電子の状態およびその動き方を知ること−有機電子論−が理論的に有機化学を学ぶ第一歩となってきた．

しかし，電子を点で表わしたり，電子の動きを矢印で表わしたりする有機電子論は，いまや過去のものとなりつつあり，パソコンによってオービタルの動的表示も容易になってきている．

1）そのため，イオン結合の原型ともいえる電気化学的二元論（電気分解によって結合が切れるから陰性元素と陽性元素が結合）が，19世紀はじめ Berzelius によって提案されたのに対して，同じ元素どうしの結合，つまり共有結合に関しては，Lewis による電子共有の理論が発表される20世紀はじめまで説明がつかないままでいた．

　　化学結合に関する文献は数多くあるが，次のものがわかりやすい．

　　　G. C. Pimentel, R. D. Spratley（千原秀昭，大西俊一訳），『化学結合−その量子論的理解』，東京化学同人（1974）；筏義人，“分子の世界（4）−原子間の結合”化学，27,364(1972)．そのほか，“化学結合を考える”特集が，化学，26,234(1971)にある．

2）つまり，符号の同じ AO の重なり合い（1.1.5 参照）がすなわち共有結合である．1910年代に Lewis によって提案された電子対共有による結合という発想は，原子価結合法ではオービタルの重なり合いとして説明されている．

　　オービタルの重なり度合は，重なり積分，つまり，両 AO を ψ_A，ψ_B とすると，その積 $\psi_A\psi_B$ は重なった部分の電子密度となるから，これを全領域について積分した

$$S_{AB}=\int\psi_A\psi_B dr\ \ (0\le S_{AB}\le 1)$$

で表わされ，その値の大小で結合の度合が表わされる．

3）等核2原子分子の結合領域と反結合領域は，右の図のようになる．反結合領域に電子がある場合は引力よりも斥力の方が優勢となり，結合が妨げられる（1.1.6 参照）．

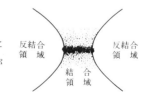

反結合領域　　反結合領域　　結合領域

1.2.2 なぜπ電子はσ電子にくらべて‘動きやすい’のか

弱い結合＝反応しやすい　π結合が反応しやすいことを説明するにあたって、π電子が他の結合に移りやすいことを‘動きやすい’と感覚的に表現することがある。

σ電子は結合軸上に最大の存在確率を持ち2つの原子核を強力に結び付けている（1.2.1 参照）。このことは、σ結合のエネルギーは大きいということの裏返しである。これに対して、π結合は、結合する原子のそれぞれのpオービタルが平行になったときに、かろうじて重なり合うことができる[1]。重なり具合を示す重なり積分（1.2.1 注2参照）の値も、エチレンの例でいうとσ結合が0.849で1.000に近いのに対して、π結合は0.384しかない。

したがって、π結合のエネルギー（核と核とを結びつけている力）は、σ結合より当然小さくなる。これを裏返してみると、π電子は核から受ける引力が弱いことを意味している。つまり、π結合を形成する2つのπ電子はある程度もとの原子オービタルの形を保ち、それぞれ一方の側に局在しているものと考えられる（図-2 参照）。そのため、π電子は、ほとんど一方の原子核からのみ引きつけられているだけになり、両側の原子核によって強く引きつけられているσ電子より‘動きやすい’ことになる[2]。

二重結合の古くて新しいモデル　二重結合のイメージモデルとしては、以上に述べたような σ-π 結合模型が一般的で、共役の説明などには便利である。しかし、近年になって多重結合に関して従来の σ-π モデルよりも曲がり結合（bent bond）による方がエネルギー的によく説明できることが指摘されている[3]。曲がり結合は、19世紀末にバイヤーが提唱した張力説（1.2.6 参照）に述べられていたことであった。その後のオービタルモデルによれば、二重結合を形成しているのは2つの sp^5 オービタル[4]で、次のように結合軸の外側へ張り出しているため、その電子は反応性が高いと説明されている。

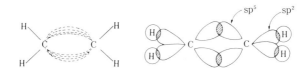

σ–π モデルと曲がり結合モデル　二重結合に関して，ヒュッケルは σ–π 結合で説明し(1930)，ポーリングとスレーターは2つの曲がり結合で説明した(1931)[5]．σ–π モデルは，共鳴理論などを説明するのに具合がよいので教科書などでは大勢を占めているが，これのみをとり上げるのは片手落ちである．ここに述べた曲がり結合の方がわずかながらエネルギー的に安定なモデルを与えるという計算結果[6]もあり，現在までの情報では両者とも並列的に学ぶべき価値のあるものと考えられている[7]．

MO計算によるエチレンのイメージ　エチレンに関する *ab initio* MO計算(HF/6-31 G) をもとに，結合電子だけの分布（つまり AO の重なり部，結合領域に存在する電子分布）を示したのが図-1(a)，また，起伏図を示したのが図-1(b)である．（等高線図は 1.3.2,図-3 に示した．）これを見ると，結合に関与してない電子も含めた全電子の分布密度を表した図-2 とは異なり，C と C の間の結合電子は大きく1つの山をなしている．σ 結合とか π 結合とかに分割して考える VB 的発想が MO 法の世界では消滅してシンプルになっていることがわかる．（ポーリングの説明は先見の明があったといえる．）この起伏図で面より下に伸びているのが内殻電子を含む C 原子核の周りの電荷分布である．この断面が図-1(c)であるが，2つの＋の電荷（C 原子核）が－の電荷で引きつけられている構図（1.2.1, 図-2）がよくわかる（図では符号が逆に表示されている）．

　参考のため，エチレンの σ 結合と π 結合の電子密度を別々に図示すると図-2 のようになる．この図の鞍部がオービタルの重なりを表わしている．その高さが σ が π よりかなり高いことは重なり度合いが大きいことを意味している．

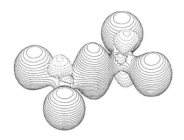

(a) 結合電子分布

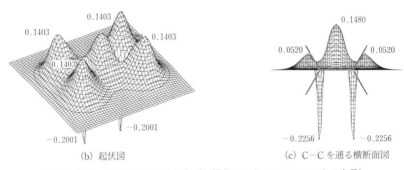

(b) 起伏図

(c) C−C を通る横断面図

図-1　$CH_2＝CH_2$の結合電子分布（可視化ソフト MOLDEN による表示）

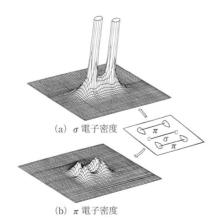

(a) σ 電子密度

(b) π 電子密度

図-2　$CH_2＝CH_2$の σ 電子密度（a）と π 電子密度（b）の起伏図

A. Streitwieser, C. H. Heathcock, "Introduction to Organic Chemistry", p. 252；J. D. Roberts, M. C. Caserio（大木道則訳），『ロバーツ有機化学』，東京化学同人，p. 138.

1）なお，参考書などの説明図には，実際重なり合っていない2つの8の字型pオービタルが書かれているため，π結合は形成されないと誤解することがある．しかし，このオービタルの形は仮に電子存在確率のある一定の面を表わしたのにすぎず，そのオービタルに属する電子は計算上無限遠にまで存在確率があり，どんなに離れていてもAOの重なりの計算値はゼロにはならないはずである．また，その等高線も8の字型ではない（1.1.3参照）．

2）π電子が'動きやすい'といういい方もあいまいな表現である．電子の移動速度が速いことを意味しているのではなく，共役しやすいこと，反応しやすいことをこのように感覚的に表現しているのである．

3）例えば，実測値によると，エチレンのH–C–Hの角度は113°10′であり，これはσ–πモデルで予想される120°よりもsp³混成の109°28′に近く，3員環化合物であるシクロプロパンのH–C–H角度114°36′に非常に近い（1.2.6注6参照）．

　　　また，C–H結合のs性を表わす尺度となる¹³C–Hスピン-スピン結合定数J_{13C-H}値（NMRによって測定できる）も，エチレンが165 Hz，シクロプロパンが162 Hzと非常に似かよっている（1.2.6参照）．E. A. Walters, "Model for the Double Bond", *J. Chem. Educ.*, **43**, 134（1966）．

4）p性の大きな混成オービタルとしてsp⁵オービタル（sとpの割合が1：5ということ）を考える．この場合2つで1/3のsと5/3のpを利用したことになり，残る2/3のsと4/3のpで2つのsp²オービタルを形成して水素との結合に使用できる計算になる．

5）ポーリングは，両者を図-3(a)，(b)のように図示しており，MO法によれば2つの表わし方は全く同じものになると述べている．

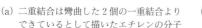

(a) 二重結合は彎曲した2個の一重結合よりできているとして描いたエチレンの分子　　(b) 二重結合はσ結合とπ結合よりできているとして描いたエチレンの分子

図-3　エチレンのイメージ（ポーリング）

6）一般化された原子価結合法（GVB）による計算結果によると，多重結合さらにはベンゼンの共鳴までも曲がり結合による説明の方が，エネルギー的に有利であるとの報告がある．

　　　P. A. Schulz and R. Messmer, "The Nature of Multiple Bonds. 1. σ, π Bonds vs. Bent Bonds, a Computational Survey；3. Benzene, Bent Bonds and Resonance", *J. Am. Chem. Soc.*, **115**, 10925；10943（1993）．

7）K. B. Wiberg, "Bent Bond in Organic Compounds", *Acc. Chem. Res.*, **29**, 229（1996）．

1.2.3 炭素-炭素四重結合はあるのか，ないのか

2原子炭素の存在　　炭素数が2個の炭化水素として $C-C$ 単結合の C_2H_6（エタン），二重結合の C_2H_4（エチレン），三重結合の C_2H_2（アセチレン）と順に H を減らしていったとき，C_2 に対応する化合物が存在しないかという問題である．炭素の原子価が4であるということから考えると当然浮かび上がってくる疑問である（このような疑問を持つことが豊かな発想力の源となる）．また，酸素に O_2，窒素に N_2 が単体（単純物質）として安定に存在するのに，どうして炭素の単体は C_2 ではなくて，ダイヤモンドやグラファイトのような高分子になってしまうのだろうかという疑問にも広がっていくはずである．

　分子状炭素（molecular carbon）ともよばれる2原子炭素 C_2 は，確かに実在することがわかっている．例えば，炎の光の中には C_2 分子のスペクトルが観測され，真空中で炭素電極に高電圧をかけて電弧放電すると発生することが知られている[1]．宇宙空間を漂う星間分子（interstellar molecule）の中にも存在すると言われている．

C_2 の結合は？　　それでは，この C_2 分子の結合は果たして四重結合なのであろうか？まず，AO から C_2 という等核二原子分子の形成に可能なオービタル占有状態を考察すると，2個の π オービタルによる二重結合の形成が予測される．なぜ4つの価電子をすべて結合に使わないのだろうかという疑問に対しては，2s と 2p オービタルのエネルギーに差があるので，残りの電子が $2s^2$ の非結合電子対としてとどまっているためと説明されている[2]．しかし，アセチレンなどよりも高いエネルギー状態にあるはずの C_2 でオービタルが混成しないとするのも納得しがたい．

　普通の炭化水素に関して考えられている炭素原子の混成オービタルの形（例えば，sp^3 混成では第4のオービタルの方向が逆向きとなる）から四重結合はできないと考えるのは当然かもしれないが，そう決めつけてしまうのは早計である．4つの結合がちょうど傘の形になって結合基が炭素原子の一方に片寄った一連の化合物が知られているからである．これらは一般にプロペラン

(propellane)とよばれ，有機化学的興味から多くのものが合成されている[3]．プロペランの両端の炭素の結合方向は片側に偏っている．ブリッジ炭素がなくなればC_2と同じになるから可能性はあるはずである．

四重結合の可能性

曲がり結合で説明する可能性を原子価結合（GVB）法という方法でMO計算した結果が報告されている[4]．

プロペランの場合は両端の炭素を直接つなぐ第4の結合の重なり積分0.62，反結合性5％，結合性95％であるから確かに結合していると言える．その対比として，C_2分子の結合については図-1(a) のように3つの曲がり結合と第4の結合からなっているとすると，曲がり結合の原子オービタルは (b) のように計算され，その間の重なり積分は0.82であった．これに対して第4の結合の原子オービタルは (c) のようになり，重なり積分の値は0.31しかなく，反結合性が高かった（反結合性78％，結合性22％）．この計算結果からは，C_2の場合は残念ながら第4の結合（つまり四重結合）の可能性は低いという結論が導かれる[5]．

結論的に，C_2の結合は1.3.2図-2(b)に示したアセチレンのような曲り結合による三重結合であり4番目の電子は，O_2の場合（1.1.6参照）のように，ビラジカルとなっていると解釈される．

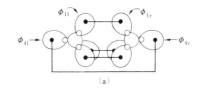

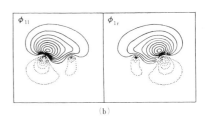

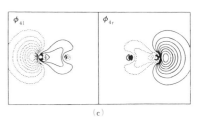

図-1 C_2分子のオービタル

先に述べたような感覚的な議論に対して，この論文は，四重結合の可否性を数量的に明らかにした点に価値があった．

分子軌道法によるC_2のイメージ

混成軌道を考慮しないMO法では，2つのCのAOの$2p_y$どうし，$2p_z$どうしがそ

れぞれ図-2(a)のように π 結合を形成すると考える．つまり，2つの π 結合による二重結合（結合次数 2 ）ということになる．しかしながら，最近の *ab initio* MO 計算の結果から結合電子密度の分布をよりビジュアルに表現（可視化という）することができる．それによると，図-2(b)に示したように，2つの π 結合は非局在化して円筒状になり C_2 分子の C—C 結合軸上には結合電子が分布せず空洞化していることがわかる．このような MO 計算による結合電子の分布をみると，二重結合，三重結合あるいは四重結合であるとかないとかいう議論はあまり意味がないことがわかってくる．

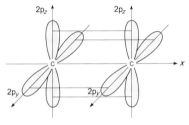

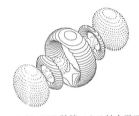

(a) 2つの π 結合　　　　　　(b) *ab initio* MO 計算による結合電子分布

図-2　C_2 分子の結合

1）C_2のほかに原子状炭素 C_1，三原子炭素 C_3，四原子炭素 C_4 なとが検出されている．P. S. Skell, J. J. Havel and M. J. McGliehey, "Chemistry and the Carbon Arc", *Acc. Chem. Res.*, **6**, 97(1973).

2）R. L. DeKock,"The Chemical Bond", *J. Chem. Educ.*, **64**(11), 940(1987).

3）Propellane の代表的なものとしては次のような化合物がある（かっこ中は合成された年）．K. B. Wiberg, "Inverted Geometries at Carbon", *Acc. Chem. Res.*, **17**, 379(1987).

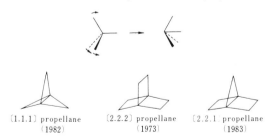

〔1.1.1〕propellane　　〔2.2.2〕propellane　　〔2.2.1〕propellane
（1982）　　　　　　（1973）　　　　　　（1983）

4）R. P. Messmer, P.A.Schultz, "Generalized Valence Bond Description of the Bonding in [1.1.1] Propellane", *J. Am. Chem. Soc.*, **108**, 7407(1986)．このほか，同じ著者によってアセチレン（*Physical Review Letters*, **57**, 2653(1986)）；二酸化炭素（*Chemical Physics Letters*, **126**, 176(1986)）に関する曲がり結合の理論的計算が報告されている．

化学史ノート　ケクレの夢

　ケクレは，2つの大きな業績を残しているが，いずれも次のような夢によってその発想を得たとされている。

1. 炭素鎖の理論（1858年発表）…1854-5年，ロンドンの乗合バスの2階でのTräumerei中，炭素原子が跳ね回る夢
2. ベンゼンの亀の甲構造（1865年発表）…1861-2年，ベルギーのゲントで自宅の暖炉の前でのHalbschlaf中，蛇が自分のしっぽを嚙む夢

　これらのエピソードは，1890年，ベルリンで行われたベンゼン環論文発表25周年を祝うベンゼン祭でのケクレの記念講演記録として，ドイツ化学会誌に掲載されている。

　ケクレの夢は，科学者がどのようにして着想するかという好例として取り上げられているが，ある化学史家の研究によると，これはどうやらケクレの気まぐれな作り話であったようである。それ以前の20数年間に彼がその夢について語ったという記録も残っていないし，ベンゼン祭について報じた当時の新聞記事には，ロンドンの夢のことしか書かれていない。「ベルリンには速記者はいないのか。何を言ったかではなくて，何を言いたかったかを書けばよいのだな！」と編集者に文句を言った手紙が残されており，後で彼自身が講演記録の原稿を書かされた段階でゲントの夢は追加されたらしい。

　6匹の猿が互いに足をつかんで輪になった図がベンゼンのモンキー構造として今も知られているが，これは，1886年に出されたBerichite der Durstigen Chemischen Geselschaft（酒飲み化学会誌）という，ドイツ化学会誌をもじった冗談雑誌に載っているFindigの‘論文’のさし絵である。酒飲み化学会の会長はKuleké（Kekuléではない）ということになっている。偽名の筆者によってサルでかつがれたケクレは，ベンゼン祭でヘビでお返しをしようとしたのかもしれない。彼は酒好き冗談好きの人物であったらしい。

　ところで，ベンゼンの環状構造を最初に言い出したのはケクレではないというショッキングなことも明らかにされている。1854年に出版されたローランの本にすでに六角形で表されており，ケクレがこの本を読んでいたという証拠もあがっているという。また，彼はライバルであったクーパーの研究を無視し続けた。なぜ彼だけが名誉を担っているのか。1つの推測として，彼の弟子やとりまきが彼を盛り立ててくれたからであろうと考えられる。いい弟子の有難さである。‘夢’のこともこのことも地下の本人に聞かなければ真実はわからない。いや，聞いてもわからないかもしれない。

　山口達明，“ケクレは本当に夢を見たのか”，化学，**49**，24（1994）．

1.2.4 ニトロ基の結合はどうなっているのか

　ニトロ基の構造として，高校時代の参考書で次のような表わし方に出あった
とき，著者にもよくわからず，この N → O 結合が大変特異な結合であるよう
な印象をうけた記憶がある[1]．

$$-\overset{\oplus}{N}\underset{\searrow O^{\ominus}}{\overset{\nearrow O}{}}$$

ニトロ基の2つの酸素　この矢印は，配位共有結合を表わして
いる．つまり，ニトロソ基（−N＝
O）の N に残る非共有電子対に，原子状酸素が配位したという
ことを意味する．アミンオキシド（R_3N → O）と同様に考えれ
ばよい．ルイスの点電子式で表わしてみればわかるように，$\ominus$をつけられた方
の酸素も希ガス型電子配置（オクテット）になっているのである．

ルイス式

　このように違った書き表わし方をされているが，ニトロ基の2つの酸素は全
く同等なのである[2]．N は3価，O は2価という原子価に固執した化学構造式
で表現するために，共鳴法ではこれを

$$\left[\quad -\overset{\oplus}{N}\overset{O^{\ominus}}{\underset{O}{}} \quad\longleftrightarrow\quad -\overset{\oplus}{N}\overset{O}{\underset{O^{\ominus}}{}} \quad\right]$$

のような共鳴混成体であると説明してきた．しかし，次のように電子を非局在
化した表現の方が実際の姿に近い．要するに，ニトロ基の2つの N−O 結合
は，両方とも同じで，N＝O（二重結合）と N^+−O^-（単結合）の中間なので
ある．

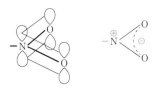

　アミノ基との違い　このような非局在化をしているために，ニトロ基の窒素原子は sp² 混成であり，ニトロ基の形は平面型となる．したがって，ニトロ基が多く置換した芳香族化合物は，互いに共役するために一般に平面構造となり，結晶性がよいことが知られている．そして，N−O 結合の電子は O の方へ偏っているため，ニトロ基は最も電子吸引性の強い置換基の 1 つとなるし，N 上の非共有電子対は O の方へ流れ塩基性を示さない．

　これに対して，アミノ基の N は sp³ 混成であって平面的ではない（1.5.7 参照）．そのためアミノ基の非共有電子対は N 上に局在し塩基性を示す．また，アミノ基は，ニトロ基とは逆に，この非共有電子対を相手に与える電子供与基として振舞う（2.3.2 参照）．

1）このごろの高校化学教科書では，ここまで踏み込まず単に−NO₂と表記しているが，化学を専攻する学生としては，

$$-N \underset{\text{O}}{\overset{\text{O}}{\diagdown}}$$

のような古典的原子価を満足する構造の可能性を考えて見たらどうであろうか？　問題は，O−O 間に結合があるかということである．そこで，ニトロメタンおよびニトロベンゼンについて実際に PM 5 という MO 近似法で各結合の結合次数を計算してみたところ，次式に示したように，いずれも N−O については 1.5 であったが，O−O 間についても 0.2 程度の値となり，その間にまったく電子が存在していないわけではなかった．本文に書いたように価標と呼ばれる線で結ばれていない原子間でも MO 的には電子が分布（結合）しているのである（1.3.2 注 1 参照）．

2）自然を創造された神は，この 2 つを差別するような不公平・不自然なことはしない（あるいは，イジワルをしない）．対称性が高いもののほうが安定という原理が働いていると考えられる．

1.2.5 一酸化炭素やカルベンなどの炭素の原子価はどうなっているのか

炭素の原子価が4価であることに固執すると当然発生する疑問である[1]. 全く形式的に2つの結合手を持っているように見えるため,「2価の炭素」といわれることもあるが, 不明瞭な表現である.

CO の結合 - 共鳴法による説明　まず, 一酸化炭素は, 後で述べるカルベンとは違って安定に存在する気体である. その構造は, 共鳴法によれば, 次のような共鳴混成体であると説明されている.

$$:\overset{\oplus}{C}-\overset{\ominus}{O}: \longleftrightarrow :C=O: \longleftrightarrow :\overset{\ominus}{C}\equiv\overset{\oplus}{O}:$$

（寄与率）　　10 %　　　　　　40 %　　　　　　50 %

しかし, これらが対等に混成しているわけではなく, 双極子モーメントの値 (0.10 D) は, この分子がわずかながら分極していることを示し, 結合距離 (11.3 nm), 結合エネルギー (61.3 kJ/mol) の値は三重結合の寄与が大きいことを示している (1.3.1, 表-1 参照). これらのことを説明するためには, 各共鳴限界式の寄与率が各式の下に示したようになればいいとポーリングは述べている[2]. つまり, CO の電子配置は半分ぐらい N_2 と同様(等電的という)であり, 図-1 のように1つの σ 配位結合($2\,p_x$)と2つの π 結合 ($2\,p_y$, $2\,p_z$) によりなると説明されている[3].

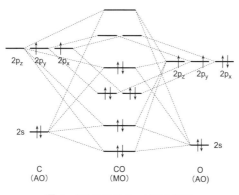

図-1　CO の分子オービタル構成

CO の極性
$C^{\delta-}-O^{\delta+}$ の説明

しかし，実測される一酸化炭素の分極性は，$C^{\delta-}-O^{\delta+}$であり，電気陰性度から予想されるのと反対の極性を示すのはどう説明したらよいのだろうか？　ポーリングは，CとOの電気陰性度の差を考慮して先のような寄与率を計算しているが，こうなる理由を説明しているわけではない．Cの形式荷電がマイナスになることは，OのAOの$2\,p_x$にある電子対がCの空の$2\,p_x$へ配位したためと説明される．

すでに与えられているCとOの電気陰性度から求められる電子分極（これは結合電子についてのみである）は，Oの電気陰性度が大きいことから，$C^{+1.170}O^{-1.170}$となり，Oの方に電子が偏っていることを示している．しかし，これだけでは観測される双極子モーメントが$0.110\,D$（デバイ，メートル法静電単位）でわずかながら$C^{\delta-}-O^{\delta+}$のように分極している事実とは逆になってしまう．一般的に分子の分極は分子中の電子の分極のみによって説明されているが，COの場合はそれだけでは説明しきれない例である．

分子中のある原子に属する電子の密度分布は必ずしも球体ではないので電荷の中心が一般に原子核の位置にくるとは限らない．したがって分子全体の分極は，厳密には電子分極のほかに原子核の変位による原子分極を考慮する必要がある．

COに関して密度汎関数（DFT）法で計算した結果より結合電子のみの電荷分布の断面を示したのが図-2(a)である．中央の太い線分の左端がC，右端がOである．下に伸びている部分は原子核C（+6）とO（+8）にそれぞれ内核電子（$1\,s$，-2）を合わせた電荷分布（下方向が+）である．CとOの電気陰性度の差による分極とは，結合電子に関する分布の偏りのことであり，この図から確かにOの方に偏っていることが見て取れる．

これに対して，図-2(b)に示した非結合電子を足し加えた全電荷密度分布の等高線では，かなり様相が違ってくる．先の断面図の上方からみたものであるが，両原子間の境界線（critical point）までの距離がCがOの約半分であり，またCの外側には非結合電子が大きく広がっている．CO分子内原子としてみると，Oの原子核はO原子のほぼ中央に位置しているのに対して，Cの原子核は極端にOの方に偏っていることがわかる．このためC原子の分極に関してはマイナスの中心は原子核の位置から大きく外側に外れた地点になり，結合

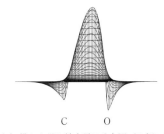

(a) 横から見た結合電子分布図（O 側に偏る）

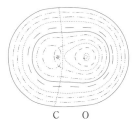

(b) 上から見た全電子分布等高線図

図-2　CO の結合電子密度分布（a）と全電子密度分布（b）

電子の分極方向とは逆になる.

　分子全体の分極は，結合電子の分極だけでなく非結合電子を含めて考えねばならないのは当然であり，両分極のベクトル和となる. CO の場合はたまたま後者のベクトルの値が大きく，双極子モーメント測定から求められる分極の方向が $C^{\delta-}-O^{\delta+}$ となると説明される. この場合のように，＋極と－極の位置は必ずしも原子核の位置になる

図-3　CO の HOMO
（実線と点線は波動としての符号の違いを示す.）

とは限らないので核間距離と双極子モーメントから各原子の電荷を求める際には注意を要する[4].

　しかし，この炭素が実際にカルボアニオン的反応性（求核性）を示すこと[5]は，MO 計算の結果，HOMO が図-3 のように炭素の方に大きく張り出していることが示されてようやく納得できる. フロンティア電子理論の有為性がここでも示される.

カルベンの炭素　一方，カルベン（carbene）は，いわゆる 2 価の炭素，正確には 2 配位の電気的には中性の炭素中間体である. カルベンのうち最も簡単なものがメチレン（methylene, $:CH_2$）であるが，通常に存在する CO と比べてはるかに不安定であり，反応中間体として分光学的に検出される（しかし，超低圧，低温状態にある宇宙空間には，いわゆる星間分子として安定的に存在していることが観測されている）.

　CH₂は，H₂Oと同じAH₂型分子であるから，MOの構成は基本的には0.3
(5)（図-3，4）で述べたものと同様である．ただし，CH₂のMOの価電子数は
6（Cの$2s^2p^2$と2個のHの$1s^1$）でH₂Oより2個少ないから，H₂Oの場合
に非共有電子対（LP）が占めていた最上位のMOが空となる．このままなら
ば，H₂Oと同様，全ての電子が2個ずつ対をなして（逆平行スピン[6]という）
MOに入っている．これを一重項状態（singlet）という．しかし，カルベン
の面白いところは，MOに電子が1個ずつ入るSOMO（singly occupied MO）
が2つある三重項状態（triplet，この場合は平行スピン[6]となる）との間に平
衡にあることである（図-4）．別々のMOに電子が入った三重項状態の方が
わずかに（約10 kcal/mol）安定だからである．メチレンの∠HCHは，一重
項状態が103°であるのに対して，三重項状態では136°に広がっている．

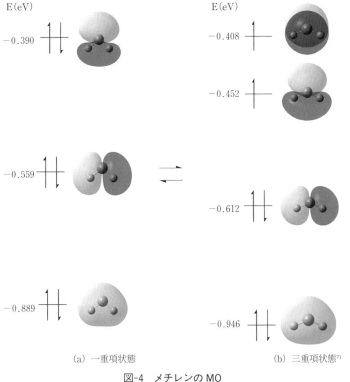

(a)　一重項状態　　　　　　　　　　　(b)　三重項状態[7]

図-4　メチレンのMO

　カルベンに2つのスピン状態が存在することが考えられたのは，反応生成物に違い（とくに立体的配置）があったからである．一重項カルベンが原則的に求電子的反応をするのに対して，三重項カルベンはラジカル的反応である[8]．

　メチレンばかりではなく各種の2配位の炭素（カルベン）が知られている．カルボカチオンやカルボアニオンと違って，カルベンは同時に2本の結合を形成できる反応[9]の中間体として1960年代以降膨大な研究がなされている[10]．

CO と CH_2 の反応性について

　COは，Cの空のオービタルにOの電子対を引き込む形で，一見三重結合を形成する形をとり，N_2と同様に結合エネルギーは非常に大きく安定に存在する．しかし，極性がないN_2が不活性ガスであるのに対して，COの炭素はカルボアニオン的に作用し強い求核性を示す．もちろん猛毒のガスである．

　一方，CH_2はCのAOの電子配置（$2p^2$）から単純に考えると，2価としてH_2Oのように安定的に存在してもおかしくない．ところが，CはOよりも2個電子が少ないのでH_2Oでは非共有電子対が占めているMOがCH_2では空になる．そのため，ここに電子が入り込みやすい状態にあり，H_2Oとは違って求電子的反応性を示すようになる．また，前述のように，このMOに内部的に電子が1個昇位してビラジカルとして作用する三重項状態となる．いずれも反応中間体として存在する．

1）炭素の原子価を4であると教えながら，一酸化炭素をCOと表記するにとどめているのは高校化学の限界である．古典的な原子価の概念に見切りをつける必要がある．

　　しかしながら，考えてみればCの$(1s)^2(2s)^2(2p)^2$という電子配置から元来Cは2価と考えることは当然のことだったのである．原子価4という事実を説明する必要上から，2sの電子1個を昇位させ$(2s)^1(2p)^3$とした上でこれらを混成させて議論する考え方があみだされたと有機化学教科書の初めに記述されている（1.1.6参照）．その結果，NやOなどとは異なり，4価のCには内殻電子（1s）以外には非共有電子対はないと説明されている．しかし，2価のCには非共有電子対が存在し，これが後述のようにCOの分極に関する特異的性質を支配しているのである．

2）ポーリング，『化学結合論』（第3版, 1960），L. Pauling, "The Nature of the Chemical Bond-1992", *J. Chem. Educ.,* **69**(6), 519(1992). ただし，この寄与率という考え方は，実測値を共鳴で説明しようとするポーリングらしい「後づけ」理論である．

3）イソニトリル（R-NC, carbylamine などともよばれる）は，特異な臭いを持つ化合物で第一アミンの検出（カルビラミン反応）にも使われる．その構造も $R-\overset{\oplus}{N}\equiv\overset{\ominus}{C}:$，$R-N\overset{\ominus}{=}\overset{..}{C}:$，$R-\overset{..}{N}=$

　C:とかいろいろ書かれていて紛らわしいが，基本的には CO と同様である．

4 ）C. F. Matta, R. J. Gillespie, *J. Chem. Educ.*, 79, 1141–1151(2002)

5 ）たとえば，CO がヘモグロビン鉄と酸素より強く結合して一酸化炭素中毒を起こすことがよく知られているが，これは CO の C から Fe へ電子が流れて σ 結合すると同時に，逆に Fe の d オービタルにある電子が CO の空の π*オービタルに流れ込む（π-back　donation）ためである．E. Ochiai, "CO, N₂, NO, and O₂-Their Bioorganic Chemistry", *J. Chem. Educ.*,73, 130(1996).

6 ）英語の paralell には，① 平行の，② 同一方向の，という 2 つの意味がある.この場合は明らかに②の意味だが，① の訳語が用いられている．なお，逆平行スピンなどというわかりにくい語の代りに対スピンといういい方もある．

　　スピンとは？　それにしても，電子は固有の磁気モーメントを持っているそうだが，はたして本当にスピン（自転）している粒子なのだろうか？スピンしているとして，その向きがどうして問題となるのだろうか？　古典力学的に電子の性質を説明するのに，電子が自転していて角運動量（スピン）を持っているとすると具合よかったという歴史的事実があるのは確かである．しかし，今日，量子力学的には質量や電荷と同様に電子の持つ基本的な性質の 1 つを「スピン」と表現しているのである．これをあたかも眼に見えるように電子が回転している図を示して説明するのは化学者の得意とするところであるが，現代の物理学者には「ナンセンス！」といわれるかもしれない．朝永振一郎, "スピンはめぐる", 自然, (1)–(10), (1973).

7 ）この三重項メチレンの半占 MO に H・が 1 個結合したものがメチルラジカル（CH₃・），2 個結合したものがメタン（CH₄）と考えることができる．

8 ）N. J. Turro, "The Triplet State", *J. Chem. Educ.*, 46, 2(1969).

9 ）カルベンの特異的な反応としては次のような反応が知られている．

①　C—H（あるいは O—H）に対する割り込み（メチル化反応）

$$\begin{array}{c} | \\ -\text{C}-\text{H} \\ | \end{array} + \ :\text{CH}_2 \ \longrightarrow \ \begin{array}{c} | \\ -\text{C}-\text{CH}_2\text{H} \\ | \end{array} \text{(Insertion)}$$

②　C = C に対する環状付加

$$>\!\text{C}=\text{C}\!< \ + \ :\text{CH}_2 \ \longrightarrow \ >\!\!\begin{array}{c}\text{C}-\text{C}\\ \text{CH}_2\end{array}\!\!< \text{(Cycloaddition)}$$

　　いずれもカルベン炭素の両側に 2 本の結合を形成している．一重項状態と三重項状態では形式的には同様な生成物を与えるが，反応機構的には一重項は協奏的な 1 段階反応，三重項はラジカル的な H 引き抜きを含む 2 段階反応として進行する．

10）カルベンに関しては次の文献がある．井本稔, "カルベンの化学", 化学, 30, 393, 469(1975)；後藤俊夫編,『カルベン・イリド・ナイトレンおよびベンザイン』, 広川書店 (1976). 富岡秀雄,『最新のカルベン化学』, 名古屋大学出版会 (2009).

1.2.6 シクロプロパンが開環反応をしやすいのはなぜか

シクロプロパンの反応性としては，（形式的にはアルカンであるのに）アルケンと同様に，C－C 結合の開裂反応（求電子的付加反応）することが特徴である．シクロプロパンを臭素と反応させると付加開裂して，式のように1,3-ジブロモプロパンを与える[1,2]．

$$\triangle \quad + \quad Br_2 \quad \longrightarrow \quad BrCH_2CH_2CH_2Br$$

歪み説（張力説）の疑問点　シクロプロパンの構造式は通常正三角形で表わされる．正三角形の内角は 60°であるから，sp³型炭素の模型を使ってその分子模型を作ろうとすると，かなりの努力が必要である．正四面体角（109°28′）をなす結合手を歪ませないと接合できないからである．環状化合物における歪みと反応性の問題に関しては，古くバイヤーの張力説（strain theory，1885）が知られている．環状化合物の分子模型を組むときに，結合スティックが無理やり曲げられるので分子に歪みによる張力が働き反応しやすくなり，その歪み角度と反応性との間に相関性があるという非常に感覚的なものであった[3]．

ポーリングは，次の図-1 のように曲がり結合型のシクロプロパンの分子模型を示しているが，"歪み"のため，歪みのないシクロヘキサンよりも約 100 kJ/mol 不安定になると説明している[4]．

このような '分子内歪み' という説明は，物理学的・感覚的で非常にもっともらしい．しかし，わかりやすいということと真実とは別ものである[5]．我々が分子模型を作るのと実際の分子の形成が同様であるという論理的保証は全くないからである．

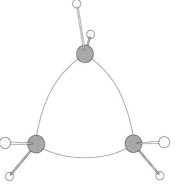

図-1　ポーリングによる "歪み" 模型

曲がり結合による説明 一方において，曲がり結合による説明がなされている（C. A. Coulson（関集三，千原秀昭，鈴木啓介訳），『クールソン化学結合論』，岩波書店(1963)．p.200）．それによると，エチレンの場合（1.2.2 参照）と同様に，シクロプロパンの炭素が図-2 のような混成オービタルで，C−C 結合は sp⁵ 混成[6]，C−H 結合は sp² 混成をしているとすると，2 つの sp⁵ 混成オービタルの角度は計算上 101°32′になる．さらに，C−C結合は sp⁵混成で s 性が低い（p の割合が高い）

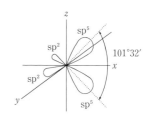

図-2　シクロプロパンの炭素 AO

ためにアルケンと同様な反応性を示すと説明されている[7]．

そこで，実際に *ab initio* MO 計算（HF/STO-3 G 法）によってシクロプロパンの全電子密度分布の等高線を求めてみると図-3(a)のように C−C 間にふくらみは見られない．ところが，AO の重なりを表わす結合電子のみについての分布は図-3(b)のように C−C を結ぶ直線の外側に極大点 B が存在することがわかる．この点 B と C とを結ぶ線を結合の方向とすると，∠BCB は 99°となり，図-2 に示されている sp⁵ という C の混成から推定される角度に近い値

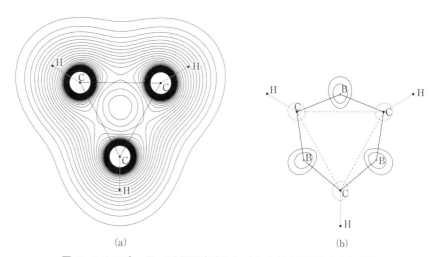

(a)　　　　　　　　　　　　　(b)

図-3　シクロプロパンの全電子密度分布（a）と結合電子密度分布（b）

が得られる．この計算で得られた C の結合 AO の混成は $sp^{3.92}$ であった．

　さらに，HOMO のみの分布を示すと図-4 のように C−C を結ぶ直線よりさらに大きく外側に張り出していて，アルケンと同じように求電子的な付加反応をすることがわかる．フロンティア理論によって感覚的ではない説明が得られる．

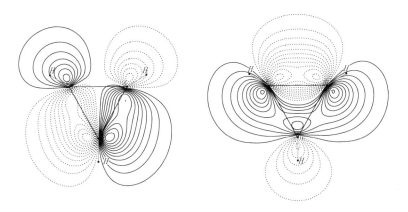

図-4　シクロプロパンの 2 つの HOMO（実線と点線は位相の違いを表わす）

1）1,3-付加体の収率は必ずしも高くなく，1,2-付加体も得られ，Br_2 に対する反応性もベンゼンより低いくらいで，シクロプロパンの反応性が二重結合と同様であるということを強調できないことが指摘されている．A.Gordon, "Halogenation and Olefinic Nature of Cyclopropane", *J. Chem. Educ.*, **44**, 461(1967).

2）これに対して，シクロブタンは求電子的試薬には不活性であり，通常のアルカンと同様の反応性を示す．

3）Bayer の張力説の説明と批判は，R. T. Morrison, R. N. Boyd（中西香爾，黒野昌庸，中平靖弘訳），『有機化学』（東京化学同人），p.326 に詳しい．彼は環状化合物がすべて平面構造となっているものと考えたため，シクロペンタンが最もひずみが少なく，シクロヘキサンはひずみが大きいとした．しかし，実際にはシクロヘキサンは，正六角形ではなくイス型をとってむしろ安定である．

4）ポーリング（関集三・千原秀昭・桐山良一訳），『一般化学（上）』（原著 3 版，1969），（岩波書店，1974，p.166

5）相手次第であろうが，教師としては，事実でないことがわかっていても解りやすく教えるべきか，

難しくて面倒でも最新の理論を教えるべきか迷うことが多い. これもその一例である.

6) 炭素の混成というと, sp^3, sp^2, sp だけとは限らない. 2個の C−C の sp^5 と 2個の C−H の sp^2 を足し合わせると, s:p はほぼ 1：3 の割合になっている. C−H 結合が sp^2 と考えられる実験的根拠としては, NMR による ^{13}C−H スピン-スピン結合定数 (J_{C-H}) と一般的関係：

$$s\% = 0.20 J_{C-H}$$

で計算される s 性が表のように理論値とよく一致することがある.

次の表に, エチレンとシクロプロパンの C−H 結合の距離 r_{C-H} と J_{C-H} の測定値とそれから求められる s ％, さらに *ab initio* MO 法 (HF/STO 3 G) によって計算された C−H 距離と C の AO 混成と s ％と ∠HCH を示す.

	測定値				計算値			
	r_{C-H} (nm)	J_{C-H} (c/s)	s (%)	∠HCH (°)	r_{C-H} (nm)	混成	s (%)	∠HCH (°)
$CH_2=CH_2$	10.85	156	(31)	113	10.82	$sp^{2.24}$	(31)	115.65
CycloC_3H_6	10.84	162	(32)	114	10.81	$sp^{2.37}$	(30)	114.23

いずれにおいてもよく似た値を示すことから, シクロプロパンは構造式の形式上は飽和炭化水素ではあるが, 性質上はエタンよりもエチレンに近いことがわかる. また, 両者とも s ％や ∠HCH が, 通常教科書で説明されている sp^2C の値 (33 ％, 120°) よりも小さいのは C−C 間の結合が曲がり結合であるためと考えられる. これに対して, エタンとアセチレンでは, それぞれ sp^3, sp の C について説明されている通りの値が得られる.

7) 同じく 2 つの sp^5 オービタルの曲がり結合で説明される C＝C の結合エネルギー (602 kJ/mol) に比べて, 1 つの曲がり結合によるシクロプロパンの C−C 結合は約半分の 294 kJ/mol となり, これはエタンの C−C 結合の 346 kJ/mol に比べてかなり低い値であり, シクロプロパンの反応しやすさを裏付けている. W. A. Bernett,"Unified Theory of Bonding for Cyclopropanes," *J. Chem. Educ.*, **44**, 17 (1967).

読書ノート

　　大海で風が波を掻き立てている時, 陸の上から他人の苦労をながめているのは面白い. 他人が困っているのが面白い楽しみだと云うわけではなく, 自分はこのような不幸に遭っているのではないと自覚することが楽しいからである. 野にくりひろげられる戦争の, 大合戦を自分がその危険に関与せずに, 見るのは楽しい. とはいえ, 何ものにも増して楽しいことは, 賢者の学問を以て築き固められた平穏な殿堂にこもって, 高処から人を見下し, 彼らが人生の途を求めてさまよい, あちらこちらと踏み迷っているのを眺めていられることである——才を競い, 身分の上位を争い, 日夜甚しい辛苦をつくし, 富の頂上を極めんものと, 又権力を占めんものと, 齷齪するのを眺めていられることである.

　　　　　ルクレーティウス "物の本質について" (紀元前 1 世紀) (樋口勝彦訳, 岩波文庫)

1.3 結合エネルギーと分極性

原子の組み合わせが違うとなぜ結合エネルギーが違ってくるのか

「違う結合なのだから，結合エネルギーが違うのはあたりまえ」といって片づけてしまっては，本質的なことを理解することはできない.

イオン結合性と共有結合性　一般に，ある化学結合は，1) イオン結合性と2) 共有結合性の両者から成り立っている[1].

このことから，結合力が強くなって結合エネルギーが増大するには，それぞれ，

1′) 2原子間の静電的引力が増加するか，

2′) 2原子間の電子の存在確率が増加すればよい.

そのためには，つまり，2原子間で

1″) 結合の分極の度合

2″) AO の重なり度合

・・・といったそれぞれ一見相反するように見えることが問題となる.

まず，AO の重なりによる共有結合形成について考察してみよう．2つの原子 A，B の AO ψ_A と ψ_B の重なりの度合は，重なり積分（1.2.1 参照）で表わされるが，その重なりが有効となるための条件として次のことがあげられる.

1) 結合軸に対して同じ対称性を持つ ψ_A，ψ_B であること（ψ_A と ψ_B の符号が同一であることで，異符号だと反結合となる．1.1.6 参照）.

2) ψ_A と ψ_B のエネルギーが同程度なこと（これは ψ_A と ψ_B のオービタルの大きさが同じくらいということ．1.3.4 参照）.

3) ψ_A と ψ_B に電子が1つずつ，または一方に2つ（この場合は配位共有結合となる）入っていること（これ以外は，パウリの原理に反する）.

強い共有結合を形成するためには，2つの AO ができるだけ互いに重なり合うことである（最大重なり原理）．この「できるだけ」というのは，原子核

どうしの反発とちょうどバランスする位置まで互いに近づくということである
（1.2.1 参照）．したがって，オービタルが原子核の一方側に長く伸びている混
成オービタルは，重なり合うには大変都合よい[2]．pオービタルも頭どうし
（軸が一致）のときには，同様に強い結合となるが，腹どうし（軸が平行）の
とき（πオービタルの形成）は，電子の存在確率の高い中央の部分（1.1.2 参
照）までは重なり合わず，強い結合にはならない．

電気陰性度と付加的結合エネルギー

一方，結合が分極してイオン結合性を
帯びてくると結合は強くなる．2つの
原子が互いに同じように電子を出しあって共有した（共有結合性 100%）と仮
定した場合を基準とし，増加した分を付加的結合エネルギーという．この結合
力は，分極によって生じた電荷の間の静電力によるものであるから，付加的結
合エネルギーの大きさは分極の度合による．分極の度合，つまりは両原子の電
気陰性度の差によるわけである[3]．

結合エネルギーの順

このようにして各共有結合はそれぞれ固有の結合の強
さ（結合エネルギー）を持つようになるのである．
以上のような考察のもとに，もう一度結合エネルギーの表をながめてみると，
次のようないろいろなことがわかってくるであろう．そうなれば，いちいち表
を見なくとも，結合の強さの見当をつけられるようになるはずである．

1）C−C ＜ C＝C ＜ C≡C であるのは，π 結合するため核間距離が短くな
   り，ますます重なり積分が増大するからである．ただし，結合次数当た
   りのエネルギーは減少する（1.3.2 参照）．

2）C＝C ＜ C＝O であるのは，カルボニル基が分極しているからである．

3）H−I ＜ H−Br ＜ H−Cl ＜ H−F，あるいは，P−H ＜ S−H ＜
   O−H となるのは分極の度合（電気陰性度の差）によって説明される．

4）C−I ＜ C−Br ＜ C−Cl ＜ C−F となるのは，オービタルの重なりあい
   の度合いで説明される（1.3.4 参照）．

5）O−O，N−N，F−F などは非共有電子対間の反発によって弱い結合と
   なる（1.3.3 参照）．

表-1 には各種結合のエネルギーの相対的な関係がつかめるよう大きさの順
にまとめた．なお，ここでは kcal と kJ を併記することにした．

表-1　結合エネルギー相関図（25℃）

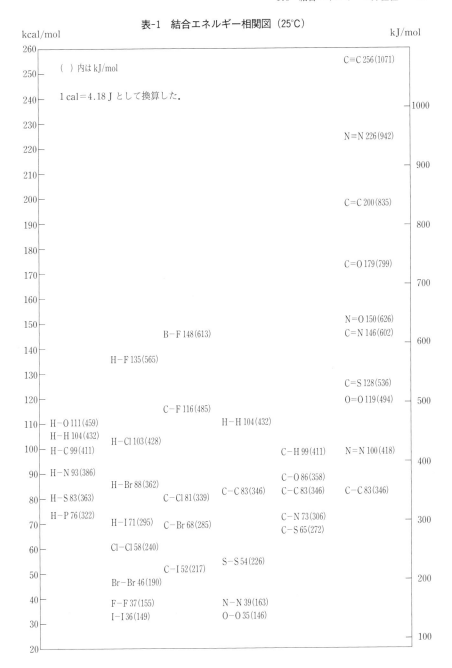

kcal/mol

( ) 内は kJ/mol

1 cal＝4.18 J として換算した.

kJ/mol

C≡C 256(1071)

N≡N 226(942)

C＝C 200(835)

C＝O 179(799)

N＝O 150(626)
C＝N 146(602)

B－F 148(613)

H－F 135(565)

C＝S 128(536)
O＝O 119(494)

C－F 116(485)

H－H 104(432)

H－O 111(459)
H－H 104(432)
H－C 99(411)

H－Cl 103(428)

C－H 99(411)

N＝N 100(418)

H－N 93(386)

H－Br 88(362)

C－O 86(358)
C－C 83(346)

C－C 83(346)

H－S 83(363)

C－Cl 81(339)

C－C 83(346)

H－P 76(322)

H－I 71(295)

C－Br 68(285)

C－N 73(306)
C－S 65(272)

Cl－Cl 58(240)

C－I 52(217)

S－S 54(226)

Br－Br 46(190)

F－F 37(155)
I－I 36(149)

N－N 39(163)
O－O 35(146)

1）高校教科書のせいか，共有結合はイオン結合その他と完全に分別されると考えがちであるが，た
とえば，H−H のように対等な原子どうしの結合だけが 100 ％共有結合である．高校でも同時に
習う結合の極性がすなわち部分的なイオン結合，つまりイオン結合性を意味しているのである．
イオン結合性の目安（極性度）として

$$\delta \;=\; \mu/r \;(\mu：双極子モーメント：r：平衡核間距離)$$

で定義される δ が極性結合の表示としてそのまま教えられているが，この値が 1 のときがイオン
結合性 100％ということになる．

2）ある一定密度となるまでの AO の広がりは，sp^2 では s の約 2 倍の距離まで伸びていると計算され
る．

2 s の半径を 1 としたときの，いろいろな AO のひろがりは次のようである．

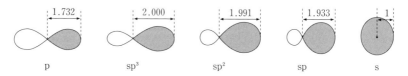

| p | sp³ | sp² | sp | s |

3）だが，このように説明してしまうと話の筋道が逆になる．実は，電気陰性度の値は，この付加的
結合エネルギーから算出されたものなのである　（0.3(3)参照）

読書ノート・・

まず科学を研究せよ。しかるのちその科学から生まれた実際問題を追求せよ。

　科学を知らずに実践に囚われてしまう人はちょうど舵も羅針盤もなしに船に乗りこむ水先案内
のようなもので、どこへ行くやら絶対に確かでない。つねに実践は正しい理論の上に構築されね
ばならぬ。しかして透視法こそその道しるべであり入門書であって、これなくしては、絵画の場
合何ものも立派に制作せられない。

　理論を述べしかるのちに実践を述べることが必要である。

　　　　　　　　　　　　　　　　　　　　　　『レオナルド・ダ・ヴィンチの手記』（杉浦明平訳，岩波文庫）

1.3.2 C−C，C＝C，C≡C の順に結合距離が短くなり，結合エネルギーが増大するのはなぜか

エタン，エチレン，アセチレンの結合距離と結合エネルギーの値を表にまとめると，次のようになる．

表-1

	C−C	C＝C	C≡C
混成	sp^3	sp^2	sp
結合距離（nm）	15.4	13.4	12.0
結合距離差（nm）		2.0	1.4
結合エネルギー（kJ/mol）	346	602	835
結合エネルギー差（kJ/mol）		256	233

さらに，図-1 には C–C 結合の距離と結合次数[1]との関係をベンゼンの結合を付け加えて示した．

このように結合次数の順に結合距離が短くなり結合エネルギーが大きくなる理由には次のようにそれぞれ 2 通りの説明がある．

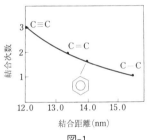

図-1

結合距離 -混成オービタルの s 性による説明　　これらの結合を形成する炭素の混成オービタルが，それぞれ sp^3，sp^2，sp であって，順に（球状の）s オービタルの占める割合（s 性という）[2] が増加している．s 性が多くなるということは，混成オービタルが球形に近くなり，結合軸方向の長さが短くなることを意味している（1.3.1注 2 参照）．したがって，これらのオービタルの重なりによる σ 結合は，短くなるわけである．さらに，2 つの炭素の p オービタルが腹面で重なって π 結合を形成するには，結合距離が十分短くならねばならないことも理由にあげられる．

結合距離 -曲がり結合による説明　　ポーリングモデル[3]とも言われる曲がり結合（1.2.2 参照）による多重結合に関する理論では，炭素の混成オービタルはいずれも sp^3 で，エチレン，アセ

チレンはそれぞれ図-2 に示したように結合していると考える．C－C が 15.4 nm であることを基にして簡単な幾何学的計算をすると，C＝C が 13.2 nm，C≡C が 11.8 nm と求まる[4]．いずれも実測値（表-1）とかなり近く，曲がり結合モデルを再認識すべき結果といえよう．

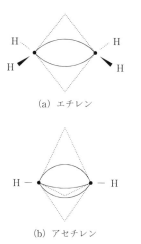

（a）エチレン

（b）アセチレン

……… は曲がり結合に対する接線で，それぞれ正四面体角の方向に伸びている．

図-2　ポーリングモデル

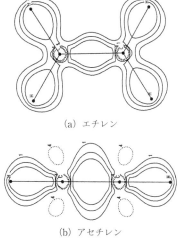

（a）エチレン

（b）アセチレン

図-3　HF 法（STO 3 G）の結果を可視化ソフト（MOLDEN）を使用して表示

　さらに，*ab initio* MO 計算の結果に基づいて結合電子密度分布の等高線図を図-3 に示す．エチレンに関しては 1.2.2 の図-1，2 に結合電子分布を示した．さらに立体的なイメージを 2.4.1 図-1 に，エタン，アセチレンとともに示してある．アセチレンは H－C－C－H が一直線に並んでいて，これを軸とする回転体が実際の分子の立体的イメージとなる．図-3 は同じスケールで描いてあるのでアセチレンの方が C と C の間に分布する電子は多く，結合距離も短いことがわかる．実際に計算された結果は，エチレン：13.16 nm　アセチレン：11.86 nm でポーリングモデルと極めて近い値であった．

結合エネルギー –
σ-π モデルによる説明

　また，結合エネルギーは，単結合，二重結合，三重結合の順に確かに大きくはなっているが，2 倍，3 倍に増しているわけではない（表-1）．これは，1 つの π 結合の強さは，1 つの σ 結合の強さより小さいためである．さらに，

二重結合に比べて三重結合は，距離がさらに短いから π 結合によるエネルギーは大きいはずであるが，原子核間の反発によって不安定になって，単結合と二重結合の結合距離の差は二重結合と三重結合の差よりも大きくなるのである．

**結合エネルギー –
曲がり結合モデルによる説明**　同じことを曲がり結合で説明すると次のようになる．曲がり結合の電子密度の高い部分は，2つの炭素原子核を結ぶ線から外れているので，1本の曲がり結合は1本の直線状結合より弱いはずである[5]．また，その外れ方は，図-2から明らかなように，二重結合より三重結合の方が大きく，曲がり結合1つあたりの結合エネルギーは三重結合の方が小さいと考えられる．

1）**端数の結合次数とは？**　ベンゼンの6つのC–C結合はすべて同等であり，その結合距離は13.97 nm であり，単結合と二重結合の中間である．ベンゼンの結合次数は両者の中間の1.46となる．結合次数が端数になることがよく飲み込めない人がいるが，化学結合は1.2.1で述べたように2つの原子核に存在する電子によるもので，結合の度合はその密度によって細かく変りうるもので，古典的原子価理論のように1つ，2つと数えられる性質のものではない．構造式あるいは分子模型で用いられている線や棒とは，イメージが全くちがうことを認識しなければならない．いろいろな定義があるが，MO計算などでは普通小数点以下4けたまでの結合次数が求められる．

2）**s性（s character）について**　オービタルのs性によって説明されることをまとめた論文があるので次に紹介しておく．H. A .Bent,"Distribution of Atomic s Character in Molecules and Its Chemical Implications", *J. Chem. Educ.*, 37,616(1960).

　　主な内容：a．s性と結合強度　b．s性と結合距離　c．混成と電気陰性度　d．誘起効果　e．カルボカチオンの安定性　f．付加反応性　g．カルボニル基の性質

3）ポーリング（関集三・千原秀昭・桐山良一訳），『一般化学（上）』（原著第3版，1969）（岩波書店，1974）p.167．ポーリングは，この教科書では，C–C間の二重結合・三重結合に関してsp^3混成オービタルの炭素の曲がり結合についてしか述べていない．炭素の混成のうちsp^3が最も安定だからという立場をとっている．そのため，訳者らが σ–π モデルについて長い訳注をつけて説明している．

4）E. A. Robinson and R. J. Gillespie, "Bent Bonds and Multiple Bonds", *J. Chem. Educ.*, **57**, 329(1980).

5）R. J. Gillespie, "Multiple Bonds and the VSEPR Model", *J. Chem. Educ.*, **69**, 116(1992).

1.3.3 過酸化物はなぜ不安定なのか

　過酸化物の O－O 結合は弱く，過酸化 *tert*-ブチル，過酸化ベンゾイルなどは，次のようにラジカルを発生して，ラジカル重合開始剤などになるという説明がよくなされている．

$$RO-OR \longrightarrow 2RO\cdot$$

　しかし，なぜ O－O 結合が均等開裂(homolysis)しやすいのかという点についてはあまり触れられていない．O－O の結合エネルギーが小さいためであると答えるのは論理の逆行であって，「なぜ・・・？」という問いに対する答えにはならない．

　非共有電子対間の反発　それでは，なぜ O－O 結合のエネルギーは小さいのか？　酸素には非共有電子対が $2p_z$ と $2s$ オービタルに存在するが，O－O 結合では，隣り合った酸素のこれらが互いに反発すると説明される（図-1）．もし，$2p_z$ オービタルに1個ずつ電子が入っていたら，重なりあって π オービタルを形成するのであるが（1.1.6，図-3），この場合は両方とも2個ずつ入っていて満員なのである．一般に非共有電子対は，結合電子対より相互の反発力が大きい（VSEPR 理論，0.3(5)参照）．そのため O－O 結合間距離が長くなり（H_2O_2 では 14.9 nm），$2p_z$ オービタルによる σ 結合の重なり度合も低くなるために結合エネルギーは小さくなると説明できる．

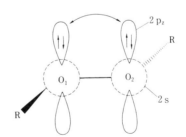

図-1　過酸化物における $2p_z$ オービタルの反発

　過酸化物の構造は，図-2 のようにねじれ型であることが知られており[1]，O－O 結合の方向から見た側面図で2つの R－O 結合のねじれ角度は 100-120°

である．R基どうしの反発を考えれば180°となるはずであるが，そうなると
O−O間で非共有電子対のオービタルが重なるようになって反発が大きくなる
ためこのような角度でバランスするものとVSERR理論（0.3(5)参照）によ
れば考えられている．

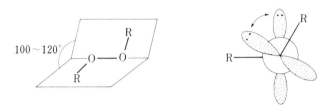

図-2　過酸化物のねじれ構造とその側面図

H$_2$O$_2$に関して，実際に *ab initio* 計算（HF/6-31 G）した結果を図-3に示
す．それによると，2つのH−O結合のねじれ角度は117°であった．また，
∠HOOは約103°でH$_2$Oの場合（104.5°）と近く，この計算によって得られ
るOのAOの電子分布を調べると非共有電子対はH$_2$Oと同様2pに納まって
いることがわかった（0.3(5)参照）．

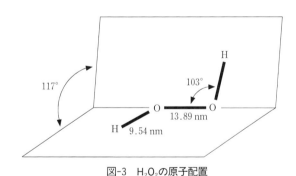

図-3　H$_2$O$_2$の原子配置

非共有電子を持つ原子どうしの単結合のエネルギーを表-1にまとめて示し

表-1　単結合のエネルギー kJ/mol（25℃）

$\ddot{\text{O}}-\ddot{\text{O}}$	$>\text{N}-\text{N}<$	$>\ddot{\text{N}}-\ddot{\text{O}}$	$\ddot{\text{S}}-\ddot{\text{S}}$	$\ddot{\text{F}}-\ddot{\text{F}}$	$-\overset{\mid}{\underset{\mid}{\text{C}}}-\overset{\mid}{\underset{\mid}{\text{C}}}-$
146	163	222	226	155	346

たが，同様に考えれば，これらの値がいずれも比較的小さいことが説明される[2]．これらに対して，同じ単結合でも非共有電子を持たない$C-C$単結合のエネルギーは大きく（346 kJ/mol），そのため比較的強固な結合となる[3]．

1）H_2O_2は，原子価電子の数と分子の安定な形の関係を示すWalsh則によれば，原子価電子数14のHAAH型の分子であるので非平面折曲形（つまり捻れ型）であることが予測される．Walsh則については次の文献に詳しい．吉田政幸，『分子軌道法をどう理解するか』（東京化学同人）

小方芳郎編著，『有機過酸化物の化学』，南江堂；広田栄治，"過酸化水素の分子構造"，化学の領域，**19**，697(1965)．

2）この表を細かく見ると次のようなことがいえる．$N-N$が$O-O$より結合エネルギーがわずかながら大きいのは，非共有電子対が1対少なく，それだけ反発も少ないためと考えられる．$N-O$は分極による付加的結合エネルギーが働いているためより強い結合となる．$S-S$は結合距離がより長いため電子対反発の効果が少なく$O-O$より強い結合となる．

3）$C-C$結合が強固な理由としては，1.3.1で述べたようにsp^3混成オービタルの形や大きさの効果も考えられる．

読書ノート

　　真実の科学教育は，あらゆる，そして各々の応用に対して有効でなくてはならない．科学の原理と法則の知識をもってすれば，応用は容易であり，おのずから生じてくる．（中略）

　　私は当実験所（注　ギーセン化学薬学研究所）に技術上の目的で入所する人々が，すべて誰もが応用化学の実験をおこなうことに，圧倒的な志向を持っていることに気がついた．彼らは私の勧告に一種の恐怖と心配の念をもってしたがうのが普通である．私の勧告とは，これらすべての，時間の浪費になる日備仕事をすてて，純科学的な疑問はいかにして解決が可能であるか，またいかにして解決しなくてはならないか，その仕方をおぼえることに専心すべきだということである．そして問題がじっさいに解決されると，彼らはあらゆる他の似た目的を達成する手段と方途を知るのである．

　　　　　　　　　　　　リービッヒ，"プロイセンにおける化学の状態"（1840）

　　　　　　　　　　　　　（田中実，『化学者リービッヒ』（岩波新書）より）

1.3.4 テフロンなどのように有機フッ素化合物は，他のハロゲン化物に比べて異常に安定なのはなぜか

　有機フッ素化合物が一般に安定である理由は，表-1 中に示したように C—F 結合の結合エネルギーが非常に大きいためであるといえる．

表-1　C−X 結合

X	F	Cl	Br	I
結合エネルギー（kJ/mol）	485	339	285	217
結合距離（nm）*	14.08	18.36	19.32	21.39
重なりポピュレーション*	0.215	0.226	0.248	0.260

＊ CH_3−X の *ab initio* MO 計算値（HF/STO 法）

　それでは，なぜ，C−F 結合が他の C−ハロゲン結合より強固であるかは次のように説明される（1.3.1 参照）．

1）C と F のポーリング電気陰性度の差(2.5 と 4.0)が大きく，最も大きく分極し，イオン結合性が大きいためである．CH_3X に関して C−X 結合エネルギー・結合距離と X の電気陰性度との関係をプロットすると図-1 のようによい直線関係が得られる．結合の極性が結合距離に関係していることを示す．

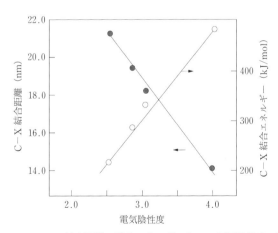

図-1　CH_3−X の結合距離，結合エネルギーと X の電気陰性度の関係

　2）Cの sp³ オービタルと F の 2 p オービタルとの重なり合いが最も効果的
　　なためである．C の 2 sp³ オービタルと，他のハロゲン，すなわち Cl
　　（3 p），Br（4 p），I（5 p）のオービタルとは大きさが違いすぎる（つま
　　り，エネルギー差がありすぎる）のである[1]．また，内殻電子の数が増
　　え，これと反発して炭素の 2 sp³ オービタルは大きな p オービタルに対
　　しては十分入り込むことができず強い結合がつくれない．

　3）また，F の原子半径が小さいこともあげられる．対応する他のハロゲン
　　化炭化水素が比較的不安定なのはハロゲン原子どうしの立体的反発が大
　　きいためと考えられる[2]．

　一方，F の場合は，立体的反発は少ないうえに極性効果が強く現れるため，
逆に，多置換体になるほど炭素の陽性が高くなり，イオン結合性が高まり結合
は強くなる（1.3.1）．単純に考えて CH₃F に比べて CF₄ の炭素の陽電荷は 4
倍あるため引き付けが強く，C－F 結合の距離（実測値）も CH₃F が 13.83
nm であるのに CF₄ では 13.20 nm と短くなっている[3]．

　フロン類がきわめて安定な化合物である理由はここにある[4]．

1）異周期間のオービタルの重なりについて概念的に表わすと次のようになる．メッシュを施した部
　分が重なりをあらわし，C の sp³ は相手が大きくなればなるほど相手の原子核に近づけなくなる
　のがわかる．このことは，表-1 に付記した重なりポピュレーションの増加が，それほど大きくな
　らない計算結果からも明らかである．N. L. Allinger, M. P. Cava, D. C. Dejough, C. R. Johnson,
　N. A. Lebel, C. L. Stevens（伊東椒，吉越昭訳），『アリンジャー有機化学（上，中，下）』，東京
　化学同人，p. 71.

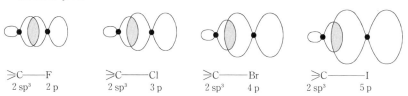

2）例えば，ポリフッ化エチレン（Teflon）は融点 325℃で，315℃に長時間熱してもかなりの強度を
　保っているのに対して，塩素系ポリマーであるポリ塩化ビニルは，210-225℃で分解をはじめ，脱
　塩化水素反応を起こし，ポリオレフィンを経て芳香族化し，さらに炭化物となる．

3）K. B. Wiberg,"The Role of Electrostatic Effects in Organic Chemistry", *J. Chem. Educ.,* 73,
　1089（1996）.

4）これに対して，フロロベンゼンの反応性が高いのはどうしてだろう？（2.3.4 参照）.

1.4 共鳴理論と分子の安定性

1.4.1 共鳴（レゾナンス）するとなぜ分子は安定化するのか
共鳴エネルギーはどこから発生（？）するのか

共鳴安定化は便宜的表現　　「共鳴によって安定化する」ということは，しばしば理論有機化学の説明に使われているのは事実であるが，この質問は必ずしも当を得たものではない．このことについてファーガソンの説明があるので，次に引用しよう（L. N. Ferguson（大木道則，広田穣，岩村秀，務台潔訳），『構造有機化学』，東京化学同人，p.324）．

「ここで強調しておきたいのは，共鳴は本来存在する効果ではないということである．われわれが共鳴エネルギーについていうとき，共鳴エネルギーが観測された効果を引起こすという意味ではないのである．それどころか，共鳴というものは単に観測された事柄を構造式によって解釈するために考えられたものにすぎない．"分子又は構造が共鳴によって安定化される"という表現が一般に用いられているが，真の意味は文字通りではない．煩わしい文章を避けるためにこのようにいわれるにすぎない．」

重要なことは，共鳴という現象があって，それによって化合物が安定化されているのではない，ということである．分子の安定性について，古典的な原子価表示法で表わした構造式では説明できない部分を理解するために導入されたのが共鳴（レゾナンス）という概念なのである．要するに，有機化合物の構造を大ざっぱな"点と線"だけで表現しようとするのには限界があるということである（0.4(2)参照）．

しかしながら，我々は，従来のルイス式化学構造表示の便利さを捨て去る必要はないであろう．ベンゼンを表す記号として（構造式ではなく），C_6H_6やPhHと同じように亀の甲を用いても問題ないはずである．

共鳴エネルギーの問題点　共鳴理論（法）によれば，いわゆる共鳴混成体は共鳴限界式（共鳴構造）のうちの最も安定なものより安定であって，そのエネルギー差を共鳴エネルギー（resonance energy）と定義されている．この共鳴エネルギーは，水素化熱の測定などによる実験的方法や，量子力学的方法によって計算される．しかし，多くの教科書で例としてあげられているベンゼンなどのように，共鳴構造が単純な場合はよいが，違った型の共鳴構造が考えられる場合，どれが最も安定であるか判定するのは，それらが仮想の構造であるだけに困難である．

　要するに，ここの共鳴構造式で表される不安定な構造が「安定化される」のではなく，電子の非局在化によって「安定化している」状況を従来の化学構造式を用いて表そうとするところに無理が生じているのである[1]．共鳴法による考え方は，定性的には有機化学徒の直観に訴えやすく，確かに便利である．しかし，共鳴構造について共鳴エネルギーを求めるなど定量的な取扱いをしようとすると，分子軌道法などの計算によらねばならないのでかなり厄介なことになる．

改めての提案　「共鳴」あるいは「共鳴エネルギー」という術語の代りに「非局在」あるいは「非局在化エネルギー」を用いる．いかなる時も「共鳴現象」という表現はしない．亀の甲のような従来の構造式を用いて説明したいときには，「共鳴構造」あるいは「共鳴（限界）式」という代りに「寄与構造」とのべ，「共鳴混成体」という代りに「寄与構造の混成体」と言い表すべきであろう．どうしても共鳴ということを述べる必要があるなら双頭の矢印もやめて，次のように表現することを提案したい．

　共鳴を表わす式として，

$$\alpha \left[\bigcirc \right] + \alpha \left[\bigcirc \right] \quad \text{あるいは} \quad \alpha \left[\overset{+}{C} - \overset{-}{O} \right] + \beta \left[C = O \right] + \gamma \left[\overset{-}{C} \equiv \overset{+}{O} \right]$$

のように線形結合で表わす．このようにした方が，もともとの発想に合致するし理解しやすいと思われる．

1）分子内の電子分布ができるだけ凹凸を少なく平準化されることが「非局在化」である．そのような状況が最も安定であることは，直感的にも理解しやすい事柄であろう．

1.4.2 なぜ 4 n + 2 個の π 電子が共役した環状化合物だけが芳香族性を示すのか

ヒュッケルの発見　このことは，4 n + 2 則ともヒュッケル則ともいわれる．現在もヒュッケル法として使われている MO 計算の創案者の一人であるヒュッケルは，1931 年，芳香族といわれる正多角形の単環ポリエンの π 電子系について得られる MO のエネルギーが特有な型をしていることを見い出した．すなわち，いずれも 1 個のエネルギーの最も低い MO の上に 2 つの対になった（縮重した）MO が続くのがこのような π 環状化合物の特徴であった．

このことから芳香族性[1]を示すかどうかを予想する規則が導かれた．つまり，環状化合物において連結（共役）した π 電子の数が 4 n + 2（n = 1，2，3……）であれば，その系は芳香族であり，そうでなければ違うということである．π 電子の数が 4 n + 2 ということは，図-1 中に示したベンゼンの場合のように，その系の基底状態で電子の入っている最もエネルギーの高いオービタル（最高被占軌道，HOMO とよばれる）がちょうど一杯になっていることを意味する[2]．

これは，ちょうどネオンやアルゴンのような希ガス電子配置と同様，いわゆる閉殻構造（オービタルが電子でちょうどうまること）でしかも結合性であるため，安定となって芳香族性を示すようになる．そうでない場合は，不完全なオービタルができ不安定になるというのである．

実際にベンゼンは 6 π 電子（n = 1）で芳香族であるが，シクロブタジエンは 4 π 電子，シクロオクタテトラエンは 8 π 電子であり，4 n + 2 則にあてはまらないから芳香族性を示さない[3]と簡単にわかる．図-1 に示したように，シクロブタジエンのオービタルは開殻構造となり反結合性である．

オービタルの対称性による説明　ここで述べたように波動方程式を計算した結果，$4n+2$ 則が導かれたと説明しても，まだ理解しがたい魔法のように思われるかもしれない．なぜ $4n+2$ なのだろうか？

　同じように，二重結合が１つおきにある環状化合物なのに，ベンゼンが芳香族性を示すのに，シクロブタジエンが芳香族性を示さないといえるのはどうしてか？　オービタルの対称性をうまく使って非数学的に説明した例があるので次に紹介しておこう[4]．

　オービタルの対称性理論によれば，鎖状共役ジエンの π 電子系の MO は，エネルギーの最低のものから，対称（S），反対称（A），S, A, S, A…の順となる[5]．たとえば，1,3,5-ヘキサトリエンは図-1(a)左のようになる．いま，これから末端の H が脱離してその π オービタルが重なり合って環化すると（頭の中で考えると），その右に示したベンゼンになる．このとき，1,3,5-ヘキサトリエンの HOMO は下から３番目であるからその対称性は S である．

　一方，1,3-ブタジエン（図-1(b)左）は 4π 電子だから HOMO は A となる．図の左右の相関を見れば分かるように，π 電子系の MO が S-MO ならば末端の 2p オービタルの符号が一致するため環化させると結合性（閉殻構造）となり安定化するが，A-MO ならば符号が逆になるので反結合性（開殻構造）となりエネルギー準位が上がる．このことは，反結合性オービタルの説明（1.1.5 参照）と全く同様である．したがって，ベンゼンの π 電子系は安定化するが，シクロブタジエンの π 電子系は安定化しない．

　一般化すると，環化前の共役ポリエンの被占オービタルが奇数（$2n+1$）個の場合には，HOMO が S となって環化するとエネルギーが放出され安定な芳香族となるということができる．１つのオービタルは２つの π 電子によって占有されるから，π 電子数が $2 \times (2n+1) = 4n+2$ のとき芳香族性を示す．これは，ヒュッケル則に他ならない．

(a) 1,3,5-ヘキサトリエンとベンゼン

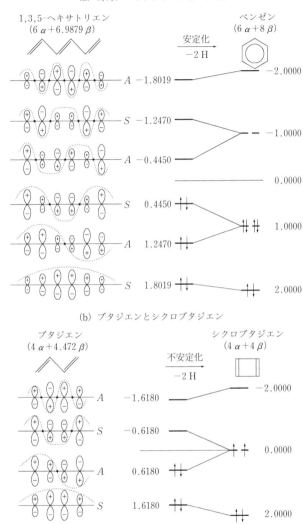

(b) ブタジエンとシクロブタジエン

図-1 MO 位相図とオービタルエネルギー関係図
数字は単純ヒュッケル法によって求めた値（β 単位）

1）芳香族性（aromaticity）とは？　次のようなことがあげられている．ⅰ．炭素対水素の比，ⅱ．結合距離，ⅲ．化学的反応性，ⅳ．スペクトル特性，ⅴ．共鳴安定化エネルギー．

　　詳しくは，C. D. Gutsche, D. J. Pasto（野平博之ほか訳），『グーチェ・パスト有機化学』（東京化学同人），p.133，村田一郎，"芳香族性とは何か"，現代化学，（3），18(1972)；L. J. Schaad and B. A. Hess, Jr.,"Hückel Theory and Aromaticity", *J. Chem. Educ.*, **51**, 640 (1974)；Shigeaki Kikuchi, "A History of the Structural Theory of Benzene−The Aromatic Sextet Rule and Hückel's Rule", *J. Chem. Educ.*, **74**(2), 194(1997)．

2）図-1(a)に示したように，ベンゼンの HOMO は1対の π 電子が収まったエネルギー準位が同一な2つのオービタルで構成されている（これを縮重という）．しかし，それらの分布は図-2 のように互いに対称性が異なっている（位相の違いを濃淡で表す）．

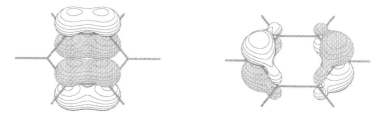

図-2　ベンゼンの2つの HOMO

3）共鳴法によれば，これらは次のような共鳴式が書けるので，ベンゼンと同様に安定で芳香族性を示すものと考えられてしまうのであろう．この辺に共鳴法の限界がみえる．

　　Cyclobutadiene はいまだ合成されていないが，実際に合成されたら正方形でなく長方形で安定であろうと推定されている．また，cyclooctatetraene（COT）は，Reppe 合成によってアセチレンから製造されるが，その構造は平面でなく，上式のようにおれ曲がって浴槽型をしている．そのため，単結合で書かれている部分では，p オービタルの軸方向が一致せず，各二重結合は独立している．これは，σ 系の安定化のためと説明されている（N. L. Allinger, M. P. Cava, D. C. Dejough, C. R. Johnson, N. A. Lebel, C. L. Stevens（伊東攝，吉越昭訳），『アリンジャー有機化学（上，中，下）』，東京化学同人．p.313）．

4）D. J. Sardella,"Where Does Resonance Energy Come From ?", *J. Chem. Educ.*, **54**, 217(1977)．

5）このことは，Woodward-Hoffmann 則の基礎となっている理論である．それに関する参考書は数多くあるので詳しくはそれらによるのがよい．

1.4.3 シクロペンタジエニルアニオンは安定なのに，同じカチオンやラジカルがそれほど安定に存在しないのはなぜか

　とくに，シクロペンタジエニルラジカルの場合に，p オービタルを付け加えて書いてみると次のように，ベンゼンから1つだけ炭素数を減らした形になる．1個ずつの電子を持った5個の $2p_z$ オービタルが互いに共役し合って，ベンゼンと同様閉殻 π 電子系を形成してもおかしくないように思えるが，このラジカルは非常に不安定であることが知られている．また，カチオンも安定ではなく，生成しにくい．これに対して，シクロペンタジエニルアニオンのみが安定で，シクロペンタジエンは炭化水素としては異常に強い酸性を示し，次式のように金属カリウムと反応して塩を形成するほどである （pK_a 15)[1]．

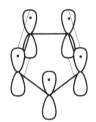

　共鳴理論の限界　単純な共鳴法によれば，アニオンと同様，カチオンにもさらにはフリーラジカルにも次のように同数の共鳴限界式が考えられる．共鳴式が書けるから安定化するという大ざっぱな共鳴理論では，これらの安定性の違いを議論することはできないことは明らかである．

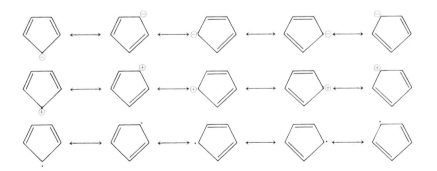

ヒュッケル則による説明　　これらのことは，ヒュッケルが見い出した $4n+2$ 則（1.4.2 参照）によって説明できる．図-1 をみれば，シクロペンタジエニルアニオンのみが6個の π 電子を持ち $4n+2$ 則に適合し，π 電子でちょうど満たされている閉殻構造であることがわかる．つまり，アニオンのみが芳香族性を示すのである．

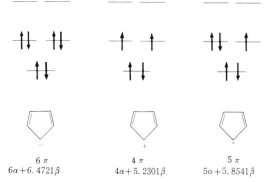

図-1　シクロペンタジエニル類の全エネルギー（単純ヒュッケル法）とオービタル占有状況

1）シクロペンタジエニルアニオンが鉄イオンをはじめ，種々の重金属イオンとサンドイッチ化合物，フェロセン（メタロセン）を形成することはよく知られていることである．本山泉，"フェロセン"，化学教育，**25**, 314(1977)；今井弘，"フェロセンの化学（Ⅰ～完）"，化学，**25**, 430, 519, 628,978(1970)．

読書ノート ━━━━━━━━━━━━━━

　教師が著述者の普通やるように，到達した結果を開陳することではなく，少なくとも高級な学問においては，それに到達すべき仕方そのものを示し，そして常に学問の全貌を，いわばはじめて学生の眼前に彷彿せしめる，ということは，生々とした教授法の本当に卓越したところである．自分の学問を自分で構成してもち得ないものが，学問を与えられたものとしてでなく，工夫さるべきものとして示すことがどうしてできようか．

（中略）

　大学においては学問以外のものは認められてはならぬ，そして才能と教養のつくり出す以外の差異は存在してはならぬ．（中略）……またその勤勉さと学問に向けられた意図とを証示し得ぬものは，遠ざけられなくてはならぬ．

シェリング"学問論"(1803)，（勝田守一訳，岩波文庫）

1.4.4 二重結合が1つおきにあるとなぜ共役が起こるのか

AO からの考察　　まず，1,3-ブタジエンを例として共役(conjugation)ということを考えてみよう．1,3-ブタジエンの4つの炭素は，いずれも sp^2 混成であって，図-1のように電子1個分の $2p_z$ オービタルをもち，これらが π 電子系を形成する．二重結合が1つおきにあるということは，π 結合しうる $2p_z$ オービタルを持った炭素が連続することである．

ルイス式に従えば，C_1 と C_2，C_3 と C_4 の $2p_z$ オービタルが重なり合って二重結合を形成している形で表わすことになるのであるが[1]，同じく隣り合った C_2 と C_3 の $2p_z$ オービタルが少しずつ重なり合ってはいけない理由はない．重ならないとする方が不自然であろう．ここに共役ということが起る必然性を認めることができる．

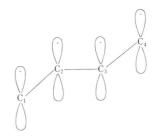

図-1　1,3-ブタジエンの $2p_z$ オービタル

MO からの考察　　共役が起こるからには，そこに何らかのメリットがあるはずである．この場合，メリットとは分子全体のエネルギーが低くなって安定化するということである．

その理由は，次のように考えられる．C_1〜C_4 の p オービタルが互いに重なり合って，分子全体のオービタル（つまり MO）を形成すると，各 π 電子は，共役でつながった4個の炭素原子核によって引きつけられることになる．ということは，共役しないで孤立二重結合でいる場合には，各 π 電子は2個の原子核にしか引きつけられていないわけであるから，共役した方が静電引力の強さから考えて強く引きつけられる．電子が原子核によって強く引きつけられるということは，裏返すと原子核がより強く結合することになる．つまり分子全体の結合エネルギーが大きくなり安定化すると考えられる．π 電子が孤立しているとした場合とのエネルギー差を非局在化エネルギーという．共鳴理論における共鳴エネルギーに相当する．

　このようにして，炭素原子核の数（したがって，π電子の数）が多くなればなるほど静電的に引き付けあう力はますます強くなるはずである．つまり，共役系が長くなるほど非局在化エネルギーが大きくなり，より安定になる．

　ここで，もう一段突っ込んで考えてみると，電子が非局在化するとその分子が安定化するのはなぜだろうかという疑問がわく．アニオンあるいはカチオンの安定性に関する電荷の分散の効果（1.4.7参照）と共通する原理が働いていると考えられる．

　いま，いくつかの結合によって成り立っている分子の結合を開裂して，それを壊すことを考えた場合，結合エネルギーの一番小さい結合から開裂が始まると考えるのが妥当であろう．したがって，分子全体の安定性ということは，この一番ぜい弱な部分の結合エネルギーによって決まるものと考えられる．

　ブタジエンの例では，$C_1=C_2-C_3=C_4$のように完全にπ電子が局在化していると，C_2-C_3の結合エネルギーは当然$C_1=C_2$，$C_3=C_4$のエネルギーより小さく，C_2-C_3のところで$C_1=C_2-C_3=C_4 \rightarrow C_1=C_2\cdot + \cdot C_3=C_4$のように切断されやすいものと考えられる．しかし，$\pi$電子が非局在化すると，$C_2-C_3$間に存在する電子の密度が増し，結合距離が短くなって結合エネルギーが大きくなり，$C_1=C_2$，$C_3=C_4$との差が小さくなるので，弱点が補強され，熱力学的には分子全体としてはより安定となる[2]．

　実際に，ブタジエンに関して，単純ヒュッケル法[3]によって結合次数を計算した結果は，$C=C$が1.89となり単純な二重結合（2.00）よりも減少し，$C-C$が1.45となり単結合（1.00）よりも増加している．結合距離は，$C=C$が伸びて13.4 nm，$C-C$が縮んで14.7 nmとなる．

　これらのことを*ab initio* MO計算（HF/6-31 G）によって実感することを試みる．同じ計算法で得られたエチレンの2分子のCを同じくエタンの$C-C$結合距離の計算値だけ離して配置したもの（図-2(a)）を初期値として入力し，再度最適化計算した結果，分子全体のエネルギーが極小となる原子配置は図-2(b)に示したようになる．

　得られた結合距離の値を表-1に示す．$C=C$は伸び，$C-C$は縮んでいる[4]．参考として示した先の単純ヒュッケル法の計算結果とも実測値ともよく一致している．

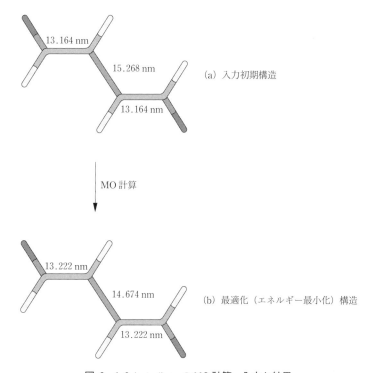

(a) 入力初期構造

13.164 nm

15.268 nm

13.164 nm

MO 計算

13.222 nm

14.674 nm

13.222 nm

(b) 最適化（エネルギー最小化）構造

図-2　1,3-butadiene の MO 計算−入力と結果

表-1　結合距離の *ab initio* MO 計算値（nm）

	C=C	C−C
初期入力値	13.164 （エチレン）	15.268 （エタン）
最終最適値	13.222	14.674
HMO 法	13.4	14.7
実測値*	13.37	14.76

* G. Herzberg, "Electronic spectra and elec-
tronic structures of polyatomic molecules,"
van Nostrand, NY, (1966).

　この計算結果をもとに全電子密度分布と結合電子の広がりを MOLDEN 可
視化ソフトによって表したブタジエンの分子イメージを図-3 に示す．C=C 間
と C−C 間の電子密度分布の差が少ないことが見て取れる[5]．（構造最適化処理

を行ったが，通説どおり *trans* 型が安定であった．）

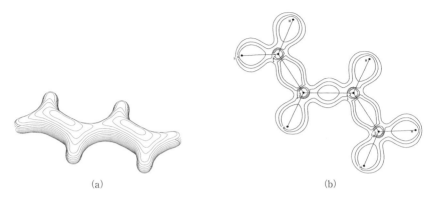

（a）　　　　　　　　　　　　　　（b）

図-3　1,3-butadiene の全電子密度分布俯瞰図（a）と結合電子分布等高線図（b）

1）共鳴理論によれば，1,3-butadiene の場合，共鳴構造の共鳴混成体であるから安定化すると説明
　　するが，その鎖状共役ジエンの電荷分離型共鳴限界式の寄与は少ない（1.4.5 参照）．

2）このように考えると，環状ですべての結合が均等であり，弱点がないベンゼンが異常に大きい非
　　局在化エネルギー（共鳴エネルギー）を持っていることが理解できる．

3）π 電子系だけを独立にとり出して行なう MO 計算のうちで最も簡単なもの．行列式を解くだけで
　　このように仮想の構造についても簡単に計算できる．

4）さらに深く考えると，ベンゼンの場合と違ってブタジエンの場合には，各結合次数がすべて 5／3
　　重結合のようになり，結合距離も均等になってしまわないで，もとの構造式の影響を残している
　　のはなぜだろうか？　という疑問がわくはずである．このことは，π 電子に関する MO の成り立
　　ちから説明される．

　　エチレンの 2 つの π-MO を結合してできたブタジエンの π-MO（図-4(a)，ここでは白黒でオ
　　ービタルの符号の違いを表わす）においては，隣り合ったオービタルが異符号のところ（反結合
　　性）が節(node)になるような波動関数 $\psi_1 \sim \psi_4$ が形成される（図-4(b)）．各炭素上の MO の大きさ
　　をその位置の ψ の強さによって修正すると図-4(c)のようになる．

　　ブタジエンの 4 つの π 電子は右端に示したように ψ_1 と ψ_2 の MO オービタルに入るが，この
　　ψ_2 オービタルの C_2 と C_3 の間は反結合性で節となる．せっかく ψ_1 オービタルで大きく重なり合っ
　　てかせいだ結合エネルギーが，これによってかなりマイナスされる．そのため，C_2-C_3 間の正味
　　の結合次数が低下してしまうのである．

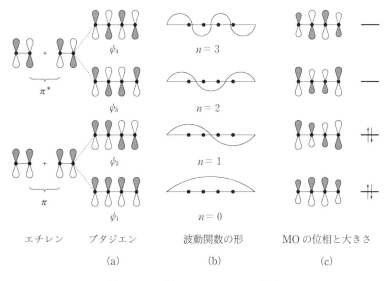

図-4　1,3-ブタジエンの π-MO の形成

5）ついでに，ブタジエンに電子を1個加減し，アニオンあるいはカチオン化としたものの C−C 結合距離を *ab initio* MO 計算してみると，いずれも次式のようにほぼ同じになる（アニオンでは下3桁まで同一）．このことは，ポリアセチレン（長鎖共役ジエン）に対してイオンドープすることで導電性ポリマーとなること（白川英樹による2002年ノーベル化学賞の研究業績）を裏付ける．

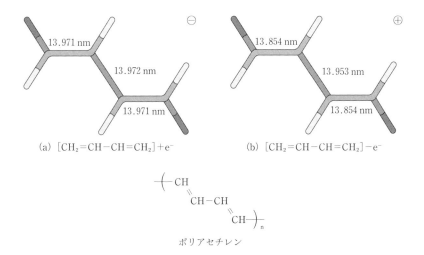

ポリアセチレン

実験室ノート　ブランクの効用

　1972 年のことである。当時，カドミウムがイタイイタイ病の原因であることがわかって騒がれており，東京湾のアサリからカドミウムが検出されて誰も潮干狩りに出かけなくなったりしていた頃である。筆者の研究室でも，水中の微量カドミウムを化学処理した活性炭で吸着除去できないか検討していた。

　その実験を担当していた学生が「10 ppm のカドミウムを含む水溶液を作っているつもりなのに，ブランク試験をするといつも 8 ppm 位になってしまう」と報告してきた。吸着実験の操作は，カドミウム水溶液に一定量の活性炭を加え，一定時間撹拌した後，活性炭を濾別し濾液に残ったカドミウムを原子吸光装置で分析するのである。この場合，ブランクというのは，活性炭を入れない以外は全く同じ操作をすることである。ブランクの場合も所定時間撹拌し濾過するわけであるが，当然濾紙の上には何も残らない。吸着剤を加えていないのだから濃度は変わるはずがないと考えてブランクを省略してしまう者のいるなかで，この学生は（学業成績のほうはあまり芳しくなかったが），キチンと実験して，その結果を（教師の権威を恐れず）正直に報告してきてくれたのである。

　どうしてカドミウム濃度が減少するのだろうか──とツラツラ考えてみると「濾紙が吸着する」ということに気が付いた。その後いろいろ検討した結果，おが屑をカセイソーダで処理して脱リグニンして得られたセルロースが一番よく重金属イオンを吸着することを発見できた。市販のイオン交換樹脂に比べると吸着容量は小さかったが，吸着速度が非常に速く，凝集沈殿法などによって大方の重金属を沈降除去した上澄みなどの吸着濾過材として有効であった。

　自分の実験データに自信をもてるように，きちんとした実験を行うところに，新しい開発の芽が潜んでいたという好例であろう。

　当時は木場の製材所にはおが屑が山をなし，お金を出して業者に処分してもらっていたそうだが，最近では有効利用法が開発されたため，その山も消え，学生がもらいにいったらゴミ袋一杯 50 円も取られたそうである。

1.4.5 鎖状ポリエンにおいて共役系が長いほど，
① 非局在化エネルギーが大きく安定となるのはなぜか
② 着色するようになるのはなぜか

実験事実の説明　　① アルケンを水素化してアルカンにする反応は発熱反応であるので，アルケンは，水素化のときに発生する熱に相当するエネルギーだけ相当するアルカンより不安定である．したがって，安定なアルケンほど水素化熱が低い．比較のため，1,3-ペンタジエンと1,4-ペンタジエンの水素化熱（$\varDelta H^0$）を次図に示す．水素化熱は明らかに共役ジエンである1,3-ペンタジエンの方が28.1 kJ/mol だけ小さくそれだけ安定であることがわかる．

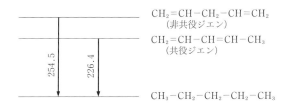

図-1　1,4-pentadiene と 1,3-pentadiene の pentane への水素化熱（単位 kJ/mol）

② 共役二重結合を持つ化合物の紫外・可視領域の光に対する挙動は，π 電子が，反結合性 π オービタル（π^*オービタル）へ遷移することによるエネルギー（すなわち光）の吸収として現われる．そして，共役の度合が大きくなるにつれて，吸収領域は紫外→可視領域へと長波長側へシフトする（図-2 (a)）．他の置換基がない単純な共役ポリエンは，二重結合の数が8以上になると着色するようになる．

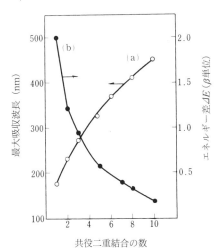

図-2　共役二重結合の数と最大吸収波長(a)とHOMO-LUMO エネルギー差(b)の関係

共鳴理論による説明　鎖状ポリエンの共役系が伸びることによって安定性が増すことは，たとえば，*trans*-1,3,5-ヘキサトリエンに関して次のように π 電子を動かして共鳴構造が書けるからと説明されている．

しかし，一方において，**2** と **3** のように電荷分離する共鳴構造の寄与は少ないことも知られているのでこのような共鳴構造による説明には限界がある．また，ポリエンの吸収スペクトルの定量的な説明を共鳴理論でするのは難しい．どうしても MO 計算によらねばならない．

MO 法の計算結果による説明　定量的に説明するために，単純ヒュッケル法（HMO）によって計算した共役ポリエン（エチレン，1,3-ブタジエン，1,3,5-ヘキサトリエン，1,3,5,6-オクタテトラエン）の相対的非局在化エネルギー[1]と各 MO のエネルギー準位[2]を図-3 に示す．エネルギー準位が α より低いものが結合オービタルで，高いものが反結合オービタルである．図中，•で示した結合オービタルのエネルギーの平均値とエチレンの π 電子エネルギー準位$(+\beta)$との差が非局在化エネルギーに相当する．共役系の長さが長くなるほど非局在化エネルギーが増大し，安定化することがわかる．

また，結合オービタルのうち最も高位のものを最高被占オービタル（HOMO）というが，その準位は共役系が伸びるほど高くなっている．このオービタルは，求電子試薬に対してフロンティアとして働くので，このエネルギー準位が高くなることは，共役によって反応性が高くなることを意味している[3]．

一般に，光による $\pi \rightarrow \pi^*$遷移は，π 電子の HOMO から最低空オービタル（LUMO）への励起であると普通説明されている．この両オービタル間のエネルギー差（$\Delta E = E_{lu} - E_{ho}$）と吸収波長 λ との間には，$\Delta E = hc/\lambda$ の関係が成り立っている．単純ヒュッケル法による MO 計算によれば，ΔE の値は π 電

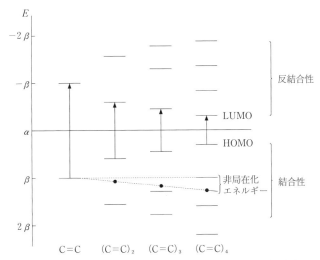

図-3 HMO 計算による共役ポリエンの各 MO のエネルギー準位[5]

● は被占オービタルの平均エネルギーを示す.
これによって分子全体の安定性が示される.

子系が伸びれば伸びるほど小さくなっている（図-3）. ΔE が小さければ小さいほど，最大吸収波長は長く可視領域側に寄ってくる（図-2(b)）[4].

　定性的ではあるがわかりやすい説明を加えよう. エチレンを励起させるには，175 nm という真空紫外部に属するエネルギーの高い光が必要である. この場合，励起状態では結合オービタルと反結合オービタルに 1 個ずつ同数の電子が占めているわけで，この状態が不安定で ΔE が大きいことも理解できる. これに対して，共役二重結合がのびて π 電子の数が増えれば，そのうち 1 つぐらい反結合性オービタルに上っても分子全体の結合は残りの電子で支えられるのでそれほど不安定ではなくなると考えられる.

1）この場合，非共役アルケンであるエチレンを基準として，共役ポリエンの各結合軌道エネルギーの平均値を非局在化エネルギーとしている.

2）HMO 法においては，α はクーロン積分とよばれ，もとの AO 上に残っている電子のエネルギーで，近似的に原子のイオン化エネルギーに相当し負の値を持つ. β は共鳴積分とよばれ，2 つの AO が重なり合っている部分にある電子のエネルギーで，重なりの程度に依存する負の値を持つ. さまざまな実験データ（水素化エネルギーからは -196 kJ/mol）から求められるが一定しない

ので，通常，C–Cπ 結合（エチレン）の共鳴積分を 1 β として相対値を β 単位で表わす．G. Taubmann, "Calculation of the Hückel Parameter β from the Free-Electron Model", *J. Chem. Educ.*, **69**, 96(1992)．

3）たとえば，ブタジエンに対する HI の付加反応は，1-propene に対するより 36,000 倍速く進行することが知られている．

4）共役ポリエンの吸収スペクトルには，通常，4 本の最大吸収バンドが見られる．ここでは，最大吸収波長のものについてプロットしたが，他の 3 本（さらに高い空オービタルへの励起による）についても同様のよい相関性が認められる．とくに，共役二重結合数 n が 7 以下では，波長 λ の二乗と直線関係（$\lambda^2 = kn$）が成立する．F. Sondheimer, *et al., J. Am. Chem. Soc.,* **83**, 1675 (1961)．

5）図-4 に図-3 と同じ共役ポリエンについて，*ab initio* MO 法によって改めて計算した結果を図示した．共役二重結合の数の増加によって HOMO と LUMO エネルギーのそれぞれ減少と増加は，単純ヒュッケル（HMO）法の場合と同様の傾向を示していることがわかる．また，全エネルギーの計算結果も同様に直線的に減少している．1930 年代にヒュッケルによって π 電子系に対してのみ提案された HMO 法が，最近の精密な計算と大差ない結果を与えることは，彼の考察が本質を突いていたためと考えられる．

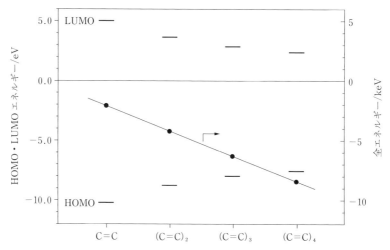

図-4　*ab initio* 法で計算し直した共役ポリエンの MO エネルギー

1.4.6 超共役とはどういうことか

超共役によって説明される現象　超共役（hyperconjugation）という一見特異な効果は，1941 年マリケンらによって考え出された[1]．アルキル基（とくにメチル基）によるカルボカチオンやフリーラジカルの安定化[2]，アルケンの安定化[3]，それに関連して吸収スペクトルの変化[4]などを説明するために導入された概念であった[5]．

しかしながら，近年，超共役によって説明されていた現象をはじめ多くの分子内の事象が分子内 HOMO-LUMO 相互作用によって説明されるようになってきた（2.2.7 注 5 参照）．次にのべる 1.4.7，1.4.8 の問題についても同様である．

共鳴理論による説明　メチル基によるカルボカチオンやアルケンの安定化を共鳴法で説明するために，次のような式で説明されていることがあった．

$$
\left[\; H-\overset{\overset{\displaystyle H}{|}}{\underset{\underset{\displaystyle H}{|}}{C}}-\overset{\oplus}{C}H_2 \;\longleftrightarrow\; H-\overset{\oplus}{\underset{\underset{\displaystyle H}{|}}{C}}=CH_2 \;\longleftrightarrow\; \overset{\overset{\displaystyle H}{|}}{H^{\oplus}\underset{\underset{\displaystyle H}{|}}{C}}=CH_2 \;\longleftrightarrow\; H-\overset{\overset{\displaystyle H}{|}}{\underset{\underset{\displaystyle H}{|}}{C}}=CH_2 \;\right]
$$

$$
\left[\; H-\overset{\overset{\displaystyle H}{|}}{\underset{\underset{\displaystyle H}{|}}{C}}-CH=CH_2 \;\longleftrightarrow\; H-\overset{\oplus}{\underset{\underset{\displaystyle H}{|}}{C}}=CH-\overset{\ominus}{C}H_2 \;\longleftrightarrow\; \overset{\overset{\displaystyle H}{|}}{H^{\oplus}\underset{\underset{\displaystyle H}{|}}{C}}=CH-\overset{\ominus}{C}H_2 \;\longleftrightarrow\; H-\overset{\overset{\displaystyle H}{|}}{\underset{\underset{\displaystyle H}{\oplus}}{C}}=CH-\overset{\ominus}{C}H_2 \;\right]
$$

しかし，このような共鳴式を与えられただけで超共役ということが十分理解できるであろうか？この共鳴は無結合共鳴（non-bonding resonance）ともいわれていた（学生時代の著者にはわけがわからなかった）．1 つの C-H 間の σ 結合がなくなった共鳴限界式で説明されているが，これは C-H 結合が解離していることを意味しているのではない，といわれるとますますわからなくなり，難しく感じられるかもしれない．このようなまぎらわしい説明はもうやめにしたい．

MO による説明　このように，超共役という効果は，共鳴式だけでは十分理解されない．そこで，*ab initio* MO 計算した結果に信頼をおいて考察を試みることにしよう．

（エチルカチオンの場合）

実際に，エチルカチオンについて *ab initio* MO 計算した結果から得られた最適化（エネルギー極小）構造の各原子の位置を図示すると次の図-1(a)のようになる[6]．カチオン C の空の $2\,p_z$ オービタルに対して，これと同一平面にあるメチル基の C—H から電子が流れ込むのがこの場合の'超共役'効果である．その結果，その H が C—C 間の中央上部に位置し，両方の C と同等に結合し，ノンクラシカルカチオンといわれるものを形成する．陽電荷がこれらの 3 原子が形成する三員環全体に分散して安定化している．結合電子分布を表示してみると，図-1(b)のように，エチレンの二重結合に H が取り込まれたような形態をしている．これは，エチレンにプロトン付加によって始まる付加反応の中間体と同一である（臭素付加の場合については 2.4.2 参照）．

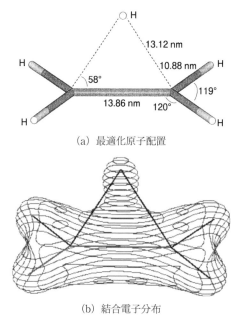

（a）最適化原子配置

（b）結合電子分布

図-1　エチルカチオン（MP 2 法による *ab initio* MO 計算）

　エチルカチオンの場合は対称性がよいので二等辺三角形の頂点に H がくるが，一方の C にアルキル基がつくとそちら側に片寄ることが知られている．1つの αC―H 結合が立ち上がって∠CCH が縮み，その結合距離が長くなる．

　これがカルボカチオンにおける超共役と呼ばれている現象である．このような C―H 結合の電子の流れ込みによってカチオンの電荷が分散し，安定化していると考えられる（1.4.7 参照）[7]．

（プロピレンの場合）

　元来，超共役ということが考え出されたのは，CH_3 と C＝C の間の現象についてであった．そこで，プロピレンに関して *ab initio* MO 計算したところ，図-2 のような原子配置が最適化された構造であった．その最適化構造でも，エチルカチオンほどではないが，メチル基の構造にわずかな変化が見られる．3本の C―H のうち1本が H_2C＝C―C の結合が形成する平面（紙面）上にあり，残りの2本がこの面の上下に 59°の角度で立ち上がっている．ただし，その変形のしかたはエチルカチオンとは逆で，面から立ち上がっている2本の C―H の方が C＝C の方向にわずかながら倒れ，結合距離もほんのわずか長くなっている．また，CH_3 と C との間の C―C 結合距離が 15.019 nm とエタン C―C （計算値 15.268 nm）より短くなり，C＝C の結合距離が 13.188 nm とエチレン C＝C （計算値 13.164 nm）よりわずかに長くなっている．

　これらのことは，CH_3 と C＝C の間が共役（超共役）していることを意味す

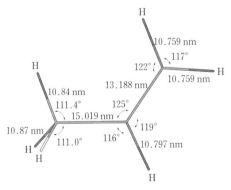

図-2　CH_3―CH＝CH_2の最適化原子配置
（*ab initio* MO 計算（HF/6-31 G））

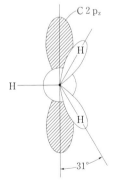

図-3　CH_3基側からみた C―H 結合と C の $2p_z$オービタル

る．ただし，その効果は，カチオンの場合と比べると非常にわずかであるということが出来る．それは，$H_2C=CH-C$ の形成している平面（図-2 で紙面）に垂直な $C=C$ の 2 p_z オービタルと，この面から立ち上がっている 2 本の $C-H$ 結合のオービタルは，図-3 のように 31（$=90-59$）°ねじれていて重なり度合いがわずかしかないためと考えられる．CH_3 の結合している C（sp^2）の 2 p_z との間のポピュレーション（電子配分）解析したところ，同一平面上の 1 つの H には全く配分がないのに対して，面から立ち上がっている 2 つの H には，いずれも 0.0015 程度の配分が計算された．

　ついでに，CH_3 基の $C=C$ に対する超共役効果を $H_2C=CH-$ 基による通常の共役効果との違いを明らかにするために，ブタジエン結合距離を計算した結果と比較すると次のようになる．$C-C$ 結合のエタン $C-C$（15.268 nm）よりの減少，$C=C$ 結合のエチレン $C=C$（13.164 nm）よりの増加は，いずれもプロピレンの場合はわずかである．CH_3 基の $C=C$ に対する効果は，ブタジエンを典型とする通常の共役に比べて "超（hyper）" というより "擬（pseudo）" 共役と呼んだ方がよいのかもしれない．

propene　　　　　$H_2 = CH - CH = CH_2$
10.862 nm　　15.019 nm　　13.181 nm

1,3-butadiene　　$CH_2 = CH - CH = CH_2$
13.222 nm　　14.674 nm　　13.222 nm

　以上をまとめると，CH_3 基の 3 本の $C-H$ 結合のうち，カルボカチオンに対しては 1 本が強く，$C=C$ に対しては 2 本が弱く，電子供与しているといえる．

αC−H 結合の働き

　超共役効果の大きさは，次のようにメチル基が最も大きく，t-ブチル基になるとほとんどないといわれている．

$$-CH_3 \gg -CH_2CH_3 > -CH(CH_3)_2 \gg -C(CH_3)_3$$

これは，本質的には $C-H$ 結合と $C-C$ 結合の違いに帰せられる．つまり，Cにくらべて H は電気陰性度が小さく $\delta+$ に分極しているうえに，同じ σ 電子といっても $C-C$ 結合間の電子よりも $C-H$ 結合間の方が原子核によって引きつけられる力は弱いはずである．そのため，$C-H$ 結合の電子は隣接する π

電子系に流れ出て超共役が成立しやすいと説明できる.

このように,超共役には隣接するCについたαHが大きく関与する.一般に共役によって変化するものは,各原子間の結合電子の分布であり,それは直接的には結合距離に反映される.分布が減れば結合距離は伸びる.このことは,いくつかの簡単なアルケンについて *ab initio* MO計算によって求めたC=Cの結合距離が,図-4のようにαHの数とともにエチレンのC=C(13.15 nm)より徐々に増加していく傾向が見られることから確認できる.超共役によってC=C結合の電子がCH_3基の方へ分散した結果といえる.また,C=CのCとCH_3基Cとの距離(=C−CH_3)も,先に説明したプロピレンの場合(15.02 nm)より増加傾向を示すが,これは,CH_3基の数が増えたためにC=Cからの電子の'もらい'が少なくなったせいであろう.

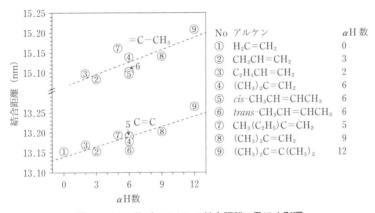

図-4 αHの数がアルケンの結合距離に及ぼす影響

σ電子系・π電子系 ここで超共役ということを改めて考えてみると,通常のπ電子系の共役に対して付加的に起こるものであって,σ電子が関与する共役であるということができる.この意味で第二次共役といわれることがある.一般に,π電子系,σ電子系といって,これらを全く別の系統のように説明されているが,それぞれのオービタルの大きさと向きが適当であれば,相互作用しないと考える方がおかしいであろう.

1）Milliken による"Hyperconjugation"の概念に対する先駆的な役割を果たしたのが，Baker-Nathan 効果（1935 年）である．それは，「H−C 結合が不飽和結合を持つ原子と結合しているときには，H−C 結合の共有電子対は非共通電子対をもつ原子（たとえば Cl とか OH）と同じようにその不飽和結合と部分的に共役する」というものであった．アルキル基の電子供与効果（+I 効果）が，通常とは逆に，

$$CH_3- \quad > \quad CH_3CH_2- \quad > \quad (CH_3)_2CH-$$

となる場合があり，次のような電子移動

$$H-C-C=C$$

あるいは，共鳴理論（無結合共鳴）による説明がなされていた．有機電子論あるいは共鳴理論の盛んな時代だったからである．

　　これに対して，Milliken らは，当時発展し始めた分子軌道法（ヒュッケル MO 法）を取り入れて，注2）で説明するような H_3 群軌道関数の考えを導入したのである．

2）カルボカチオンの安定性に対する超共役効果は，かなり遅れて 1964 年にヒュッケル MO 計算によって明らかにされた．（S. Ehrenson, *J. Am. Chem. Soc.,* **86**, 847(1964).

3）アルケンの安定化に対するメチル基の超共役効果の MO 的な説明として，CH_3 基の C−H 結合の σ オービタルと隣接する C=C の π オービタルが図-5 のように重なりあって共役していると一般に説明されている．しかし，今回の *ab initio* MO 計算結果から図-2 に示したような CH_3 の配座の方がわずかながら安定であると計算された．

　　本書前版でも図-5 右のような H_3 群軌道関数というものを示して説明した．マリケンが超共役に関する最初の論文（R. S. Milliken, *J. Chem. Phys.,* **7**, 339(1939)）で CH_3 基を擬 3 重結合として $C≡H_3$ と表現して，$-C≡CH$ あるいは $-C≡N$ と同様に扱い，このように説明していたからであった．しかし，本版では，初学者にわかりにくいこのような特異的な説明は取り下げることにした．

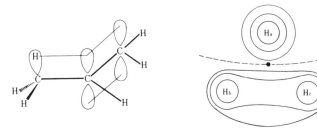

図-5　CH_3-CH＝CH_2における超共役　　　　　H_3群軌道関数

4）二重結合炭素についているアルキル基の数が多いアルケンほど安定である．また，メチル基が 1 個つくと約 5 nm だけ最大吸収波長が増加する．

　なお，このほかにも，アセトアルデヒドのC–C結合距離が短いことや，双極子モーメントが大きいこと，アルキル置換ベンゼンの反応性なども超共役によって説明されている．

5）超共役の概念の歴史的背景や理論的解釈については次の文献にわかりやすく解説されている．西本吉助，"ハイパーコンジュゲーションの話"，化学，**21**，243（1966）．

6）本書4版では，エチルカチオンの原子配置を図-6のように表示した．これは，電子相関を考慮しないHF法によって計算したため極小値のうち必ずしも最低エネルギーのものが求められていなかったと考えられる．図-1は電子相関を取り入れたMP2法によるもので，計算時間はかかるが，より最適な原子配置が算出された．なお，プロピレンに関してもMP2法で計算を試みたがHF法での結果（図-2）と大差なかった．

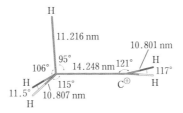

図-6　$CH_3CH_2^+$の最適化原子配置（*ab initio* MO計算（HF/6-31 G））

7）このような電子の流れ込みは特別なこととは考えにくい．共鳴理論に根ざした「超共役」という語が示す例外的なイメージを薄める必要があるかもしれない．σ電子系，π電子系という枠を超えた電子の流れ込み指して名づけられたと考えられるが，そもそもこのように同じ分子内の電子をこのように枠組みするのはあまり意味あることではなくなっている．

　なお，メチル基の誘起効果によってC^+へ電子が押し出されてカチオンが安定化すると説明されていることがある（図-7(a)）．しかし，今回の計算結果によれば，電子分布はメチル基のC上に留まっており，むしろメチル基のHの+性が高まっている．このことは，空になっているC^+の$2p_z$オービタルの節面（つまり分布のない面）上にCH_3基CがあるのでC→C^+の電子供与ができないためと考えられる（図-7(b)）．(a)のような説明は不適当といえる（カルボカチオンの安定性に関しては，1.4.7参照）．

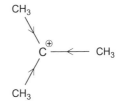

（a）CH_3基の誘起効果

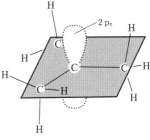

（b）空の$2p_z$の節面上のCH_3基C

図-7　カルボカチオンとCH_3基

1.4.7 3級カルボカチオンが最も安定なのはどうしてか
カルボアニオンは電子吸引基によって安定化されるのはなぜか

電荷の分散　この2つの疑問は，別々のことのように見えるかもしれないが，電荷が分散したイオンの方が安定であるという観点からすると同じことである．このことは実は共鳴によって安定化するという表現で説明されてきたことでもある．

カルボカチオンの安定性が一般に

$$CH_3^+ \quad < \quad RCH_2^+ \quad < \quad R_2CH^+ \quad < \quad R_3C^+$$

となり3級カルボカチオンが最も安定であるのは，アルキル基は電子供与基であるから，多くつければそれだけカルボカチオンの陽電荷を打ち消す効果，すなわち電荷を分散させることができるためと説明されている．

カルボカチオンに対する
メチル基の（超共役）効果　RがCH₃の場合について，これらのカルボカチオン中の各原子の電子密度（電荷）分布を*ab initio* MO（STO-3 G）法によって計算した結果を次の表-1に示す．

表-1　各級カルボカチオン中の各原子への電子分布 （形式電荷）

	CH_3^+	$CH_3CH_2^+$	$(CH_3)_2CH^+$	$(CH_3)_3C^+$
全電子数	8	16	24	32
カチオン炭素部				
$C^+(5 e^-)$	5+0.77	5+0.76	5+0.72	5+0.68
$H(1 e^-)$	$(1-0.26)\times3$	$(1-0.22)\times2$	$(1-0.19)\times1$	——
メチル基部				
$C(6 e^-)$	——	$(6+0.21)\times1$	$(6+0.21)\times2$	$(6+0.21)\times3$
$H(1 e^-)$	——	$(1-0.18)\times3$	$(1-0.16)\times6$	$(1-0.14)\times9$
ΔH (kJ/mol)	855.3	742.5	660.2	597.7

この表は全電子が各原子にどのように配分されているかを示す．これから読み取れることは，カチオン炭素，メチル基炭素ともに電荷密度が形式電荷（それぞれ5e⁻，6e⁻）より増え，Hの電荷密度が形式電荷（1.00）より減少していることである．つまり，C⁺に直接結合したHとメチル基のHの電子密度分

布が低下（ここに陽電荷が分散）して，その分が C^+ とメチル基 C に上乗せされていることがわかる．C^+ の電荷を中和しているのは，もっぱら H である．カルボカチオンの安定性の説明として言われているようなメチル基の C から直接 C^+ に電子を与える誘起効果は起こっていないことがこの計算結果から明らかである．その理由として考えられることは，C^+ の陽電荷が存在する（電子が欠損している）AO は $2p_z$ であり，そのオービタルの節面（分布のない面）上にメチル基の C が位置しているため，この C から C^+ への直接的な電子供与（誘起効果）は期待できないからである（1.4.6 注 7 参照）．

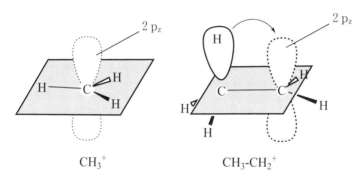

CH$_3^+$　　　　　　　CH$_3$-CH$_2^+$

図-1　メチルカチオン，エチルカチオンにおける C^+ への H からの電子供与

　もう少し詳しく見るために，各カルボカチオン中の原子の AO の電子配分（ポピュレーション）解析の結果を表-2 にまとめた．

表-2　各カルボカチオンの AO への電子配分分布

	CH$_3^+$	CH$_3$CH$_2^+$	(CH$_3$)$_2$CH$^+$	(CH$_3$)$_3$C$^+$
カチオン炭素部				
C$^+$　1s　[2]	1.995	1.994	1.994	1.994
sp^2　[3]	3.781	3.151	3.534	3.458
2p$_z$　[0]	0.0	0.132	0.196	0.226
H　1s	0.742×3	0.777×2	0.807×1	——
メチル基部				
C　1s　[2]	——	1.992×1	1.992×2	1.992×3
sp^3　[4]	——	4.215×1	4.216×2	4.217×3
H　1s　[1]	——	0.833×2	0.855×2	0.867×2×3
		0.812×1	0.841×2	0.849×3
			0.831×2	

　メチルカチオンの AO では，C^+ の $2 p_z$ は空のままであるが，sp^2 は形式的配分値［3］より増加している．これは C^+ に直接ついた H の $1 s$ から電子が供給されていることがわかる[1]．この H は，$H 1 s - C sp^2$ の結合を通して C^+ に電子供与していると考えられる．

　エチルカチオンでは，C^+ の $2 p_z$ にも 0.132 の配分があり，これは CH_3 基の H からの電子供与によるものに相当すると考えられる．CH_3 基の H のほうから，C-C 結合を飛び越して電子供与されている．これに対して CH_3 基の C の AO に対する配分は形式的配分値［4］を超え，ここに電子が集まっているのに C^+ には供給されていないことを示している．

　イソプロピルカチオン（2 級），t-ブチルカチオン（3 級）となるにつれて，C^+ の sp^2 への配分増は減少し，これは直接ついた H 数の減少に連動しているのに対して，$2 p_z$ への配分は増加し，これは CH_3 基 H 数の増加に連動していることが読み取れる．

　CH_3 基の 3 つの H への電子の配分は等価でなく，1 つだけは他と違ってわずかに少なくなっている．このことは，1.4.6 で述べたエチルカチオン（1 級）について説明した超共役効果による安定化と同じことである．イソプロピルカチオン（2 級），t-ブチルカチオン（3 級）についても同様に *ab initio* MO 計算によって構造最適化した結果，1 つだけ C^+ の引きつけによる倒れこんでいる H（これを Hc と表記）があることがわかった．この H にかかわる $\angle Hc - C - C^+$，結合距離 $r(Hc-C)$ を他の H とともに表-3 にまとめた（エチルカチオンは 1.4.6 の図-1 と同じ）．

表-3　アルキルカチオンの超共役によるメチル基の構造変化

	$CH_3CH_2^+$	$(CH_3)_2CH^+$	$(CH_3)_3C^+$
$\angle Hc - C - C^+ (°)$	58	102.5	104
$r(Hc-C)$ (nm)	18.1	11.0	10.9
$\angle H - C - C^+ (°)$	58	112.1	113
$r(H-C)$ (nm)	13.1	10.8	10.8

　1 級，2 級，3 級の順に倒れこむ角度は少なくなり，距離は短くなるが，CH_3 基水素（C^+ に対して αH）の数（つまり，C-H 結合の数）は，メチルカチオンの 0 から順に 3，6，9 と増えるため安定性が増加していくのである．

つまり，アルキル基の増加によりカチオンが安定化するというのは不正確な表現であり，厳密にいうと「α水素の増加により安定化する」のである．

それでは，なぜCH_3基Cからの電子供与が起こらず，直接ついたHからあるいはCH_3基HからC$^+$へ電子が供与されるのであろうか？　その理由は，CとHの陽子（プロトン）の数の違いに起因する．Cには6個の陽子があり強く電子を引きつけることができるのに対して，陽子が1個しかないHは，電子をしっかり引き止めて置くことができないためと説明できる．

カルボアニオンの安定性　一方，カルボアニオンの陰電荷は，電子吸引基がつくことによって分散されるようになる．これは，共鳴によって安定化すると言う説明と同じことであるが，カルボニル基のような電子吸引基に隣接するCについたH（α水素）が活性なのは，プロトンとして解離した残りのカルボアニオンが電荷の分散によって安定化されるからである．電子吸引基というのはC$^-$に隣接して陰電荷（つまり電子）を分散できる構造をもっているものである．アルキル基は先に述べたように電子供与基であるから，アルキル基が多くついたカルボアニオンほど不安定となる．つまり，カルボカチオンとは逆に，

$$CH_3^- \quad > \quad RCH_2C^- \quad > \quad R_2CH^- \quad > \quad R_3C^-$$

のように3級カルボアニオンが最も不安定である．これは，カルボアニオンがピラミッド型（sp^3）の構造をしておりアルキル基どうしの立体的反発が起こるためと理解される．

実際に，イソブタン（2-methylpropane）から生成する1級と3級のカルボアニオンについて *ab initio* MO計算を試みる．その結果，図-2に示したように，1級のアニオンの方が明らかに生成熱が大きく，カルボカチオンとは逆に3級よりも安定であることがわかる．また，C$^-$に結合した原子のなす角度も1級の$(CH_3)_2CHCH_2^-$が∠HCH＝103°，∠HCC＝106°であるのに対して，3級の$(CH_3)_3C^-$では∠CCC＝107°と広がっている．さきに述べたように，アルキル基間の立体的反発のためアニオンでは3級の方が不安定であることが示された．

これに対して，同じイソブタンのCH_3基からH$^-$を引き抜いて得られる構造を1級のカルボカチオンの初期配置として入力してMO計算させてもエネ

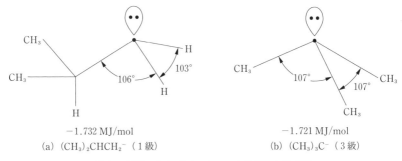

-1.732 MJ/mol

(a) $(CH_3)_2CHCH_2^-$ （1級）

-1.721 MJ/mol

(b) $(CH_3)_3C^-$ （3級）

図-2　実際のカルボアニオンの立体構造と生成熱

ギーの極小値は得られず，そのままでは最適化されない．図-3のように，C^+ に隣接する3級CのHが，$CH_3CH_2^+$ の場合（1.4.6図-1）と同様に C^+ の平面から立ち上がり，そのまま C^+ へ移動（1,2-ヒドリド（H^-）転移）して，3級の $(CH_3)_3C^+$ となって安定化（最適化）する．このカルボカチオンの場合，アニオンとは全く逆に，3級の方が圧倒的に安定であるために，計算上でも1級カルボカチオンを最適化することができなかったのであろう．

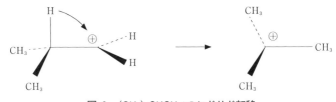

図-3　$(CH_3)_2CHCH_2^+$ のヒドリド転移

共鳴安定化と電荷分散　置換基によるイオンの安定化効果をまとめて示すと次のようになる．

$C^{\oplus}$ ←電子供与基

$C^{\ominus}$ →電子吸引基

さらに，同じ電荷を持つイオンでも電荷の分散される範囲が大きいイオンほどより安定である[2]．なるべく大きな電子供与基（あるいは電子吸引基）が多く置換しているカルボカチオン（あるいはカルボアニオン）ほど安定化されるのはそのためである．

　ここで，共鳴安定化ということと電荷の分散（非局在化）ということが同じ原理によることに気がつくであろう．π電子系・非共有電子対の電子を含めて考えて，アニオン（あるいはカチオン）の電子を同一分子内にできるだけ広く分散して平準化することが安定性を高めることになるのである．

1）Cに＋があるからといって，そこに全く電子が分布していないわけではない．この＋は形式的な荷電であって，実際には図-4のように，中心のCの上に非常に多くの電子が集中している．図-4では，C上の電子密度は1.00までしか表示してないが，*ab initio* MO（HF/STO-3G）計算結果は61.3となり，実際はこの高さまで伸びていると計算される．

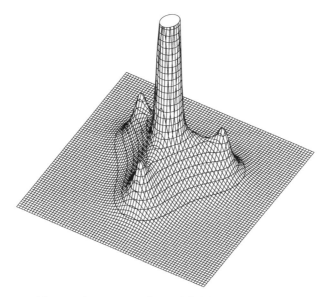

図-4　メチルカチオンの電子分布等高線図（底部のみ）

2）イオンのモル自由エネルギー F_0 に関するBornの式が知られている．

$$F_o = N\frac{Z^2e^2}{2rD}$$

ここに，N はアボガドロ定数，Ze は電荷，r はイオン半径，D は溶媒の誘電率である．これからも他の条件が同じならイオン半径が大きいイオンほど自由エネルギーが小さくなることがわかる．

アルキル基が多くついた内部アルケンはどうして安定なのか
　　　　末端アルケンはどうして内部アルケンより反応性に富むのか

　これらのことは，よく言われている事柄であるが，意外と誠実精確な理論的説明がなされていない．以下，*ab initio* MO計算結果を拠りどころとして，なるべく納得のいく説明を試みる．

　いくつかの簡単なアルケンについてエネルギー計算した結果を表-1にまとめる．

表-1　アルケンの ab initio MO（STO-3 G）計算結果

アルケン		原子化熱*	水素化熱（$-\Delta H$）
分子式	構造式	(kJ/mol)	(kJ/mol)
C_2H_4	$H_2C=CH_2$	2245(2253)	140.9
C_3H_6	$CH_3CH=CH_2$	3429(3438)	128.7
C_4H_8	$C_2H_5CH=CH_2$	4599	138.4
	$(CH_3)_2C=CH_2$	4617	121.2
	cis-$CH_3CH=CHCH_3$	4606	132.1(117.8)
	trans-$CH_3CH=CHCH_3$	4611	126.5(115.5)
C_5H_{10}	$CH_3(C_2H_5)C=CH_2$	5785(5798)	115.1
	$(CH_3)_2C=CH_2$	5792(5804)	122.0
C_6H_{12}	$(CH_3)_2C=C(CH_3)_2$	6965	116.4

＊原子化エンタルピーとも言い，ある分子を構成する原子に（298 Kで）解離するときのエンタルピー変化と定義されている．かっこ内は実測値．

内部アルケンの安定性　　ある分子の安定性といった場合，熱力学的にはエンタルピー（熱含量）の大きさで表わされる．この表には，文献にある実測値と対応させるために原子化のエンタルピー（原子化熱）で表示した．これは，分子を構成する結合の種類と数によって決まる．したがって，エチレンに対して置換したアルキル基の数が増えれば数値が増大するのは当然である．表-1に示したように，同じ分子式（つまり異性体）のエンタルピー値はほぼ同程度の値となる．そして，その値は分子量の増加とともに直線的に増大する．

　エンタルピーの絶対値が非常に大きな値になるため，アルケンの異性体間の安定性を比較するときには，対応するアルカンとの間のエンタルピー差（アル

ケンの水素化反応のエンタルピー変化 ΔH ＝水素化熱）が用いられることが多い．水素化熱は実験的にも測定することができるので計算結果の検証にも使える．水素化熱というのは，アルケンを水素化してアルカンを生成する際に発生する熱量で，一般にアルカンのほうが安定であるから発熱反応（$\Delta H < 0$）となる．$-\Delta H$ の値が低いことは，相当するアルカンとのエネルギー差が少ないことを意味するから，より安定ということができる．

　とくに，水素化すると同じアルカンである butane を与える *cis*-2-butene と *trans*-2-butene の安定性を比較することができ，*cis* 体の方が約 1 kcal/mol だけ不安定である．*cis*-2-butene の方が不安定になる理由は，CH_3 基どうしの立体的反発によると説明されている[1]．また，末端アルカンである 1-butene を水素化して butane とする際の $-\Delta H$ は *cis*-2-butene よりも高くなる．このことから，内部アルカンのほうが安定であるという議論がなされている．

　しかし，これらと同じ異性体で末端アルカンでもある 2-methylpropene（イソブチレン）の $-\Delta H$ 値が，いずれよりも低くなっている．水素化生成物が butane ではなく，2-methylpropane（イソブタン）だから，正確には比較することはできないが，原子化熱の値からも安定性が高いといえる．さらに，水素化するといずれも 2-methylbutane となる 2-methyl-2-butene と 2-methyl-1-butene では，末端アルケンである後者の方が水素化熱の値が低く計算され安定であることになる．

　このように，この計算からは，同じ異性体の間で比較しても，一概に内部アルケンが熱力学的に安定であるとはいえない結果となった．

末端アルケンの反応性　一方において，内部アルケンの安定性と裏腹に，アルキル基が置換していない末端の C＝CH_2（末端メチレンともいう）が，内部の（つまりアルキル基に囲まれた）C＝C より反応しやすいといわれている．ということは，この CH_2 部が求電子的攻撃を受けやすいことを意味する[2]．しかし，最も単純な末端アルケンであるプロピレン，イソブチレンについて MO 計算して得られる全電子密度については，図-1 に示すように，あまり電子分布の偏りが見られない．全電子分布からは他のアルケンと比べて特に反応性が高いという結論は得られない．

　しかしながら，フロンティア電子理論によれば，この CH_2 部の HOMO 電

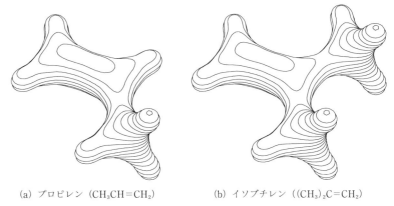

(a) プロピレン (CH₃CH=CH₂)　　　(b) イソブチレン ((CH₃)₂C=CH₂)

図-1　全電子密度分布

子密度分布が高ければ求電子的攻撃を受けやすいはずである．実際に，プロピ
レンをはじめ，いくつかの末端アルケンについて MO 計算結果によって
HOMO 分布を作図すると，図-2 のようになる．

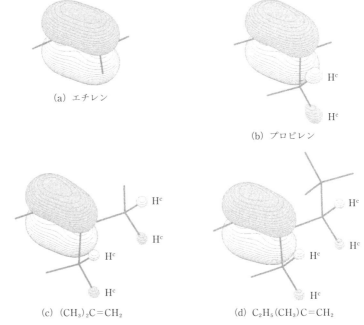

(a) エチレン

(b) プロピレン

(c) (CH₃)₂C=CH₂　　　　　(d) C₂H₅(CH₃)C=CH₂

図-2　末端アルケンの HOMO 分布

　比較対象として示したエチレンは，C=C の 2 つの C の間に対称的な HOMO を形成している（π 電子分布と相似，図-2(a)）が，(b)～(d)の末端アルケンでは，いずれも C=C の 2 つの C のうちアルキル基のついていない方の C（末端メチレン）の HOMO 密度が高いことが認められる（数値的には図-4 参照）．

　アルキル基によって HOMO はどうして偏ってくるのであろうか？　対称的なエチレンに CH_3 基が 1 つ置換したプロピレンの HOMO（図-2(b)）では，C=C 平面から立ち上がった 2 つの H（C=C と超共役している H（これを H^c と表記する）の上に C=C とは逆対称の HOMO が現れていることに注目してほしい[3]．図-2(c)，(d)に示した他の末端アルケンについても同様である．

　このように HOMO の符号が反転するということは，CH_3-C 間に分布がゼロになる節があることを意味する．そのため，図-3(a)に示したプロピレンの HOMO の密度分布（C の sp^2 面に垂直に縦割りした等密度線）からわかるように，CH_3 と結合した方の C への分布が小さくなり，もう一方の末端 C へより多くの分布が見られる．このような HOMO 分布の偏りが要因となって，末端メチレン（アルケン）が求電子的な攻撃を受けやすいと考えられる．これに対して，C=C の両側に CH_3 基がついた *trans*-2-butene（図-3(b)）では，節が 2 箇所に現れるが C=C の分布には偏りが見られない．

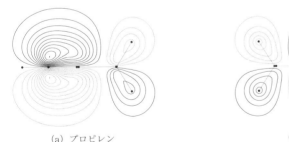
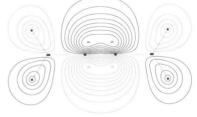

(a) プロピレン　　　　　　　　　　(b) *trans*-2-butene

図-3　HOMO 分布と節
(位相の入れ替わりは実線と点線で表示)

アルケンの超共役効果 1.4.6 において，C=C に対する CH₃ の電子吸引的な超共役効果についてプロピレンを一例として詳しく解析した．ただし，その効果は通常の π 共役に比べると非常に弱いこと（全電子での Hᶜ への配分がわずか 0.17）も述べた．図-2 に示したように，CH₃ 基の 2 つの Hᶜ に HOMO のような高いエネルギー準位のオービタルにのみ分布が現れることが，その弱さを物語っている．

このように，弱いながらも節を介して C=C の HOMO 分布が CH₃ へも配分されることは，CH₃ 基の数が増えることによって相対的に C=C に対する配分が減少することである．図-3(b) に示した 2-butene のように C=C の両側に CH₃ 基がついた場合（内部アルケンの場合）は C=C の HOMO 分布（係数）がエチレンより減少する．先に述べた C=C の片側に CH₃ 基がついた場合（末端アルケンの場合）は偏り，末端の C の分布係数がエチレンより増加する．

HOMO の分布の違いを数値的に明らかにするために，いくつかの簡単なアルケンに関して HOMO 電子密度（係数の二乗）を示すと図-4 のようになる．超共役している H は，$H^c_2=$ と表記し，2 個分の数値にした．その他の H への分布は 0 である．

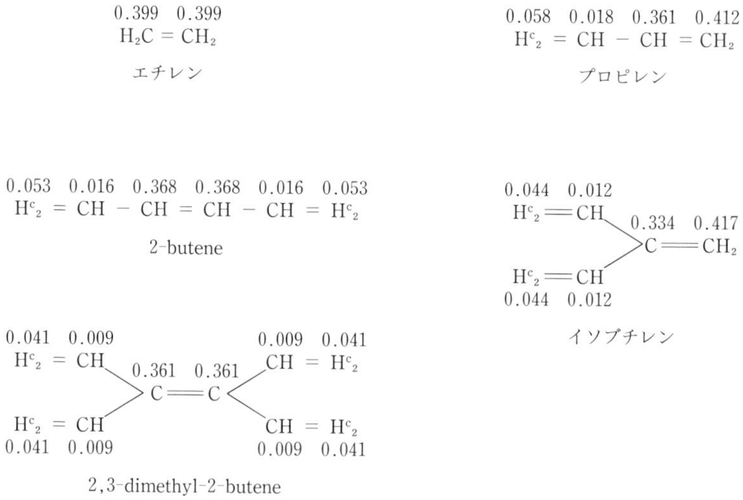

$$
\begin{array}{cc}
0.399 \quad 0.399 \\
H_2C = CH_2
\end{array}
$$

エチレン

$$
\begin{array}{cccc}
0.058 \quad 0.018 \quad 0.361 \quad 0.412 \\
H^c_2 = CH \ - \ CH = CH_2
\end{array}
$$

プロピレン

$$
\begin{array}{cccccc}
0.053 \ 0.016 \ 0.368 \ 0.368 \ 0.016 \ 0.053 \\
H^c_2 = CH \ - \ CH = CH \ - \ CH = H^c_2
\end{array}
$$

2-butene

0.044 0.012
$H^c_2 =\!\!= CH$
　　　　0.334　0.417
　　　　　　$C =\!\!= CH_2$
$H^c_2 =\!\!= CH$
0.044 0.012

イソブチレン

0.041 0.009　　　　　　0.009 0.041
$H^c_2 = CH$　　　　　　$CH = H^c_2$
　　　　0.361　0.361
　　　　　$C =\!\!= C$
$H^c_2 = CH$　　　　　　$CH = H^c_2$
0.041 0.009　　　　　　0.009 0.041

2,3-dimethyl-2-butene

図-4 内部および末端アルケンの HOMO 電子密度

　これらを眺めると，HOMO 分布が末端 C では増加，CH$_3$基側 C では減少していること，さらに，内部 C＝C ではいずれの C でもエチレンより減少していることがよくわかる．

　このような超共役による C＝C の HOMO 分布の増減が，末端アルケンの反応性の高さ，内部アルケンの反応性の低さに反映している．この「反応性の低さ」を「安定性が高い」と言い表していると解釈される．

1）両者の原子配置を示すと次のように，*cis*-2-butene の∠C＝CC，∠C−CH がいずれも *trans*-2-butene より広がっていることからも，CH$_3$基間の反発が示唆される．

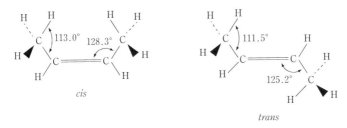

cis

trans

2）メチル基の誘起効果による次のような電子の流れによって末端の CH$_2$に電子が集まるという説明はわかりやすくてよいが，正確ではない．プロピレンに関する計算結果によれば，CH$_2$よりも CH$_3$の C に電子が集まり，C＝C 間の結合電子分布はむしろ減少している．

$$CH_3 \atop H \,\diagdown\!\!\diagup C = C H_2$$

3）このように CH$_3$基の 2 つの H にもわずかながら HOMO 分布があるという事実は，この 2 つの H によって CH$_3$基は C＝C と超共役していることを裏付ける．

酸性と塩基性

1.5.1 酸性物質のプロトン解離のしやすさは何によって決まるのか

共役塩基（アニオン）の安定性による説明[1]

　有機化学の議論の常套手段として，次のような解離平衡において，他の条件が同一ならば，酸残基（A^-）の安定なものがプロトンを解離しやすく，強い酸性を示すというふうに説明する[2]．

$$HA(aq) \longrightarrow H^+(aq) + A^-(aq)$$

　つまり，酸によって上式の A^- の部分が異なるだけで，その安定性によってこの平衡が規定されるというわけである．ある化合物において，仮りにプロトンを解離したと考えたとき，その残基（A^-）が安定化される場合には，その化合物は酸性を示す．

　例えば，カルボン酸は，プロトンを解離した残基であるカルボキシレートが電子の非局在化（あるいは共鳴）によって安定化することができるため，酸性を示すと説明される．したがって，このようなアニオンを安定化するような置換基がついたカルボン酸ほど強酸となる[3,4]．

$$RCOOH \underset{}{\overset{-H^+}{\rightleftharpoons}} \left[R-C{\overset{O^\ominus}{\underset{O}{\diagup}}} \longleftrightarrow R-C{\overset{O}{\underset{O^\ominus}{\diagup}}} \right]$$

　これに対してアルコールは，アルコキシドイオン RO^- がそのような効果で安定化されないため，水よりも酸性は強くないと説明されている．さらに，アミンのプロトン解離を考えたとき，すでに非共有電子対を持った窒素の上にさらに負電荷がある構造が好ましくないことは直観的にも理解できるであろう．このような解離の仕方は非常に難しく，アミンの酸性は非常に弱くなるわけである．

　酸性の強さと酸残基（共役塩基）の塩基性の強さの順は，次のように全く逆の関係になる．

相対酸性度　　RCOOH > HOH > ROH > HC≡CH > NH₃ > RH

相対塩基性度　RCOO⁻ < HO⁻ < RO⁻ < HC≡C⁻ < NH₂⁻ < R⁻

1）ここに述べる説明の問題点を次の 1.5.2，1.5.3 で指摘する．

2）式中の(aq)は水和イオンであることを意味する．H⁺(aq)は H₃O⁺に相当する．

3）**溶液中酸性度データの問題点**　酸性度を正確に比較するには，ここで述べたような化学構造だけでなく，溶媒，温度，イオン強度などの影響を考慮に入れなければならない．たとえば，カルボン酸の酸性度に対する置換基の効果を 25℃でのデータで比較することが多いが，少し温度を変えることでそれらの順番が逆転するケースがあることが指摘されている．

　解離定数 K_{eq}は，標準自由エネルギー変化ΔG^0によって標準エンタルピー変化ΔH^0および標準エントロピー変化ΔS^0と次のように関係づけられる．

$$\Delta G^0 = -RT\ln K_{eq}$$

$$\Delta G^0 = \Delta H^0 - T\Delta S^0$$

　従来の説明では，解離反応における反応系と生成系のエネルギー差ΔH^0にのみに着目しており，ΔS^0はほとんど一定と考えて論議していることになる．ところが，ΔH^0は $T\Delta S^0$の値に比べてかなり小さい（表-1）．しかも実測されたΔH^0の値は，置換基効果によって期待される順とは逆であったり，あまり関係ないことが明らかにされている．

表-1　カルボン酸解離に関する熱力学的データ（25℃）

Acid	$\Delta H^0/4.18$ (J/mol)	$T\Delta S^0/4.18$ (J/mol)	$K_{eq}\times10^5$
Formic	−41	−3440	17.6
Acetic	−137	−6570	1.76
Trimethylacetic	−690	−7540	0.93
Succinic K_1	+760	−4970	6.20
Succinic K_2	−110	−7770	0.23
Iodoacetic	−1420	−5750	66.8
Bromoacetic	−1240	−5180	125.3
Chloroacetic	−1120	−5040	135.6
Fluoroacetic	−1390	−4920	259.2

　さらに，カルボン酸の相対強度は温度に非常に影響されやすい．酸強度を比較するのにたまたま 25℃で行っている例が多いが，少し温度を違えると逆転してしまうことがある（図-1）．

　これでは酸性度に対する置換基効果などが全く無意味になってしまう．そこで，1970 年代から，1.5.2 でも述べるように，周りの雰囲気の影響を受けない気相での酸性度あるいは塩基性度を議論することが行われるようになってきた（G. V. Calder and T. J. Barton,"Actual Effects

Controlling the Acidity of Carboxylic Acids", *J. Chem. Educ.*, **48**, 338(1971)).

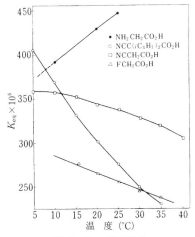

図-1　K_{eq}の温度変化

4）**置換基効果の数値化**　芳香族系における置換基効果をはじめて定量的に取り扱ったのが，ハメット則（1937）で，次式で表わされる．

　　　　ハメット式：　$\log(k/k^0) = \rho \cdot \sigma$

　　　　ここに，k　：置換基がある場合の速度定数または平衡定数

　　　　　　　　k^0　：置換基がない場合の速度定数または平衡定数

　　　　　　　　σ（置換基定数）：置換基の種類と位置による定数

　　　　　　　　ρ（反応定数）：反応の種類と反応条件で決まる定数

　さらに，このような置換基効果をいくつかの仮定をもとに誘起効果と共鳴効果に分離することに成功した（タフト則，1958）．それによると，ここに述べた CH_3O 基をはじめ NH_2 基，OH 基，F，Cl，Br などの σ_I（誘起置換基定数）は＋であるが，σ_R（共鳴置換基定数）は逆に－となることが明らかにされている（L.P.Hammett（都野雄甫ら訳），『理論有機化学』，広川書店）．その後も原子団の求電子性と化合物の反応性の関係式はいろいろ提案されているが，分子計算が容易となった現在，これらも歴史的な理論となったといえるであろう．

　この関係式は協奏的環状付加反応（ディールス・アルダー反応，2.4.4 参照）に見られる立体選択性や反応性を全く説明できず，物理的根拠がないと厳しく批判され，フロンティアオービタル理論によって解釈されるようになっている．

　O. Henri-Rousseau, F. Texier, "Application of the Frontier Molecular Orbital Theory to the Hammett Correlations", *J. Chem. Educ.*, **55**(7), 437(1978).

1.5.2 なぜフェノールは酸性を示すのか

共鳴理論による説明　フェノールからプロトンが解離したフェノキシドが安定化するためであると一般に説明されている．なぜフェノキシドが安定であるのか？　とりあえず共鳴理論による説明を述べる．フェノールとフェノキシド（phenoxide）には，それぞれ次のような5つずつの共鳴構造が一応考えられる．

フェノールの共鳴　　　　　　　　　　フェノキシドの共鳴

　これだけでは一見両者のエネルギー的安定化の度合いに差がないように思われるであろう．しかし，問題は共鳴構造の数ではなくてその中味である．フェノールの上段の2つの共鳴式はケクレ構造といわれるものであるが，下段の3つは電荷が分離した構造であり，共鳴理論によれば一般に電荷分離した構造の寄与は少ない．なぜなら，電荷の分離にはエネルギーが必要であり，エネルギーの高い極限構造は共鳴に対してあまり寄与しないはずだからである．これに対して，フェノキシドの方は，ここに考えられた5つの共鳴構造のすべてが分極せず，電荷は単純に芳香環内にも非局在化することができる．したがって，フェノールとフェノキシドとでは一応同数の共鳴構造が考えられるが，その安定化の度合いはフェノキシドの方が大きいと説明されている[1]．しかし，ここに述べた共鳴理論による説明は非常に定性的・恣意的であることが感じられるであろう．

論理的疑問点　　以上のような説明によって誤解しないでもらいたいことは，フェノキシドがいくら安定化するといっても，もとのフェノールよりエネルギー準位が低くなるのではないということである[2]．フェノールの解離におけるエネルギー関係を相対的に示したのが図-1である．破線は共鳴効果がないと仮定した場合のエネルギー準位を示す．これからわかるように，さきに述べた議論は，共鳴エネルギー RE_1 と RE_2 の相対的大きさについてであって，解離定数に直接関係する ΔH あるいは ΔG については何も触れていない[3]．

　さらに，アルコキシドがここで述べたような共鳴安定化をしないからアルコールの酸性度が弱いと説明しても（1.5.1 参照），フェノキシドと同じ基準で直接比較しているわけではないので論理性に欠ける．ここに，一般に行なわれている説明の不完全な点を見いだすことができるであろう．

　酸性度は，熱力学に基づく平衡論的値であるから基本的に解離の

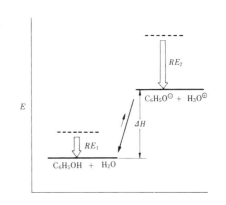

図-1　共鳴理論による説明のエネルギー関係図

前と後における溶液系の自由エネルギーの差という相対的な値によって決まるはずである．それを，解離後のイオンの安定性だけで，しかも溶媒の効果を無視して簡単に議論しようとするのには無理がある．

フェノキシド（アニオン）の安定性　　フェノールの pK_a 値は 10 程度で，炭酸ナトリウムとは塩形成しないが，強アルカリ性の水酸化ナトリウムの水溶液には溶解すると述べられている．

$$C_6H_5OH \; + \; OH^- \; \rightleftarrows \; C_6H_5O^- \; + \; H_2O$$

のような解離平衡がフェノールとフェノキシドの間に成立するということである．両者の MOPAC 分子計算を行い，静電ポテンシャル図と電荷分布を算出してみると次のようになる．

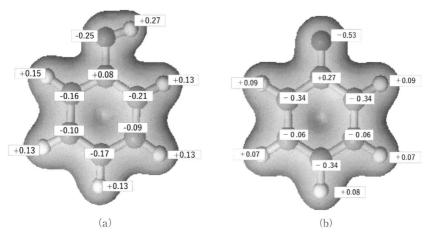

図-2　フェノール (a) とフェノキシド (b) の静電ポテンシャル（電荷分布）

　これを見ると，それぞれ陽電荷，陰電荷がベンゼン環の方に分散していることがわかる．共鳴式はこのような電荷の分散を指し示している．フェノールのOH 基の H の電荷は +0.272 であり，ベンゼン環部の H に比べて高い値を示し，当然のことながらこの H が塩基の攻撃を受けることが分かる．一方，フェノキシドは対称性がよく，その陰電荷は O に約 1/3，ベンゼン環のオルト位とパラ位に約 2/3 分散している．共鳴式からでもこれらの位置に陰電荷が分布することは予測されるが，その定量的な割合はこのような分子計算によるしかない．

1）R. T. Morrison, R. N. Boyd（中西香爾，黒野昌庸，中平靖弘訳），『有機化学（上，中，下）』，東京化学同人，p.983.

2）フェノールの pK_a（25℃，水中）が約 10 であるから，解離度 α が十分小さい場合における解離定数 K との関係式 $K = \alpha^2 c$（c はモル濃度）から，0.01 M 溶液中では約 1 万個のフェノール分子のうちたった 1 個が解離してフェノキシドになっている状態で平衡にあると計算される．

3）さらに，水溶液中での解離であるから，溶媒和効果も考慮に入れる必要があり，エントロピー変化 ΔS も無視できないはずなので，酸性度については本来解離前後での自由エネルギー変化 ΔG の大小で議論しなければならない．

───　実験室ノート　廃棄物は宝の山　───

　かつて，材料革命とかプラスチック時代の到来とかいってもてはやされていた合成高分子も，1970年代になると，その廃棄物処理が大きく社会問題として取り上げられるようになった。中でもポリ塩化ビニルには，カドミウム系安定剤の使用禁止，可塑剤DOPの環境汚染，モノマーの発癌性などなど，つぎつぎに難題がふりかかってきた。PCBとおなじ有機塩素というだけで恐れる人もいた。

　「電線被覆用の塩ビの廃棄物処理をやってみないか」というお誘いが理科大の小玉美雄先生からあった。1971年春のことである。「銅線を回収するため，ある会社が茨城の海岸で陸風のときを狙って廃電線を燃やしているのだが，これを工場内で焼けるようにするため乾留炉を作ってみたが，溜出してくるタールにはまだ沢山有機塩素が残っていて燃料として燃やすわけにいかないので困っている」とのお話であった。ずいぶんドロ臭い仕事だなと思って二の足を踏んでいたのだが，ある研究生に話したら実験してくれるというので，塩素を抜くのだからアルカリでいいだろうと思って，ドロドロしたタールにカセイソーダを混ぜてもう一度乾留してみることにした。その結果，こうして乾留すると確かに塩素分の少ないサラッとしたオイルになり，所期の目的を果たすことができた。

　ところで，この実験には大きなオマケが付いてきた。乾留した釜残としてカセイソーダと混ざって炭素状のものが少量得られていたので，吸着性能を調べてみることにした。たまたま同時に活性炭による水処理の研究をしていたからその実験に割り込ました訳である。結果は，かなりの吸着活性を持っていることがわかった。これが，筆者がアルカリ賦活法による活性炭製造を手がけるようになった端緒である。その後，重油，アスファルテン，さらにはリグニンを原料として比較的低温で簡単に，比表面積が1gあたり2000m²を越えるような高性能活性炭を得ることに成功した。

　そもそも今から100年ほど以前有機合成化学工業が勃興したのは，当時の産業廃棄物であった石炭乾留タールからフェノールやアニリンを取り出すことができたからであった。化学屋にとって，廃棄物の山は，今も昔も宝の山であることに変わりはない。

1.5.3 なぜカルボン酸はアルコールより酸性が強いのか

　教科書によると，1.5.1 に述べたように，プロトンが解離した残基の安定性が重要であって，カルボキシレートやフェノキシドは，アルコキシドより共鳴による安定化効果が大きいため酸性が強いと説明されている．また，プロトン解離していない酸よりもアニオンのほうが共鳴安定化の効果が大きいからという説明もみかける[1]．

　ところが，この命題と全く同じ題目の論文が 1986 年のアメリカ化学会誌に報告された[2]．どの有機化学教科書にものっているような問題に関する論文が，このような学会誌に研究論文として掲載されるのは近年では珍しいことである．

**アニオン（A⁻）の安定性か，
酸分子 HA の電荷分布か**

　この論文の著者は，気相での酸性度[3]やイオン化エネルギーの測定結果や MO 計算の結果から，カルボキシレート，フェノキシドとアルコキシドの安定性にはほとんど差がなく，違いは解離するまえの酸分子の酸性水素がカルボン酸・フェノールのほうがアルコールより陽性に分極していることであると報告している．つまり，1.5.1 で述べた議論とは反対に，次式に示したようなプロトン解離前の分子の電荷分布が，解離後のアニオンのポテンシャルエネルギーよりも酸性度には大きな影響を与えるというのである．

$$H^{\delta+}\text{—}A^{\delta-} \longrightarrow H^{+} + A^{-}$$

　酸性水素がより陽性になる理由は，カルボン酸やフェノールでは OH 基のついた炭素がいずれも sp^2 であって，アルコールの OH 基のついたアルキル炭素（sp^3）よりも電気陰性度が高くて電子を引きつける力が強く，π 電子系によって OH 基の電子をカルボニル基あるいはフェニル基に引き込むことが可能だからである（2.3.2 参照）．これに対して，アルコールのアルキル基は電子供与性であって，むしろ逆の効果を示すわけである．その結果，カルボン酸あるいはフェノールの酸性水素の方が，より電荷が少なくなり陽性となるので塩基の攻撃をうけやすくなると説明される．H－A の結合の分極が大きいということは，この部分の分子のイオン的な反応性が高いことを意味している．

$$R-\underset{\underset{O}{\|}}{\overset{sp^2}{C}}\longrightarrow O \longleftarrow H^{\delta+}, \quad \bigcirc \overset{sp^2}{\longrightarrow} O \longrightarrow H^{\delta+}$$

$$\underset{R}{\overset{R}{\underset{R}{\Longrightarrow}}}\overset{sp^3}{C}\longrightarrow O \longrightarrow H$$

　具体的に酢酸，フェノール，t-ブタノールに関して ab $initio$　MO計算（HF/STO 3 G 法）を行い，その結果からそれぞれの分子の活性 H について電荷を求めた．その結果は，次式に示すように，順に 0.390, 0.368, 0.350 となり，酸性が強さの順と一致する．ここに述べた理論が計算化学的にも確認された．

$$CH_3-\underset{\underset{O}{\|}}{C}-O-H^{+0.390} \qquad C_6H_5-O-H^{+0.368} \qquad (CH_3)_3C-O-H^{+0.350}$$

　さらに，酸が水溶液中で解離するためには，H_2O 分子の求核的な攻撃を受けるわけであるから，それぞれの分子の LUMO における係数を求めると表-1のようになる．

表-1　各分子中の H の LUMO 係数

	酢酸	フェノール	t-ブタノール
O−H	0.267	0.336	0.076
C−H	0.107〜0.144	0.018〜0.204	0.032〜0.164

　C−H の係数はその位置によってかなり幅があるが，いずれも低い値を示しほとんど酸解離しないであろうことがわかる．これに対して O−H の係数は，酢酸．フェノールでは，C−H に比べて高い値で H_2O 分子はこの H を攻撃することが予測できる．しかし，t-ブタノールの O−H の係数は C−H と同程度の低い値となり，H_2O とほとんど反応しないと考えられる．

　この結果は，酸の強さをフロンティア MO 理論によっても議論できることを示唆している．

酸解離の速度論的考察　カルボン酸の解離は，速やかに起こる反応であるという理由で，従来平衡論的にのみ取り扱われてきたが，実験的手法の進歩によって近年その速度も測定されるようになった[4]．その結果によると，HA → H⁺＋A⁻の解離速度定数は酸の酸性度が強くなるほど大きくなる直線関係が成り立つのに対して，逆反応 A⁻＋H⁺→ HA の速度はイオンどうしであるから極めて速く A⁻によらずほぼ一定であった．

この結果から，カルボン酸とアルコールについて，解離反応の活性化エネルギーがほぼ同じようなエネルギー図（図-1）を描くのは不適切である．また，イオンどうしの結合であるから，カルボキシレートのほうがアルコキシドよりもプロトンと再結合しにくいような表現は間違いであることがわかる．カルボン酸の方が解離速度が速く，共役塩基（アニオン）はいずれもほとんどエネルギー障壁なしにプロトンと再結合することを考慮すると図-2のようなエネルギー図に書き改めた方がよい．これは，解離過程の遷移状態とアニオン（A⁻）のエネルギー差が少ないことを意味する．なお，この図における解離前（左側）のエネルギーの違いは酢酸分子の全エネルギーがイソプロパノールより大きいことを考慮したものであり，アニオンのエネルギー差はアセテートの水和による安定化を考慮したものである．

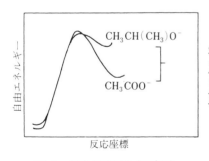

図-1　従来の説明図（不適切）

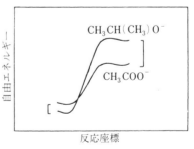

図-2　改良されたエネルギー図

気相系と溶液系　1.5.1の注3で指摘したようなカルボン酸の酸性度に関する疑問点は，エントロピー変化ΔS^0を0と仮定できる固有状態(intrinsic)にある気相での酸性度を考えれば解決できるはずである．

しかし，カルボン酸の酸性に関する上記のような理論もまだ完全なものではない．アニオンの共鳴安定化の違いによる説明には疑問があるにしても，それらの溶媒和による安定化の違いが考えられるからである．酸性度は25℃の水溶液中での値で比較するのが通常であるが，水分子の強力な水素結合能や極性によって，気相で測定した酸性度とは大幅に違ってくることが予想されるからである[5]．

計算化学の研究分野では，現在，溶媒系あるいは凝縮系といった分子間の相互作用が中心的課題となっており進歩している．

1）このような説明があまり意味がないことは1.5.2で述べた．

2）M. R. Siggel and T. D. Thomas,"Why Are Organic Acids Stronger Acids than Organic Alcohol ?", *J. Am. Chem. Soc.*, **108**, 4360(1986).

3）酸分子の置かれた周りの環境の影響を排除するために，イオンサイクロトロン共鳴スペクトルから得られた気相での酸性度のデータをもとに置換基効果，溶媒和効果について議論されている．
J.E.Bartmass, J.A.Scott and R.T. McIver, Jr.,"Substituent and Solvation Effects on Gas-Phase Acidities", *J. Am. Chem. Soc.*, **101**, 6056(1979).

4）R. W. McClard, "On a Common Graphical Flaw in the Carboxylic Acid/Alcohol Relative Acidity Argument", *J. Chem. Educ.*, **64**, 417(1987).

5）そうなると，従来，溶媒の効果などあまり考慮せずに説明されてきた誘起効果や共鳴効果などが何であったのか理解に苦しむことになるであろう．

1.5.4 なぜアニリンの塩基性はアルキルアミンより弱いのか

共鳴理論による説明　　アニリンの塩基性度は pK_b 9.37 であり，アンモニアの pK_b 4.77，メチルアミンの pK_b 3.37 に比べてはるかに弱くなるのはどうしてか？　次式のような共鳴構造式式のうち，3〜5 のような平面構造の寄与のために，N 上の非共有電子対が分子全体に広がってその電子密度が低下しているからとか，これらの構造では N 上に＋荷電があるせいでプロトンが付加しにくくなっているからとか説明されている．さらに，これらの別の表現として，フェニル基が，電子吸引性を示すとか，電気陰性度が高いためということもある．

しかし，フェノールの場合（1.5.2 参照）と同様に，電荷の分離を伴う 3〜5 の共鳴構造の寄与は少ないはずであるし，共鳴安定化のエネルギーも少なくあまり問題にならないはずである．

また，アニリンにプロトン付加したアニリニウム $C_6H_5NH_3^+$ は上記のような共鳴安定化を受けられず，次式の平衡は左に片寄るため，水溶液中での塩基性度は低下するという説明もある．これは，フェノールの場合と同様，片手落ちの説明である．

$$C_6H_5NH_2 \quad + \quad H^+ \quad \longrightarrow \quad C_6H_5NH_3^+$$

アニリンの構造は平面か？　　このような共鳴構造をしているためにアニリンは平面構造をしていると説明されていることもあるが，これも間違いであることが実験的に明らかにされている．

まず，マイクロ波スペクトルの結果によると，アニリンの構造は平面でなく

H—N—H 結合の角度は 113.9°で，次図のようにベンゼン環の平面に対して
HNH の作る面は $\alpha = 47.7°$ 傾いている．これは，平面構造よりもかなり正四
面体構造の方に近いことを意味している．

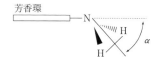

さらに，双極子モーメントの実測値(1.53 D，デバイ，メートル法単位)も，
ab initio 法による MO 計算によって構造最適化したとき得られるピラミッド
構造の値(1.44 D)と近い．

これらのことから，アニリンは少なくとも気相においては平面構造をとって
はいないといえる[1]．

気相における塩基性　カルボン酸やフェノールの場合と同様にして，気相で
アニリンの塩基性度を測定したところ，水溶液中とは
逆に，アンモニアよりアニリンのほうが塩基性が高い結果が得られている[2]．

分子が単一で孤立した状態にある気相においては，アニリンのフェニル基は，
電子吸引基ではなくてアルキル基と同じように電子供与基として作用している
ことになる．このことは，NH_2基のほうが電子供与基であるとする上記の共
鳴式による説明やアニリンの求電子置換の反応性・配向性に関する説明（2.3.
2 参照）とは矛盾する[3]．

疎水性効果　では，水溶液でのアニリンの塩基性度はどうして極端に低下す
るのであろうか？　その理由として考えられることは，プロト
ン付加したアニリニウム $C_6H_5NH_3^+$が，まわりの水分子と水素結合しにくい
上に，フェニル基の疎水性の効果が加わり安定化に効果的な水和が起こりにく
いためと考えられている[4]．

これに対して，アンモニウム NH_4^+はこの疎水性効果がない分だけアニリニ
ウムより安定となるので，アンモニアの塩基性度の低下はアニリンより少ない
と考えられる．その結果として，水溶液中ではアンモニアの方がアニリンより
塩基性が強くなると説明できる．

どうしたらよいのだろうか？ 酸や塩基の強さに及ぼす置換基効果の議論は、標準自由エネルギー変化ΔG^0（$=\Delta H^0 - T\Delta S^0$）のうちのエントロピー変化$\Delta S^0$が0であるとの仮定の上に、実験条件を一定にしたときの測定値についてなされている（1.5.1参照）[5]．無視されたエントロピー変化とは、具体的には、溶媒和（水和）の効果に関する因子である．しかし、さまざまの分子あるいはイオンに関して、溶媒和の効果や疎水性効果を統一的定量的に議論することは大変難しい．

　分子間あるいはイオン間の相互作用についての簡明な理論が解明される必要がある．これは現在の量子化学研究の主要なテーマとなっている．

1）W. J. Hehre, L. Radom, and J. A. Pople, "Molecular Orbital Theory of the Electronic Structure of Organic Compounds. XII. Conformations, Stabilities, and Charge Distribution in Monosubstituted Benzenes", *J. Am. Chem. Soc.,* **94**, 1496(1972)；K.P.Sudlow and A. A. Woolf, "What Is the Geometry of Trigonal Nitrogen ?", *J. Chem. Educ.,* **75**, 108(1998).

2）塩基性度の大きさ自体を気相とくらべると、水溶液中では極端に低くなる．これに対して、酸性度の方は一般に水溶液の方が気相より高くなる．溶媒H_2OがH^+を受取りやすいためである．

3）アルキルアミンの塩基性度についても、水溶液中では、

　　　NH_3　<　$(CH_3)_3N$　<　CH_3NH_2　<　$(CH_3)_2NH$

のようにメチル基の電子供与性誘起効果だけから考えられる順とは違って、$(CH_3)_3N$の塩基性が弱くなる．これは、メチル基の疎水性のため$(CH_3)_3NH^+$が水素結合による安定化を受けにくいためと考えられている．（P. Sykes（久保田尚志訳）、『有機反応機構』（第5版）, p.73.）

　　これに対して、これらの気相での塩基性度は、

　　　NH_3　<　CH_3NH_2　<　$(CH_3)_2NH$　<　$(CH_3)_3N$

のように単純にメチル基の誘起効果だけで説明される順となる．I. Dzidic,"Relative Gas-Phase Basicities of Some Amines, Anilines, and Pyridines", *J. Am. Chem. Soc.,* **94**, 8333(1972).

　　このように、置換基の効果が分子の置かれた環境で全く逆転してしまうことは、従来の有機電子論的な説明の立場を危うくする．

4）$(C_6H_5)_2NH$, $(C_6H_5)_3N$の立体構造がpK_a値、気相塩基性度、HOMO値、溶解度に及ぼす効果については、山口達明、『フロンティアオービタルによる新有機化学教程』、三共出版（2014）, p. 147にまとめた．

5）従来の有機電子論的考察は、限定的な条件の上に理論を構築されてきたため、このような矛盾点が現れてきたものと考えられる．

1.5.5 どういった化合物がルイス酸になるのか

電子不足分子　ルイスの定義によれば，酸とは電子対を受容することのできるものであってH⁺も含まれるが，狭義には BF_3，$AlCl_3$，$TiCl_4$ などがルイス酸の代表例である[1]．1対の電子対を受け入れることのできる分子ということは，その中心原子がオクテット則に反して最外殻に6電子を持つことで一応満足しているもの（電子不足分子）である．一般に，周期表で炭素の左側にある第III族元素（B，Alなど）は価電子が3個あるので共有結合しているものの多くは，エネルギーの低い空軌道を持つことになるのでルイス酸となりうると説明されている．

　電子不足分子というと不安定な分子であるかのように思われるが，たとえば，BF_3 のB−F結合エネルギーは 613 kJ/mol であり，C−F結合の485，C−C結合の 346 kJ/mol に比べてはるかに大きく，単結合のうちで最も強い結合に数えられる．その理由を解明するために，BF_3 に関して *ab initio* MO（HF/STO-3 G）計算を行った結果，全電子密度分布は図-1(a)のようになる．BのAO混成は sp^2 であり $2p_z$ には電子が分布していない．B−Fの結合電子の84%はFから供出されているものの，電荷はBが+0.93，Fが−0.31という結果が得られる．このため，イオン結合性が高くなり結合エネルギーの高い結合となると説明される．

　B上の高い+電荷が塩基を引きつけるので BF_3 は酸として作用することがわかる．さらに，LUMOを計算すると図-1(b)のようになりBに集中している（HOMOの分布は全くない）．このためBに塩基による求核的な攻撃を受けやすい，つまり酸として働くことが説明できる[2]．

　BF_3 はエーテル溶液として市販されているが，それは，BF_3 とエチルエーテルの '分子錯体'，BF_3 エーテラートで，これは蒸留可能（bp　126℃）の液体である．これをエーテルより塩基性の強いアミンと反応させると，エーテルの部分がアミンに置き換わった錯化合物が形成される．

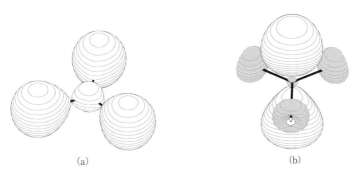

Boron trifluoride etherate

（a）　　　　　　　　　　　　　　　（b）

図-1　BF_3の電子密度分布（a）と LUMO 分布（b）

（同じような大きさに描かれているが，実際は（a）の作図上の界面の電子密度は-0.203であるのに対して，（b）では0.050で約4分の1である）

3中心2電子結合　　BF_3に対してBH_3の場合は，Hにはσ電子しかないので不安定であり，単量体としては存在できずに，3中心2電子結合の例として知られているジボランB_2H_6となる．3中心2電子結合というのは，3つの原子を2つの電子で結合させているという意味である[3]．ジボラン分子の橋かけ部平面の電子密度分布を等高線と起伏図で表したのが図-2(a)である．それを見ると B と B の間には電子分布がほとんどなく，2つの H を介してのみ結合していることがわかる．また，分子内の各原子の結合距離，結合角は図-2(b)となる．B－H－B の結合は，結合次数1/2の3中心2電子結合による曲がり結合の1種であることがわかる．ジボランの橋かけ水素の結合は弱く，電子供与体によって容易に切断されてモノマーとなって反応する．アルケンに対する求電子的反応はホウ水素化反応として有名である（2.5.4 参照）．

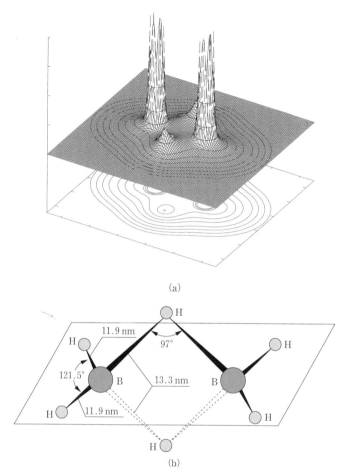

(a)

(b)

図-2　ジボラン（B_2H_6）の電子密度分布（a）と原子配置（b）

　また，塩化アルミニウムは固体であるが，次のようなジボランとよく似た二量体を形成している[4]．これもモノマーになってフリーデル・クラフツ反応のルイス酸触媒として作用することはよく知られている．

1）ほとんどすべての化学反応は，酸・塩基反応としてとらえることができる．ルイス酸とはよばれなくとも，驚くほど多くの化合物がルイスの定義による酸として働く．また，定義にしたがえば，ルイス酸と錯化合物をつくるものがすべてルイス塩基である．沢谷次男，"酸・塩基の概念の変遷"，化学の領域，**26**，1047(1972)．

2）1.3.1 で述べたように，結合エネルギーの高さは AO どうしの重なりの大きさによる共有結合性の大きさと分極によるイオン結合性の大きさによる．BF_3 の B−F 結合はそのいずれもが大きいため強固な結合となっていると考えられる．単結合のうち最も結合エネルギー値が高い（1.3.1，表-1）．

3）古典的な原子価理論による H の原子価が 1 であるという概念はもはや通用しないことがわかる．R. L. DeKock and W. O. Bosma, "The Three-Center, Two-Electron Chemical Bond", *J. Chem. Educ.*, **65**, 194(1988)．

4）これらの電子不足分子の橋かけ構造については，次の文献に詳しい．E. Cartmell, G. W. A. Fowles（久保昌二，木下達彦訳），『原子価と分子構造』，p.205，丸善．

読書ノート❀❀

　実験および一般化の役割

　実験は真理のただ一つの根源である．実験のみが我々に何か新しいことを教える．実験のみが我々に確実性を与える．この二つの点については，だれも異論をさしはさむことはできない．（中略）ではよい実験とは何か．それは一つの孤立した事実とは別のことを我々に知らせるものであり，我々に予見することを得させる，いいかえれば我々に一般化することを得させるものである．

　　　　　　　　　ポアンカレ "科学と仮説"（1902），（河野伊三郎訳，岩波文庫）

1.6	立体化学と異性体

1.6.1 光学異性体だけが立体異性ではないのではないか

　教科書において立体化学の章の主テーマが光学異性であるのでこのような疑問が生じるのであろう．異性体の分別は有機構造化学の初歩的概念として重要であるのに全体を整理されていないことが多いので次頁に系統図を示しておく．

　光学異性というと，不斉炭素を持ち互いに重なり合わない鏡像関係（キラリティーという）にある対掌体（エナンチオマー，この場合は互いに＋－だけ逆の同じ旋光度を示す）のみ考えがちであるが，対掌体の関係にないジアステレオマーも旋光度が違うのであるから光学異性に含められる．また，不斉炭素を持つことも光学活性（旋光性）を示す必要十分条件ではなく，不斉炭素がなくても不斉中心があるものは光学異性体があるし[1]，炭素以外の元素による光学活性体も知られている[2]．

1）たとえば，次のような回転阻害による不斉が知られている．

2）たとえば，次のようなN，P，S，Siを不斉中心とする光学異性が知られている．

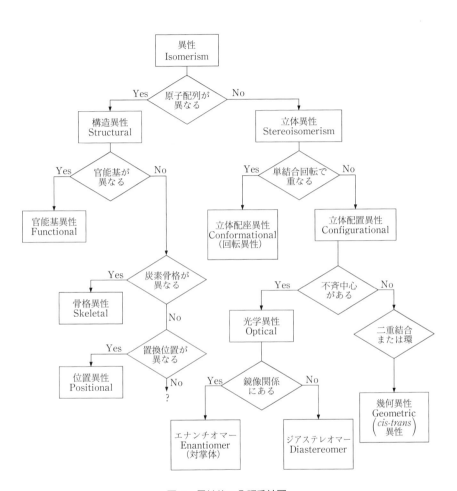

図-1　異性体の分類系統図

1.6.2 不斉炭素があるとどうして旋光性を示すのか

光と電子の作用　光は電磁波の1種であるから光が分子の近傍を通過するときには，分子を覆っている電子と相互作用が起こるはずである．光の屈折は，光と物質（つまりは電子）との相互作用による光波の位相速度の変化によると考えられる．マクロにみて，物質の密度（つまりは電子密度）が高いほど光の速度が遅くなることは物理学で学ぶところである．

偏光と旋光　電磁波である光は当然電磁振動を伴っている．この振動は光の進行方向に垂直な面内で起こり，何らかの方法で，ある単一平面内だけで電磁振動する光のみを取り出したものが偏光（正確には直線偏光または平面偏光）である．そして，この直線偏光は，互いに振幅が等しく回転の向きが逆な2つの円偏光（右円偏光と左円偏光）から合成されたものと考えられている[1]．このバランスが崩れたとき旋光が起こる．

分子レベルでの旋光　単一の分子を想定したとき，その分子が完全に対称の電荷分布をしていない限り，2つの円偏光に対する相互作用は，光があたる瞬間のその分子の向きによって変わるであろう．したがって，いわゆる光学活性物質といわれていない対称面のある分子でもその向き

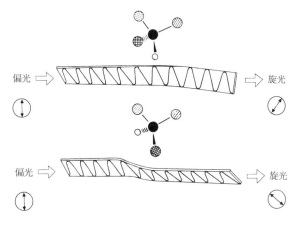

図-1　分子レベルでの旋光

によって両円偏光に対する作用は異なり，その結果，両者の位相速度のバランスがくずれ，ほんのわずかでも偏光面を回転させているはずである．つまり，分子レベルではあらゆる分子がその向きによって異なった旋光をしていると考えてよいであろう（図-1）．

統計分布的な考察　　通常の気相や液相中では，分子はあらゆる方向を向いているはずであるので，その中を通過する光はあらゆる向きの分子と出合うことになる．そして，対称性のある分子では正味の結果としては左右円偏光のバランスがとれ，最終的には旋光度は平均されてゼロとなる．つまり，対称性のある分子ならば，円偏光が数多くの分子を通過していくうち必ずある配向の分子による旋光を正確に打ち消す鏡像関係の位置にある配向をとっている分子に出会うことになるわけである．

これに対して，いわゆる光学活性物質は，何らかの形で分子が対称面を持たない（不斉炭素ということはその原因の１つ）わけで，一方の対掌体だけの中

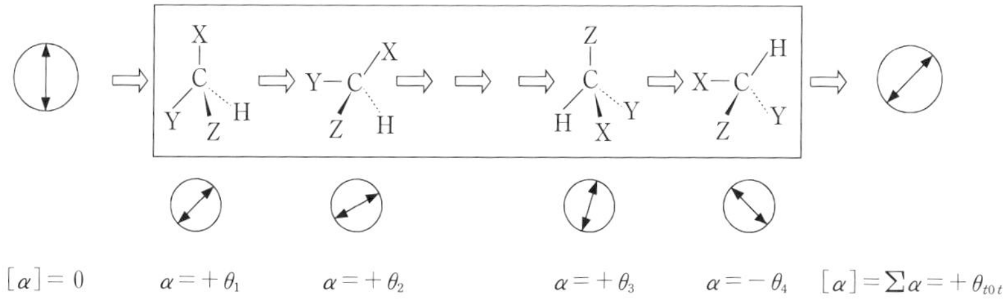

$[\alpha] = 0$　　　$\alpha = +\theta_1$　　　$\alpha = +\theta_2$　　　　　　$\alpha = +\theta_3$　　　$\alpha = -\theta_4$　　$[\alpha] = \sum\alpha = +\theta_{tot}$

図-2(a)　溶液内にある不斉分子による光学活性
（溶液内での分子の配向および旋光度 θ は任意）

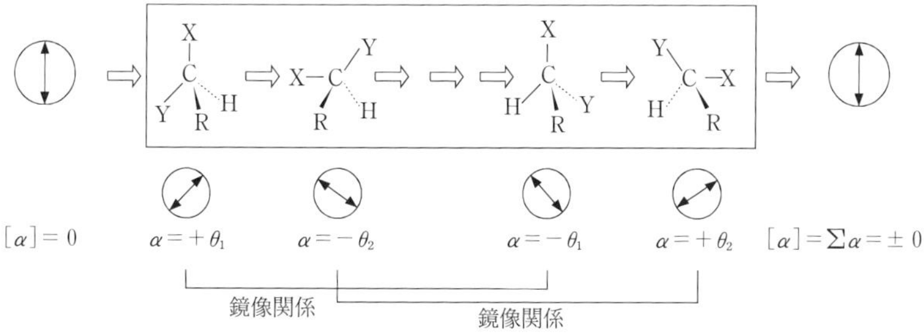

$[\alpha] = 0$　　　$\alpha = +\theta_1$　　　$\alpha = -\theta_2$　　　$\alpha = -\theta_1$　　　$\alpha = +\theta_2$　　$[\alpha] = \sum\alpha = \pm0$

鏡像関係　　　　鏡像関係

図-2(b)　ラセミ混合物による光学不活性（X＝Y の場合は対称分子）

を偏光が通過するときには，任意の配向をした分子に対応して鏡像関係にある
配向をした分子が存在しないのであるから，ある配向をした分子による旋光を
正確に打ち消す配向をした分子に必ず出会うとは限らないのである．

　その結果，光学活性物質の溶液では，分子レベルではそれぞれの分子の配向
によって右または左の旋光をしているが，溶液全体としては統計的に左右どち
らかに偏り，結果として旋光性を示すようになると考えられる（図-2(a)）．
そこへ，対応する対掌体を等量だけ加えてやると，統計的にある配向に対して
1対1に対応して鏡像関係になる配向が存在するようになるので旋光性が打ち
消されるのである．この状態がラセミ混合物なのである（図-2(b)）．つまり，
ラセミ混合物溶液中では，一方の対掌体分子が分子レベルである旋光度を示す
配向である数だけ分布しているとすると，ちょうどその旋光を打ち消す配向を
したもう一方の対掌体が同じ数だけ分布しているはずである．このようにすべ
ての分子配向について互いに正確に打消すように分布しているため，溶液全体
としては旋光が認められなくなる．説明のための想定分布図を図-3に示す．

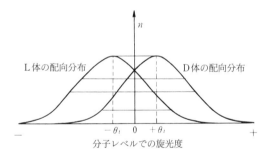

図-3　ラセミ混合物溶液における対掌体分子の配向分布の想定図
（縦軸，横軸は任意）

1）詳しくは，今堀和友，『旋光性・その理論と応用』，東京化学同人；今堀和友，"偏光，旋光，円偏
　光二色性 (1)，(2)"，現代化学，(1)56，(2)56 (1972)；中崎昌雄，『旋光性理論入門』，培風館．
　小田順一，"有機分子の対称と光学活性"，化学，**29**，15 (1974)．

　　旋光性の理論的計算方法としては，ブルースターの半経験的方法が知られている．F. H.
　Eliel(島村修ら訳)，『炭素化合物の立体化学』，東京化学同人；野平博之，"ラセン模型による旋光
　性の計算"，化学の領域，**23**，193(1969)．

1.6.3 なぜ一般にエノール型はケト型より不安定なのか

エンタルピーの比較　簡単なケトンやアルデヒドでは，ケト型の方が安定であってエノール型はほとんど検出されない．

アセトアルデヒドとそれに対応するエノール型であるビニルアルコール[1]のエンタルピー（熱含量）を，おのおのの結合エネルギー(kJ/mol)から大まかに計算し，このケト・エノール互変異性のエンタルピー変化ΔH^0からその平衡を求めて見る．

$$CH_3-\underset{\underset{O}{\|}}{C}-H \underset{\overleftarrow{}}{\overset{K}{\rightleftharpoons}} CH_2=\underset{\underset{OH}{|}}{CH}$$

アセトアルデヒド(ケト型)　　ビニルアルコール（エノール型）

C=O	799	C=C	626
C—C	346	C—O	358
3 (C—H)	1233	3(C—H)	1233
C—H	411	O—H	459
合計	2789		2676　(kJ/mol)

その結果，ケト型であるアセトアルデヒドの方がビニルアルコールより113 kJ/mol だけ安定である．これは，内訳を見ればわかるとおり，主として C=O の方が C=C より結合エネルギーが大きい（1.3.1 参照）ことによる[2]．

この値をもとに熱力学的計算をすると（$\Delta S^0 = 0$ と仮定，25℃），この平衡定数 $K=10^{-9.9}$ となる．これは，アセトアルデヒド中にビニルアルコールがほとんど検出されないことを意味する[3]．

エノール型が安定な場合　このように，簡単なカルボニル化合物では一般にケト型の方が安定であるといえるが，共鳴や水素結合の効果が加わると，エノール型でも安定に存在するようになる．

例えば，フェノールは一種のエノール型とみなされるが，対応するケト型であるシクロヘキサジエノンよりもレゾナンスのため約63 kJ/mol も安定であると計算されており，ほぼ100 ％エノール型である．これはベンゼン環の圧倒的な安定性による．

　また，分子内水素結合（キレート）はエノール型の極性を減らすので，アセチルアセトンのエノール％はヘキサンのような無極性溶媒中では増加する．この場合，ケト型の方が極性が高いので水溶液中では存在比が高くなる[5]．

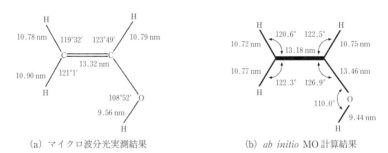

84 ％　　　　　　　　　　　16 ％（水中）
8 ％　　　　　　　　　　　92 ％（ヘキサン中）

1）ビニルアルコールを合成しようとする試みはすべてアセトアルテヒドの生成に終わっていたが，次式のようにエチレングリコールを低圧下高温で熱分解するとビニルアルコールが単離されることが見い出された．

$$\begin{array}{c}CH_2-CH_2\\|\qquad|\\OH\quad OH\end{array} \xrightarrow[\substack{0.02\,mmHg\\-H_2O}]{900℃} CH_2=CHOH$$

得られたビニルアルコールは室温で約30分間の半減期を持つほど安定で，マイクロ波分光によって図-1(a)のような構造であることが解明されている（S.Saito, *Chem. Phys. Lett.*, **42**, 399(1976)）．そこで，*ab initio* MO計算（HF/6-31 G）で最適化した構造を求めると図-1(b)のようになり，マイクロ波分光による実験結果と極めてよく一致していることがわかる．

（a）マイクロ波分光実測結果　　　　　　（b）*ab initio* MO計算結果

図-1　ビニルアルコールの原子配置の実測値と計算値の比較

2）結合エネルギーとは，結合の強さ（解裂し難さ）の指標となるが，裏返せば，結合することによってどれだけエネルギーが放出され熱力学的に安定化するかを表しているといえる．分子中の各結合の結合エネルギーを足し合わせると分子全体のエンタルピーとなる．これを加成性というが，多くの分子に関して成り立つように平均化したものが 1.3.1 の表-1 のように一般的に与えられている結合エネルギーの値である．

3）自由エネルギー差と平衡定数 K との関係式

$$\varDelta G^0 \ = \ -RT \ \ln K \ \fallingdotseq \ \varDelta H^0$$

より，ケト型とエノール型の間に 11.55 kJ/mol の差があると，99 ％偏ることが計算される．

4）H. Hart and M.Sasaoka, "Simple Enol : How Rare Are They ?", *J. Chem. Educ.*, **57**, 685(1980).

5）なお，ケト-エノール互変異性体比の測定は，臭素がエノールの C＝C に非常に速く反応することを利用する方法が古くから行なわれていた．しかし，このような化学的分析法で平衡系を測定することには限界があるのでプロトンNMRの対応するピークの面積比から求められている．E.J. Drexler and K.W.Field, "An NMR Study of Keto-Enol Tautomerism in β-Dicarbonyl Compounds", *J. Chem. Educ.*, **53**, 392(1976).

読書ノート━●━•━

仮説の役割

　……物理学者が自分の仮説の一つを放棄したらば喜びがあふれるはずだ．どうしてかといえば，予期しない発見の機会を見つけ出したばかりのところだからである．検証が行われないというのは何か期待しなかったこと，異常なことが存在するからである．これから発見しようとする未知のこと，新しいことというのは，まさにこれなのである．

　……それでは，こうしてくつがえされた仮説は結果を生まなかったのか．それどころではない，こういう仮説は本当であった仮説よりももっと余計に役に立ったといえる．

　　　　　　　　　　　　　ポアンカレ，"科学と仮説"（1902），（河野伊三郎訳，岩波文庫）

┌─ 化学史ノート　化学者エジソン ─────────────

　50年間に1033件もの特許を出した発明王エジソンは，少年向け偉人伝な
どを通して，電話機（1876年），蓄音機（1877年），白熱電灯（1879年），活
動写真（1891年）などの発明で有名であるので，電気技術が専門のように一
般には思われているかも知れない。しかし，彼の仕事を詳細に調べてみると
化学に関連するものが実に多いことがわかる。化学的業績だけを次に列挙し
てみる。

　　1．フィラメントあるいは蓄音筒の素材に関する研究　2．磁気選鉱法の
　　企業化　3．軽量コンクリートの開発　4．アルカリ蓄電池の改良
　　5．フェノールなどの有機合成　6．キリンソウからの天然ゴムの抽出

　これらは現代社会に関連の深いものばかりである。電気機器の進歩が素材
の開発なしには行われないことは，現在でも全く変わっていない。庶民の住宅
のため彼が考案した発泡軽量コンクリートは，現在のコンクリート系プレフ
ァブ住宅の主流となっている。フォードらと蓄電池の改良を手がけたのは，
100年も前に電気自動車を走らせようと考えていたからであった。アメリカ
に自生する植物から天然ゴムが取れないかといろいろと調査した結果は，近
年，M.カルビンが力を注いでいるという「ガソリンの木」の研究に多いに役
立っているはずである。

　学術的業績としては，熱電子放出に関するエジソン効果（1884年）として
名を残しているが，この効果による真空管を発明したのは彼ではなかった
（1904年フレミング）。

　エジソンはファラデーの『化学実験操作法』（Chemical　Manipulation,
1827）に大いに啓発されたと述べているそうである。ともに苦学しているこ
となど，両者に共通するところが多い大いに共感するところがあったのであ
ろう。彼は，たった3か月しか学校教育を受けていないことで有名であるが，
化学的知識は豊富であった。「天才は99％の汗と1％のインスピレーション
である」という有名な言葉のほかに，「私は大学で化学教育を受けたものを雇
わない。何故かというと化学者は何でも答えを用意していて，何も新しいこ
とをやろうとしないから…」と，我々には耳の痛い言葉を言い残している。

（参考）　B. M. Vanderbilt, "Thomas EDISON, CHEMIST", (American
　　　　Chemical Society, 1971).

└──────────────────────────────

2

有機化学反応
の
速度と機構

2.1 化学反応速度

2.1.1 反応速度の違いはどうして起こるのか

　反応物の組み合わせや外部条件の違いによって化学反応速度は変ってくる．このことは一見あたりまえのことのように思われるかもしれないが，いったい何がどう違うから反応速度に違いが生じるのであろうか？

　分子の衝突　反応が起こるためには，2つの分子が出会わなければならないのは当然であるが，いま，二分子反応に関して簡単な衝突理論によって説明してみよう．

　分子と分子が反応するためには，

　1）まず，分子と分子が反応系内で衝突しなければならない．一定時間内の衝突回数が多ければ多いほど反応速度は速くなる．衝突回数に効果を与える因子としては，濃度または圧力，さらに分子の運動速度，分子の大きさ，溶媒効果などがあげられる．

　2）また，かりに衝突したとしても，分子が反応するに十分なエネルギーを持っていなければ反応が起らないで弾性反発するだけである．反応が起こるのに必要最小限のエネルギーは活性化エネルギー E_A と呼ばれるが，分子はこれを主として振動エネルギーとして貯えていると考えられる．加熱して反応させるということは，E_A 以上のエネルギーを持つ分子の割合を増すということである．

　3）第3に，十分なエネルギーを持って衝突しても，衝突の方向が悪ければ反応は起こらない．例えば，S_N2 反応で求核試薬が脱離基の反対側から衝突してこなければ，都合よく同一方向に電子は流れないので置換反応は起らない．このような都合のよい方向での衝突は立体因子で表わされる．この因子は，分子の型が同様ならばほぼ一定と考えられている．

反応速度式の意味　以上述べた 3 つの因子が相乗して反応速度が決まる．これをまとめて書くと次のようになる．

反応速度　＝　単位時間内の有効衝突回数
　　　　　＝　(全衝突回数)×(エネルギー因子)×(立体因子)　　　(1)

　反応速度とは，単位時間内における反応物の減少量または生成物の増加量を意味している．単純な反応に関しては，反応速度式を

$$反応速度　=　-\frac{d[反応物]}{dt}　=　\frac{d[生成物]}{dt}$$
$$=　k[反応物 A]^a[反応物 B]^b　　　(2)$$

と表わし，まず温度を一定にして，反応物の濃度(または分圧)を変えて反応速度を測定すると，実験的に次数 a または b を求めることができる．また，濃度以外の因子を一括してまとめた反応速度定数 k も比例定数として計算される．

　ところで，この式において，なぜ反応速度が反応物 A，B の濃度(気相反応では圧力)の積に比例するのであろうか？　濃度というのは反応系内のある地点における反応物分子の「存在確率」と見ることができる．2 つの分子が同一地点に同時にくること，それが衝突であるが，その確率は両者の存在確率の積になることは数学の教えるところである．

アレニウス式　反応速度定数 k の値の温度依存性に関する実験式として有名なのがアレニウス式：

$$k = A\cdot\exp\left(-\frac{E_A}{RT}\right) \quad または，\ \ln k = -\left(\frac{E_A}{R}\right)\times\frac{1}{T}+\ln A \quad (3)$$

である[2]．この A は頻度因子(frequency factor)とよばれ，反応するのに有効な配向を持った衝突回数（＝衝突数×立体因子，時間$^{-1}$）を表わす．これを求めるためには，今度は反応温度を変化させて同じように実験し，反応速度変化との直線関係を求め，その傾きから計算する．ただし，この値は厳密には温度

によって変わるから，A を一定とみなすために比較的狭い温度範囲で，いわゆるアレニウスプロットの傾きより E_A が求められる[3]．求められた E_A は，「温度 T におけるみかけの活性化エネルギー」といわれる．また，このプロットの切片より A が求められる．

なお，アレニウス式における $\exp(-E_A/RT)$ の項の意味はマックスウェル・ボルツマン分布則[4]によると温度 T における 1 モルあたりのエネルギーが E_A より高いエネルギーを持つ分子衝突の割合を示す．図-1 に示したように，温度が高くなると全体的に分布が広がり，最大点の位置が低くなって高エネルギー側にずれる（積分値は同一だからである）．そのため，1 分子あたり $\varepsilon_A = E_A$/アボガドロ定数（2.1.2 注2）より高いエネルギーを持つ分子の割合（斜線の部分）が増して反応速度が速くなる[5]．

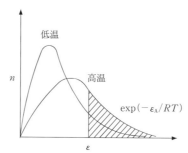

図-1　マックスウェル・ボルツマン分布の温度変化
縦軸：分子数 n, 高温と低温で積分値（総分子数）は同一
横軸：1 分子あたりのエネルギー ε

1）R. L. Levin, R. Bernstein（井上鋒朋訳），『分子衝突と化学反応』，学会出版センター．

2）この式の exp は exponential の略で，$\exp(-E_A/RT)$ は，$e^{-E_A/RT}$（e は自然対数の底）と同じことである．

3）H. F. Carroll, "Why the Arrhenius Equation Is Always in the 'Exponentially Increasing' Region in Chemical Kinetics Studies ?", *J. Chem. Educ.*, **75**, 1186 (1998).

4）Maxwell (1859) と Boltzmann (1868) によって一般化された粒子のエネルギー状態の確率分布則．つまり，ある粒子集団の中でエネルギー ε を持つ粒子の存在確率は，$\exp(-\varepsilon/RT)$ に比例するということを意味する．

　縦軸は，粒子数の割合分布であるが，横軸は粒子の運動エネルギー（ε）であるが，速さ（speed：c）で表わされることもある．その場合，$\varepsilon = mc^2$ であるから，カーブを描くときには特

に立ち上がりの部分を2次カーブとして描かなければならない. なお, 横軸を速度(velocity：v)
と表記するのは間違いである.

5) **触媒作用の説明図の問題点**：化学反応の生成物に組み込まれることなく反応速度を変える物質を
触媒(catalyst)というが, 反応速度を速める正触媒の作用はここに述べた活性化エネルギーを低
下させること, つまり活性錯合体を安定化させることであるとして, 図-2のように説明されてい
ることが多い.

　しかし, 反応速度を速める因子は, 活性化エネルギーの大きさだけではない. 式(3)をみればわ
かるように, 反応速度定数を大きくするためにはE_Aが小さくなることだけでなく, Aの値が大き
くなればいいはずである. また, 式(2)によれば濃度を高めれば反応は速くなる. 固体触媒の場合
には, 反応分子がその表面に吸着され濃度が高まる効果を見逃すわけにはいかない. 錯体触媒で
は, 反応物が配位する方向による違いが知られている. つまり, 触媒反応は, 無触媒反応と反応
機構が全く違って, いくつかの中間体 (例えば, カチオン) をへるのがふつうである. それを,
図-2のように同様のエネルギー図で表わすのは間違いで, 図-3のように書き改めるべきである.
A. Haim, "Catalysis : New Reaction Pathways, Not Just a Lowering of the Activation
Energy", *J. Chem. Educ.*, **66**, 935(1989).

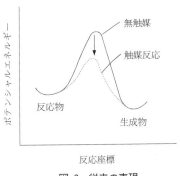

図-2　従来の表現

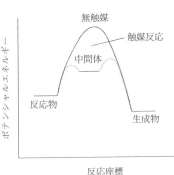

図-3　正確な表現

　なお, 細かいことであるが, 図-2の山のすそを立ち上げてあるのは単分子反応を想定している
からである. 横軸は反応座標であるから, 2分子反応の場合は図-3のようにこの部分をフラット
に描かなければならない. 2分子が離れた状態にあるからである.

2.1.2 なぜすべての化学反応にエネルギー障壁（活性化エネルギー）を考えねばならないのか

また，反応座標とは何を表わしているのか

反応分子の活性化　化学反応はすべて結合の組み替えであるといえる．反応によって新しい結合がつくられるということは，それによってエネルギー的(熱力学的)に安定となるからである．しかし，その前に現存の結合を切らなければならないはずで，そのためには，別に余分なエネルギーが必要になる．そこで，反応分子は反応物や生成物より高いエネルギーを持った活性錯合体を経なければならなくなる[1]．反応物と活性錯合体とのエネルギーの差が活性化エネルギーである[2]．

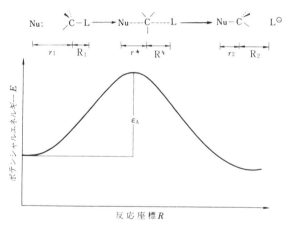

図-1　S_N2 反応のエネルギー関係図

活性化エネルギーの源　それでは，分子はどこからそのエネルギーを得ているのであろうか？それには，図-1 のように反応する分子だけを見ていてもだめで，反応系全体を眺める必要がある．反応系内で分子は絶えず衝突を繰り返しており（ただし，反応するのは，そのうちほんの一部である），そのたびにエネルギーのやり取りが起こり，全体として一定の

エネルギー分布（マックスウェル・ボルツマン分布）が生ずる．一定の分布ということは，常に ε_A 以上のエネルギーを持つ分子が一定割合存在するということである．それらの高エネルギーの反応分子が反応して生成物となってしまっても，分子衝突が続く限り次々と高エネルギーの反応分子が補給されるのである．図-2 に模式的に表わす．

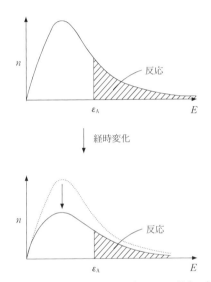

図-2　反応系のマックスウェル・ボルツマン分布の経時変化

　結局，他の分子と衝突するたびに他の分子からエネルギーを奪って溜め込んだ分子が反応分子になるのである[3]．

反応座標とは　図-1 の横軸は反応座標（reaction coordinate）R で表わされている．具体的に何を表わすかというと，この場合，反応分子間の反応点と反応点の距離の関数と考えてよかろう．例えば，図-1 の上に示したような S_N2 反応においては，求核試薬 Nu: と基質の中心炭素との間の距離 r に関係するといえる．

　近年，量子力学的計算法が進歩し，化学反応のポテンシャルエネルギーを等高線で表わした面（surface）が図-3 のように与えられるようになっている．この立体図を，付記したような方向に視点を動かして眺めたのが図-1 のような

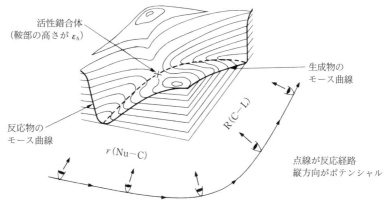

活性錯合体
（鞍部の高さが ε_A）

生成物の
モース曲線

反応物の
モース曲線

R(C－L)

r (Nu～C)

点線が反応経路
縦方向がポテンシャル

図-3　化学反応のポテンシャル面の見方

エネルギー関係図である．

反応進行度との違い　図-1 に関して，反応する分子が時間とともに次々とエネルギー障壁を越えて反応座標の左から右へ移っていき，横軸右の方へいくに従って，生成物の割合が増えていくような間違ったイメージを持っている人もいる．反応座標というのは，先に述べたようにあくまでも反応する 1 対の分子について記述したものであるから時間変化とは関係ない．その反応系全体で経時的に反応物が減少し生成物が増加する割合は反応の進行度といい，全く別の概念である．

　反応の進行度（ξ）は

$$\xi \;=\; (n_A{}^0 - n_A)/n_A{}^0$$

（$n_A{}^0$：分子 A の初期の数，n_A：反応した数）

で定義され，ある時間に全分子の内何割が反応したかをあらわす．反応系の自由エネルギー G の ξ による変化を表わすと図-4 のようになる．反応時間とともに反応系の自由エネルギーが低下し，反応が進行し，G の変化が見られなくなった状態が化学平衡点（つまり $\Delta G = 0$）である．

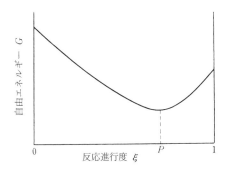

図-4　反応進行度と反応系の自由エネルギー変化との関係

　反応座標は反応速度学上の因子であり，反応進行度は熱力学的因子である．異なった学問体系の概念を混同しないようにしなければならない．これらのことを学ぶときには，化学反応に関する速度論的取扱いと平衡論的(熱力学的)取扱いの違いを銘記する必要がある[4]．

---

1) もしもこのようなエネルギー的な障壁がなかったら，この世の中に安定に存在しうる分子はなく，我々が感知しうるすべてのものが常に化学的に変換しつづけていることになってしまうであろう．しかし，素粒子論的あるいは哲学的には，常に変換しつづけることがものの本質であるとも考えられるであろう．

2) 活性化エネルギー E_A は1モル当たりで表わされるのが普通であるから，$\varepsilon_A = E_A/N$（$N=$ アボガドロ数）ということになる．このようなエネルギー図は，分子レベルで記述している速度学的な図であるから，この山の高さは1分子あるいは1対の分子あたりのエネルギーでなければならい．不用意にこの山の高さを E_A（kJ/mol）と記されている場合もあるので注意を要する．

3) この法則はエントロピーの法則に根ざしている．ここに，反応系内の分子の世界に人間社会を見る思いがする．

4) 速度論・平衡論は物理化学の問題であるが，有機化学においても学問体系をよく理解することが大切である．この後にも，両者の考え方の違いを認識しなければならない例をいくつか取り上げる（2.1.5，2.2.2，2.4.3参照）．

2.1.3 活性錯合体と遷移状態とは同じことなのか

　教科書によって違った表現を採用しているために混乱するが，現在両者は同義語として使用することが認められている[1]．違った表現が通用しているのは，これらの概念誕生の経緯に起因する．

　それは，1935 年，まずアイリングによって「化学反応における活性錯合体（activated complex）」という論文[2]が発表され，数か月後に全く独立にエバンスとポランニによって「反応速度の計算に対する遷移状態（transition state）法の応用」という論文[3]が発表されたことに始まる．両者ともポテンシャルエネルギーが最高となるある限られた原子配置を意味すると定義付けられている．

　しかし，「遷移状態」というとその前後の状態も含んだ広い範囲（これを遷移種[4]（transition species）という）と取り違えやすいから教科書では「活性錯合体」を使用する方が好ましいであろう[5]．活性錯合体は遷移種の極限状態のことである．これらの関係を図-1 に示す[6]．

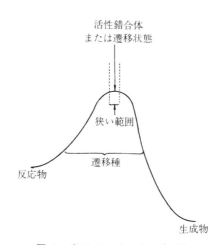

図-1　ポテンシャルエネルギー図

1）K. J. Laidler, "Just What Is a Transition State?", *J. Chem. Educ.*, **65**, 540（1988）.

2）H. Eyring, "The Activated Complex in Chemical Reactions", *J. Chem. Phys.*, **3**, 107（1935）.

3）M. G. Evans and M. Polanyi, "Some Applications of the Transition State Method to the Calculation of Reaction Velocities, Especially in Solution", *Trans. Faraday Soc.*, **31**, 875（1935）.

4）活性錯合体はエネルギー的にもごく限られた極限状態を指すので，実験的に検出することは不可能であるが，それより範囲の広い遷移種の方は1980年，M. Polanyi の長男でトロント大学教授の J. C. Polanyi によって初めて検出された（*J. Chem. Phys.*, **73**, 5895(1980)）．彼は，これらの業績によって1986年のノーベル化学賞を受賞した．

5）しかしながら，一般にはあまり厳密には考えないで，遷移種も含めて反応物と生成物の間の状態を遷移状態といっているケースが多いようである．活性化エネルギーとの関係で極限状態のことを述べるときには活性錯合体にした方が好ましいであろう．本書でもそのように使い分けることにした．

6）ここに述べた表現は，素反応（elementary reaction，エネルギー図におけるひと山）に関するものである．多段反応の場合には，第一段の素反応の生成物で次の素反応の反応物となる化学種が別に存在し，これを反応中間体（reaction intermediate）という．こちらの方は NMR などで検出可能となっている．

読書ノート••

　物理学上の原子——というのは，それ自身，矛盾するところのない．また事情によっては，例へば化学，気体運動論に於いては，極めて有効な一つの仮定である．

　これに反して哲学的原子，即ち無精であり，作用を欠いた実体の，それ以上分割できぬ粒体で，真空を適して遠方に作用を及ぼす力をそれから発出するというものは，やや立入って考察すれば実在しないものであることがわかる．何故ならばもはやそれ以上分割ができず，それ自らは作用しない実体というものがもし現実に存在すべきであるならば，いかに小さくても，とにかく一定の空間を充していなければならないし，もしそうなるときは，どうしてそれが，もうそれ以上分割せられないかということが理解できなくなるからである．

　　　デュ・ボア・レイモン，"自然認識の限界について"（1881），（坂田徳男訳，岩波文庫）

2.1.4 多段階反応において，律速段階の速度だけで全反応速度を議論してもほんとうによいのか

素朴な疑問　「多段階反応においてあるひとつの段階が他の段階にくらべて非常に遅いため全体の反応を支配するような場合，この段階のことを律速段階（rate-determining step）と呼ぶ」と定義づけて一般に教えられている．

しかし，ある段階が他の段階より遅いといっても，果してそれだけで反応の速度を本当に代表させてしまってよいとは限らないのではないだろうか？同程度の活性化エネルギーをもつ素反応[1]が２つ以上ある場合も考えられるのではないだろうか？　すべての多段階反応において律速段階といわれる１つの素反応だけで支配されるといい切れる例ばかりかどうか，厳密に考えると問題が残ることは事実である．

機械的アナロジーの問題点　律速段階を目に見えるように説明しようとして，口径の違ういくつかの漏斗を縦に並べ順に水を流した場合がアナロジーとして取り上げられることがある．最も口径が小さい漏斗がいわゆる bottle-neck となるというのである．しかし，この水の流れは上から下へ向かう完全に不可逆過程である点が化学反応との本質的な違いである．可逆性のある化学反応の理解にこれを援用しようとするのには自ずから限界がある．

律速段階の概念そのものや教科書における記述の仕方の問題点が指摘されているので次に紹介する[2]．

いま，つぎのような中間体 I をへる A → B の反応

$$A \underset{k_{-1}}{\overset{k_1}{\rightleftarrows}} I \underset{k_{-2}}{\overset{k_2}{\rightleftarrows}} B$$

について各段階で正逆方向の速度の大小関係が異なる場合について考察してみる．論理学の話である．

(1) $k_1 \gg k_{-1}$，$k_2 \gg k_{-2}$（両段階とも不可逆過程）の場合：

(a) $k_1 \gg k_2$ ならば，中間体 I は非常に安定で，A は素早く I となり，I はな

かなか B にならないから反応とともに I が蓄積される．したがって，反応速度を何で定義するかによって異なり，A の減少速度とすると k_1（より大きな速度定数）に依存し，B の生成速度とすると k_2（より小さい速度定数）に依存することになる[3]．

（b）$k_1 \ll k_2$ ならば，I が生成すれば速やかに B に変化するから，A の減少速度，B の生成速度ともに第1段階の速度すなわち k_1（より小さい速度定数）に依存することになる．

（2）$k_1 \ll k_{-1}$，$k_2 \gg k_{-2}$（第一段階が可逆過程）の場合：

この場合は，I は不安定な中間体で経時的に一定濃度を保つ定常状態となる．すなわち，第1段階が平衡（$k_1/k_{-1}=$一定）となり，中間体 I の濃度変化 $d[\text{I}]/dt=0$ であるから，A の減少速度と B の生成速度が一致する．速度式は次のようになる．

$$\frac{\mathrm{d}[B]}{\mathrm{d}t} = \frac{k_2 k_1}{k_{-1}+k_2}[\text{A}] = -\frac{\mathrm{d}[\text{A}]}{\mathrm{d}t}$$

（a）$k_{-1} \ll k_2$ ならば，I が生成するとただちに B になるから，B の生成速度は最も小さい速度定数 k_1（$\ll k_{-1} \ll k_2$）に依存する．

$$\frac{\mathrm{d}[B]}{\mathrm{d}t} = k_1[\text{A}]$$

（b）$k_{-1} \gg k_2$ ならば，I が生成しても B になり難く A に戻りやすいから B の生成速度は k_2 に依存する．

$$\frac{\mathrm{d}[B]}{\mathrm{d}t} = k_2 \frac{k_1}{k_{-1}}[\text{A}]$$

この場合 k_2 と k_{-1} の大小が問題であって，k_2 が k_1 より大きいか小さいかは関係なくなる．つまり，各段階の正方向の素反応速度が速いか遅いかには関係なく律速段階が決まるのである．このような型の反応機構，すなわち，

$$\text{A} \rightleftharpoons \text{I} \xrightarrow{\text{slow}} \text{B}$$

による有機反応は例を上げるまでもなく数多く知られている．

このように整理してみると，先に述べた漏斗によるアナロジーが無力であることが分かる．このアナロジーが無条件に成り立つのは，最小の速度定数が明

らかな 1(b) と 2(a) の場合だけである．

素朴な疑問の妥当性と
エクスキュース（言い逃れ）

アナロジーを含めて，律速段階に関する一般の説明が非常に不十分・不親切であることは明らかである．遅い素反応段階が必ずしも律速段階になるとは限らないからである．

さらに，ここで速い遅いを問題にしているのは，各素反応段階を単独で他の段階と切り離して進行させた場合の話で現実的ではない．現実の定常状態にある多段階反応では，各素反応みかけの速度はすべて同一となっているはずである．

従来，反応速度による反応機構の解明の仕方としては，各反応成分の次数を求め，反応速度式を決定し，律速段階を求めることによって推定するという手法がとられてきた．きわめて単純な反応でなければ律速段階が分かっても反応過程のすべてが明らかになるとは限らない．これまで他の段階の解明には手がでなかったというのが実状であろう．反応速度を求める方法として反応物の減少，または生成物の増加を測定することしかできず，中間段階に定常状態を設定して議論するしかなかったから，このような律速段階という多少あいまいさを残した概念を便宜的に使ってきたわけである．

しかしながら，現在速度論的研究の他に反応中間体を直接分析する方法や，同位体標識法[4]などが発達して，いわゆる律速段階以外の過程のメカニズムも判明するようになり，反応速度論も反応速度学として体系づけられた．律速段階の役目は終わりつつある．

1）素反応(elementary reaction)とは，化学反応式の表わしている全反応が完了するまでの原子の組み替え過程の1つ1つをいい，エネルギー図で表わされる一山に相当する．

2）J. R. Murdoch, "What Is the Rate-Limitting Step of a Multiple Reaction ?", *J. Chem. Educ.*, **58**(1), 32(1981).

3）アレニウス式 $k = A \exp(-E_A/RT)$ からもわかるとおり，k が小さいと E_A が大きくなり，反応速度は遅くなる．

4）廣田鋼蔵，『反応機作解明と同位体標識法』，講談社．なお，律速段階に関する問題点は次の文献に指摘されている．廣田鋼蔵，"有機化学覚え書き20．律連段階"，化学の領域，**21**, 684(1967).

2.1.5 反応温度によって主生成物が異なることがあるのはなぜか

　同じ反応物から異なった生成物（多くは異性体）が競争的に生ずる場合，反応温度によって主生成物が違ってくる場合が，数は多くないが知られている．表-1にその数例を表示しておく[1,2]．

表-1　反応温度による主生成物の違い

B 低温での主生成物	$\xleftarrow[k_{-1}]{k_1}$	A 反応物	$\xrightarrow[k_{-2}]{k_2}$	C 高温での主生成物

$$CH_3-CHBr-CH=CH_2 \underset{}{\overset{HBr}{\rightleftarrows}} CH_2=CH-CH=CH_2 \underset{}{\overset{HBr}{\rightleftarrows}} CH_3-CH=CH-CH_2Br$$

速度論と平衡論

　このことは，反応が速度論的支配（kinetic control）によるのか，熱力学的支配（thermodynamic control）によるのかという議論で説明されている．

　すなわち，低温で起こる A → B は活性化エネルギーがより小さく（$E_{AB} < E_{AC}$），反応速度が速いルートである．低温では，反応物分子のうちで活性化されたものの割合が少ないため，活性化エネルギーの大きさが反応のルートに影響を及ぼすわけで，これを速度論的支配というのである．

　一方，高温側で起こる A → C は自由エネルギーのより低い（$G_C < G_B$），安定な生成物を与えるルートである．高温では反応分子が十分に活性化され，活性化エネルギーの障壁もそれ程問題とならず反応速度も速いため，速やかに平

衡状態に達するので，熱力学的（あるいは平衡論的）支配と呼ばれる．

　これらのエネルギー関係を図-1に示す．要するに，競争的に起きる反応経路の間で活性化エネルギーの大小と生成物の安定性の順序が逆転するような場合に，このような現象がみられるわけである．

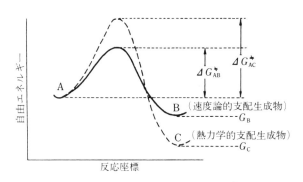

図-1　速度論的支配と熱力学的支配のエネルギー関係図

反応の時間経緯についての
シミュレーション

　しかし，以上のような反応温度に関する定性的なエネルギー論だけでは不十分である．例えば，低温において高温での主生成物がはたして与えられないのか，上の説明だけでは十分に理解できない．反応時間の要因を考慮しなければならないことが指摘されている[3]．

　いま，AB，AC間の反応速度をすべて一次であると仮定してそれぞれの速度定数を任意に定めて（k_1をk_2の10倍とする）計算すると，図-2(a)に示したように約4分後にAの濃度はほぼ0となり，そのとき[B]/[C]＝10である．その後は逆反応が進行して，$k_1/k_{-1}＝K_1＝100$，$k_2/k_{-2}＝K_2＝200$とすると約10,000時間後に平衡に達し，そのとき[B]/[C]＝0.5となる．反応温度を高くして平衡に達するまでの時間を1,000分の1にしたとすると，[B]/[C]の時間変化は図-2(b)の実線から点線のように変る．この図を見ると，生成物の組成を決定するのは反応時間であることがよくわかる．ただし，これらの図の横軸は対数である．通常これほど長時間反応させることはないので速度論的支配の生成物が得られるのである．

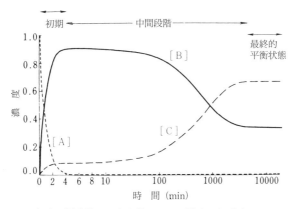

（ａ）　反応物Ａと生成物Ｂ，Ｃの濃度の経時変化

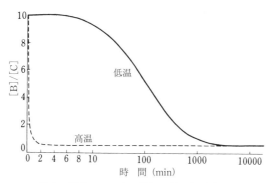

（ｂ）　温度による生成物組成比の経時変化

図-2　長時間反応させたときの経時変化

各反応速度定数を $k_1=1$, $k_{-1}=0.01$, $k_2=0.1$, $k_{-2}=0.0005$（min^{-1}）と任意に定めて計算

1）このほかの実例が次の文献に説明されている．(a)L. A. McGrew and T. L. Kruger, "Kinetic Versus Thermodynamical Control－An organic chemistry experiment", *J. Chem. Educ.*, **48**, 400(1971). (b)A. K. Youssef, M. A. Ogliaruso, "Organic Experiment to Illustrate Thermodynamic Versus Kinetic Control", *ibid.*, **52**, 473(1975). (c)K. E. Kolb, J. M. Standard and K. W. Field, "Alkylation of Chlorobenzene－An experiment illustrating kinetic versus thermodynamic control", *ibid.*, **65**, 367 (1988).

2）この表のうち，第4番目の2-ナフトキシドに対する CO_2 によるカルボキシル化（Kolbe-Schmitt 反応）は著者らの実験結果であり MO 計算によって解析されている（「実験室ノート　理論と実

験」(p. 196) 参照）．表-1 に示したように低温（条件によっては室温）で1位が選択的にカルボ
キシル化されやすいのは図-3 に示すようにこの位置の HOMO 分布が高いためである．また，高
温になると6位がカルボキシル化された生成物が多く得られるのは，生成物の安定性で説明され，
1位に置換したものに比べて全エネルギーが低いこと（これは分子の形の対称性がよいためと説
明される）が計算で求められる．

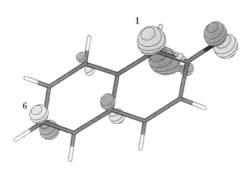

図-3 2-ナフトキシド（アニオン）の HOMO 分布

3) R. B. Snadden, "A New Perspective on Kinetic and Thermodynamic Control of Reactions", *J. Chem. Educ.*, **62**, 653 (1985).

読書ノート ▶━━━━━━━━━━━━━━━━━━━━━━━━━━━━━

　ニュートン以来物理学の基礎をなして，揺るがし得ないかのように見えていた力学の一般原理
も，今や廃棄されるべき時，或は少なくとも深い修正を受けるべき時が来たのであろうか．これ
は，ここ数年来，多くの人々の問題としているところである．彼等によれば，ラヂウムの発見は
今まで最も確呼たるものと信ぜられていた学説，すなわち一は金属の変質は不可能であるという
説，他は力学の基礎的公準，この2つを覆してしまったという．おそらくは，この新奇な説を決
定的に確立したものと考えて，ただに昨日の偶像を毀つのはあまりにも早計に失した嫌いがあろ
う．おそらくは態度を決定するに先だってさらに数多くの有力な実験を待つのが至当ではあろう．
　　　　　　　　　　　　　ポアンカレ"科学と方法"(1908)，(吉田洋一訳，岩波文庫)

2.2 求核的置換反応

2.2.1 一分子だけで反応が始まるという S_N1 反応機構はおかしくないか

S_N1 反応のエネルギー源　S_N2 反応機構の場合は，基質分子（RX）が求核試薬（Nu:）と出会って反応する段階が律速段階となり，反応速度 r_2 は次のような 2 次式となる．

$$r_2 = k_2 [\text{RX}] [\text{Nu:}]$$

これに対して，S_N1 反応機構の速度式は，RX のみの濃度に依存する 1 次式

$$r_1 = k_1 [\text{RX}]$$

になると説明されている．この式だけからすると，RX は次のように自分だけ単独で単分子反応を起こしてカルボカチオンになっているように見える．

$$\text{RX} \longrightarrow \text{R}^+ + \text{X}^-$$

この反応はイオンへの解離反応であるから当然かなりの活性化エネルギーを必要とするはずであるが，RX はそれをどこから得ているのだろうか？そのあたりの説明が十分なされていないと，標記のような疑問が生じても無理はない．

隠れた溶媒の作用　単独気相での反応ならば，RX 分子どうしの衝突によって活性化エネルギーを超えるエネルギーを持つようになった分子が単分子反応することが考えられる（2.1.1 参照）．溶液反応の場合は，RX にエネルギーを与えるのは大方溶媒分子である．RX は溶媒分子と衝突を繰り返しているうちに，その一部が活性化エネルギーを超えるエネルギーを獲得して反応するようになるのである．

さらに，溶媒分子は，基質 RX にエネルギーを与える役目を果たすばかりでなく，溶媒和によってイオン R^+ あるいは X^- を安定化させ先のイオン解離反応を促進すると考えられる．つまり，RX から X^- を引き出す役目も果たしているわけである[1]．酸の解離の場合（1.5.1 参照）と同様に考えられる．

$$RX \longrightarrow R^+(solv) + X^-(solv)_n$$

ここで，$(solv)_n$は溶媒和を表わす．

　結論的にいうと，S_N1機構は，単分子反応（一分子反応）であるといっても，それは式の上だけのことで，実際は2分子間の衝突によってエネルギーを獲得し反応しているのである．つまり，RX が衝突する相手が溶液系では大過剰に存在する溶媒分子なので，反応速度式の濃度項にあらわれてこない．$[solv]=1$で一定であるので，反応速度は $[RX]$ にのみ比例する一次式になるということである．

カルボカチオン中間体のゆくえ　　S_N1反応は，この溶媒和されたカルボカチオンが中間体となって次の段階で生成物を与える2段階機構である．

　このカルボカチオンに対して，他に強い求核試薬が存在しない場合には，溶媒分子がもう一歩踏み込んで結合をつくり，加溶媒分解(solvolysis)となる．溶媒が水の場合は加水分解(hydrolysis)，アルコールの場合には加アルコール分解(alcoholysis)という．

　これらの溶媒より求核性が強い試薬 $Y^\ominus$ が共存する場合には，これと結合して置換生成物が得られる．これが，通常記述されているルートである．この際，R が不斉炭素を中心とするアルキル基であると，カルボカチオンは平面構造であるため，下図左のように $Y^\ominus$ はその両面から同じように攻撃できるからラセミ化が起こると説明されている．

　ところが，実際は部分ラセミ化にとどまっているのが普通である．このことは，下図右のように溶媒 solv が，求核試薬と同様，X を背面から攻撃して $X^\ominus$ として追い出し，そのままの位置でカルボカチオンに軽く溶媒和しており，これに $Y^\ominus$ が逆の背面から攻撃するため反転している可能性を示唆している[2]．

　さらに，カルボカチオンは脱離した $X^\ominus$ と反応して元にもどる可能性も存在する．というのは， $X^\ominus$ もアニオンであるから求核試薬として作用して不思議がないからである．問題は， $X^\ominus$ と $Y^\ominus$ の求核性（2.2.2参照）の強さのバランスである．もし， $Y^\ominus$ が強い求核試薬ならば S_N2 機構になり， S_N1 とならないはずである（2.2.3参照）したがって，もともと $Y^\ominus$ と $X^\ominus$ の求核性の差が少ない S_N1 機構の第1段階は可逆的となる可能性が高いといえる．

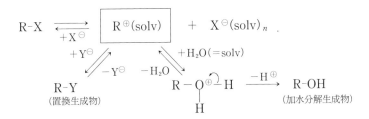

S_N2 機構との関係

　R の種類による違い（2.2.4参照）は別にして，S_N1 機構になる条件は次のようになる．

　基質 RX の X^- が溶媒によって安定化しやすいものほど脱離しやすいはずで，S_N1 機構になりやすいはずである．同様に，溶媒和しやすい極性溶媒の方が S_N1 機構になりやすいともいえる．また，求核試薬の求核性が弱い場合（加溶媒分解も含む）にも S_N1 機構にシフトする．

　以上と全く逆の条件のとき S_N2 機構となりやすいと考えられる．たとえば，OH^- はアニオンであるから H_2O より強い求核性を示すことは明らかであるが，両者の RX に対する反応機構は次のようになる．

　（1）　R-X ＋ NaOH ⟶ R-OH ＋ NaCl　　S_N2 （非可逆的）

　（2）　R-X ＋ H_2O ⟶ R-OH ＋ HCl　　S_N1 （可逆的）

　式（2）の逆反応は，アルコールと塩化水素からハロゲン化アルキルを合成する反応に他ならない．このことからも，この反応が可逆反応になることがわかる．

1）J. Dale, "Inadequacies of S_N1 Mechanism", *J. Chem. Educ.*, **75**, 1482(1998).

2）これは，S_N1 機構でなく S_N2 的な機構が続いて起こっていることを意味している．このことから，真の意味での S_N1 反応は存在しないと言いきる人がいる．

2.2.2 求核試薬の反応性（求核性）は何によって決まるのか
求核性と塩基性の違いは何か

平衡論と速度論　アニオン性試薬の反応性を表わす尺度は2通りある．1つは，プロトンに対する親和性の尺度である塩基性度（basicity）で，水中での共役酸の解離平衡定数（またはpK_b値）で表わされる．もう1つは，S_N2反応における炭素に対する反応性の尺度である求核性（nucleophilicity）で，適当なハロゲン化アルキル（CH_3Iなどがよく基準となる）に対する反応速度で比較される[1]．つまり，塩基性度は熱力学（平衡論）的な値である解離定数で表わされ，求核性は動力学（速度論）的な値である反応速度定数で表わされる[2]．

　アニオン性試薬の反応原子が周期表の第2列元素ならば，塩基性と求核性は，立体的要因などのためかなりのばらつきはあるものの，ほぼ相関関係がある．このことは，熱力学的な値であるエンタルピー変化ΔHの順と，動力学的な値である活性化エネルギーE_Aの順にほぼ平行関係が成り立っているということを意味する．

　しかし，このような平行関係は周期表の縦の関係にある元素の間では全く逆になる場合がある．例えば，ハロゲン化物イオンでは，

$$塩基性\quad F^- \;>\; Cl^- \;>\; Br^- \;>\; I^-$$
$$求核性\quad I^- \;>\; Br^- \;>\; Cl^- \;>\; F^-$$

と順序が完全に逆転する．

理論的な説明　塩基性の場合は，結合する相手がプロトンである．小さくて硬い[3]1sオービタルと効果的により強く重なり合うためには，より小さなpオービタルの方がよいわけで，F^-の共役酸であるHFが最も結合エネルギーが大きく安定である．つまり，F^-の塩基性が最も強いことになる．

　これに対して求核性の順は，結合していく相手が比較的拡がりを持った炭素のオービタルであるから，ハロゲン化物イオンの分極能（電気陰性度の逆）の順と一致する．2.2.3で述べるように分極能が大きい（これを軟らかいとい

う）ほど活性錯合体への活性化エネルギーが低下するのでS_N2反応の相対速度は速くなり，求核性が高いことになる．

このような相関関係をF^-とI^-についてエネルギー図を使って模式的に表わすと図-1のようになる．H^+に対する反応の活性化エネルギーはほとんど0と考えられるからエンタルピー変化ΔHの違いだけが問題となる．これに対して，RXに対する反応では，生成物とのエンタルピー変化はともかく活性錯合体までの活性化エネルギーの違いで反応速度の差が現われる．

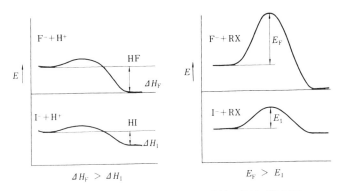

図-1　F^-とI^-のH^+とRXに対する反応性の比較（概念図）

1）求核試薬の反応性Eと塩基性Hとの間にEdwards式といわれる関係式

$$\log(k/k_0) = \alpha E + \beta H$$

　　が知られている．その他，求核性と塩基性，電気陰性度との定量的な関係については，岡本善之，『講座有機反応機構－酸と塩基』，東京化学同人，p.84に詳しく述べられている．

2）ここにも速度論と熱力学の対比がみられる．両者の立場の違いをしっかり身に付ける必要がある．

3）硬い（hard）という表現は，R. G. Pearsonによって提唱されたHard and Soft Acids and Bases（HSAB）則によるもので，電子が原子核に強く引きつけられていること（分極能が小さいこと）を意味する（2.2.5参照）．この逆を軟らかい（soft）という．

2.2.3 求核試薬の求核性が高いほど S_N2 機構になりやすいのはなぜか どのような基が置換反応の脱離基として有効か

求核試薬の分極能と活性錯合体の安定性　前項において分極能[1]の高い求核試薬ほど求核性が高い，つまり，S_N2 反応の速度が速いと説明した．S_N2 反応の速度が速くなるということは，その活性化エネルギーが小さくなるということに他ならない．活性化エネルギーが小さくなるということは，S_N2 反応の活性錯合体のエネルギーが低下して安定化することである．

S_N2 機構の活性錯合体は，下図のように，置換が起こる炭素を中心にして，求核試薬と脱離基がそれぞれ結合を長く伸ばした状態のことである．分極能が高いということは，このように電子分布を変形しやすいということを意味するわけであるから，活性錯合体のエネルギーが低下して反応速度が速くなるという結論になる．

$$\overset{\delta-}{Nu} \cdots \overset{|}{C} \cdots \overset{\delta-}{L}$$

分極能は，電気陰性度との裏返しの関係にあると考えられるから，F^- よりも I^- の方が分極能が高く，求核性が高いことになる．

同じような理由で，アルコキシド RO^- よりもメルカプチド RS^- の方が，また，三級アミン R_3N より，トリアルキルホスフィン R_3P の方が塩基性が弱いが求核性は高い．一般的にいうと，周期表の第3周期の元素は，塩基性度の同じくらいの第2列元素の試薬より求核性が高いということになる．

脱離基の効果　一方，脱離基に関しても，分極能が大きければ同様により安定な活性錯合体を形成しうるわけである[2]．したがって，ハロゲン化アルキル RX について，アルキル基が同じならば S_N2 反応のしやすさは，

$$RI \; > \; RBr \; > \; RCl \; \gg \; RF$$

の順となる（RF は S_N2 反応をほとんどしない）．これは，周期表の下の方の

元素ほど，つまり電子をたくさん持つほど，分極能が大きくなるからである．

　また，スルフォネートROSO$_4^{\ominus}$はアニオンの広がりが大きく安定である（1.4.7参照）から優れた脱離基となる．ジメチル硫酸が強力なメチル化剤として知られているのはそのためである．

$$Nu^{\ominus}: \quad CH_3-O-SO_3CH_3 \quad \longrightarrow \quad Nu-CH_3 + {}^{\ominus}OSO_3CH_3$$

　これに対して，カルボキシレートRCO$_2^{\ominus}$は対応する共役酸RCO$_2$Hが強酸ではないことからもわかるように，スルフォネートに比べると安定性は劣るのでよい脱離基とはならず，求核試薬は次式右側のように$\delta+$性を示すカルボニル炭素の方を攻撃し，CH$_3$O$^{\ominus}$が脱離する．

$$Nu^{\ominus}: \quad CH_3-\overset{}{O}-\underset{\underset{O}{\parallel}}{C}-R \qquad Nu^{\ominus}: \quad R-\underset{\underset{O}{\parallel}}{C}-O-CH_3$$

　一方，アルコールROHはそのままではS$_N$2反応をしにくい．これは，脱離すべきOH$^-$が強い塩基だからである．しかし，プロトン酸触媒を用いるとオキソニウムとなり，脱離基が安定なH$_2$Oになるので次のように置換反応が進行するようになる．

$$R-OH \underset{}{\overset{H^{\oplus}}{\rightleftarrows}} R-\overset{\oplus}{O}{<}^H_H$$

$$Nu^{\ominus}: \cdots R \cdots \overset{\oplus}{O}{<}^H_H$$

---

1) 分子が，強さFの電場に置かれたとき誘起される双極子モーメントはFに比例する値となるが，この係数αのことを分極率といっている．分極能（polarizability）とは分子の動的分極を意味する．結合の分極（電気陰性性度の差）によって起る双極子モーメント（静的分極）μとは独立した値である．電場中の分子全体のモーメントは$\mu+\alpha F$となる（0.4(3)参照）．

　化学反応を考える場合，電場というのは反応系内で他の分子（電子におおわれている）の接近を意味する．つまり，反応試薬が近づいたとき，分子内の電子がどれだけ感応して，オービタルがどれだけ変形しやすいかということである．これは，とりもなおさず，どれだけ新しい結合をつくりやすいか，化学反応しやすいかということの指標となる．ここに分極能の重要性がある．

2) しかし，脱離基が結合電子をもって脱離する傾向（これをnucleofugalityという）を詳細に検討すると，その共役酸のpK_a値とも相関性はなく，また，その求核性とも相関性が認められないこ

とが指摘されている．これは，2.2.1 でのべた S_N1 機構だけではなく，S_N2 機構においても溶媒和効果が作用しているためと考えられる．C. J. Stiring, "Leaving Groups and Nucleofugality in Elimination and Other Organic Reactions", *Acc. Chem. Res.*, **12**, 198(1979)．

実験室ノート　理論と実験

　コルベ・シュミット反応といえば，フェノールからサリチル酸を合成する工業的製法として 19 世紀末には工業化されていた反応である．その実験方法は，フェノールのナトリウム塩（ナトリウムフェノキシド）をオートクレーブに入れ，高温高圧で二酸化炭素と反応させるのである．ある企業の委託を受けて，これを応用して 2−ナフトールをカルボキシル化する研究を 1987 年に開始した．この反応は，元来無溶媒で行われるのが普通であるが，カリウムナフトキシドをある種の極性溶媒に溶かすと，常圧において 100℃以下で十分反応することがわかった．驚いたことに，ガスビュレットで二酸化炭素の吸収速度を測定したら，わずか 30 分で反応が完結してしまった．

　この溶媒効果をよく考えてみると，イオン対をなしているカリウムとナフトキシドをそれぞれ別個に溶媒和して分離するからではないかと気が付いた．そこで，カリウムを捕捉するクラウンエーテルを少量加えてみると，全く反応しなかったベンゼンのような非極性溶媒でも同様に常圧で二酸化炭素を吸収するようになった．イオン対になっていない「裸のアニオン」の威力に改めて驚いた．

　ところで，この研究の目的は，最近注目されている液晶ポリマーの原料となる 6 位にカルボキシル化したナフトールの合成であったが，実際には 1 位のものばかり得られた．どうしてそうなるのか．分子軌道計算をして見ると，フロンティア理論から確かに 1 位が求電子的攻撃を受けやすく，また，エネルギー的には 6 位のほうが安定であることが裏づけられた．2.1.5 でのべた速度論的支配・熱力学的支配の典型であった．高温で長時間反応させれば目的の 6 位のものが得られるはずであるが，なるべく低温短時間で済ませるにはどうしたらよいか．再び理論計算の結果から，2 位のものをジアニオンにすれば転移して 6 位になりやすいことがわかり，それに基づいて実験したところ，予測どおりの結果となった．

　このことの意義は，理論が有益であり，利用価値があることを実証したことにある．化学の理論はこのように使われるべきであるという好例となろう．しかしながら，筆者としては，「なるほど」と感心したものの，最初に述べたイオン対分離の効果を発見したときのような「おどろき」は感じられなかった．

2.2.4 ハロゲン化アルキルのアルキル基の種類によって S_N2 反応と E 2 反応で起こりやすさが逆になるのはなぜか

アルキル基の種類による反応性の順は，S_N1 と E 1 反応では順序が一致し，

S_N1：3級　＞　2級　＞　1級　＞　メチル基

E 1：3級　＞　2級　＞　1級

となる．これは，S_N1 も E 1 もカルボカチオンの生成段階が律速であるから当然である．カルボカチオンの安定性がこの順だからである．

これに対して，S_N2 反応と E 2 反応では逆転して次のようになる．

S_N2：メチル基　＞　1級　＞　2級　＞　3級

E 2：　　　　　3級　＞　2級　＞　1級

置換と脱離における攻撃位置の違い　　S_N2 反応において CH_3X が最も反応性が高いのは，求核性試薬が中心の炭素に近づくとき立体的な障害が少ないためと説明される．求核試薬が周りの原子団の間をぬって中心の C へ接近するのは，オービタルをかなり伸ばさなければならない．つまり，その分極能が大きくなければならない（2.2.3）．立体障害の大きい3級アルキルでは S_N2 反応はほとんど起こらないと考えられる．

これに対して，E 2 では試薬の攻撃個所が分子の外側のほうに位置する H であるから立体障害はほとんど問題にならない[1]．3級アルキルは，置換反応よりも脱離反応の方が起こりやすい．

カルボカチオンの安定性　　3級アルキルが E 2 型反応をしやすいのは，より多くのアルキル基がつくことによって活性錯合体が安定化するためでもある．この理論は，アルキル基の超共役効果によって説明されている（1.4.6 参照）．

求核試薬と溶媒の影響　　一般的な傾向として，求核試薬の求核性が高いと S_N2 型置換反応が起こりやすくなることは前項でのべたが，塩基性が強いと E 2 型脱離反応の方が優勢となる．これは，脱離反応がまずプロトンを引き抜くことから始まるから当然である．また，脱離するアニオンがより安定な場合，あるいは溶媒の極性が高い場合はカルボカチオンが

溶媒和によって安定化されるので S_N1 あるいは E 1 型の反応が進行しやすくなる（2.1.1 参照）．

視点の問題　ここでもう 1 つ問題点を指摘しておこう．上に述べたように，反応機構の型→ハロゲン化アルキルの反応性という順で思考するのはむしろ逆であって，実際はハロゲン化アルキルの反応速度式あるいは反応生成物の分布から反応機構の型のうちどれがどの程度起こっているかが推定されるのである[2]．

1）このことから，どちらかというと S_N2 の活性錯合体は反応物の形に近く（reactant-like），E 2 の活性錯合体は生成物に近い（product-like）と言える（2.4.5 参照）．しかし，E 2 といっても C−H，C−X の結合の開裂と π 結合の形成が完全に同時進行する理想的な反応ばかりではなく，E 1 に近い型あるいはカルバニオンに近い型もある．

2）しかし，3 級アルキルはカルボカチオンを経る S_N1 機構，一級アルキルとメチルは S_N2 機構で進行するのがほとんどで，求核試薬，脱離基，溶媒などの条件によって左右されやすいのは 2 級アルキルの場合である．

2.2.5 エノレートの C-アルキル化と O-アルキル化は何によって決まるのか

　エノレートは両性求核試薬(ambident nucleophile)として作用し，アルキル化反応においては，次式のように C-アルキル化，O-アルキル化による両方の生成物が得られることがある[1].

$$
\underset{}{-\overset{\overset{\textstyle O}{\|}}{C}\!\!\overset{\ominus}{-}CH_2} \equiv \left[\underset{}{-\overset{\overset{\textstyle O}{\|}}{C}-\overset{\ominus}{C}H_2} \longleftrightarrow \underset{}{-\overset{\overset{\textstyle O^{\ominus}}{|}}{C}=CH_2} \right]
$$

$$
\xrightarrow{RX} \quad -\overset{\overset{\textstyle O}{\|}}{C}-CH_2-R \quad + \quad -\overset{\overset{\textstyle O-R}{|}}{C}=CH_2
$$

C-アルキル化　　　　　O-アルキル化

C と O の違い，
S_N1 と S_N2 の違い

　このようなエノレートの負電荷の中心，C と O について考えると，電気陰性度は O の方が大きいから負電荷は O の方に偏っているが，電子の動きやすさを表わす分極能は逆に C の方が大きい.

　したがって，アルキル化反応の機構が S_N2 の場合には，活性錯合体においてオービタルが伸びなければならないから（2.2.3 参照），分極能の大きい C-アニオンが求核試薬として攻撃する方が活性錯合体を安定化できて有利である.

　一方，S_N1 機構で反応が進む場合には，律速段階はカルボカチオン中間体生成の段階である．このカルボカチオンとエノレートとの反応はイオン反応なので速く進み，S_N2 の場合のような活性錯合体が安定化するかどうかはたいして重要でない．カルボカチオン中間体は，エノレートの負電荷密度の高いところ，すなわち，O-アニオンに引きつけられてそこで反応するようになる.

$$
R-\overset{\overset{\textstyle O}{\|}}{C}-CH_2\cdots\!\!\cdots R\cdots\!\!\cdots X \qquad R-\overset{\overset{\textstyle O^{\ominus}}{|}}{C}=CH_2 \qquad R^{\oplus}
$$

S_N2　　　　　　　　　　　S_N1
slow　　　　　　　　　　　fast
C-alkylation　　　　　　　O-alkylation

　置換反応の機構がS_N1になるかS_N2になるかは，2.2.4で述べたように基質の性質に負うところが大きい．S_N2機構になるハロゲン化アルキルではC-アルキル化が起こりやすく，カルボカチオンとなりやすい$RCOCl$，$ROCH_2Cl$，α-ハロケトン，ジアゾメタンなどではO-アニオンが反応した生成物が優勢となる．しかし，いずれで反応するかについては，この他に溶媒の効果や対カチオンの効果[2]なども大きく一義的に決めるのは難しい．

HSAB則による定性的説明

このような反応種の組み合わせの適否については，HSAB則[3]という規則で推測することができる．エノレートの場合は，分極能が大きいCがsoft base，小さいOがhard baseとしての反応点である．これと反応するRXの炭素は$\delta+$性が低いからsoft acidに分類されるのでsoftなCとS_N2反応し，一方，正電荷そのものであるカルボカチオン，あるいは$\delta+$性の高いカルボニル炭素はhard acidに分類されるのでよりhardなOとS_N1的に反応する．

電荷密度とHOMOの分布

エノレートイオンのCとOの分極能の大きさとか硬さとかによる定性的な説明に加えて，MO計算に基づく定量的な説明を試みよう．

　アセトアルデヒドのCH_3基のαHがプロトンとして解離してできるアニオン（エノレートイオン）について *ab initio* MO計算結果を図-1に示す．

　電子密度分布（a）に関しては，Oの方がかなり大きく広がっており，陰電

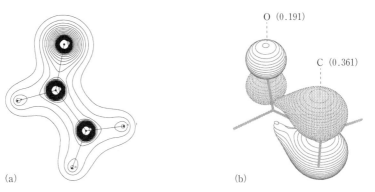

（a）　　　　　　　　　　　　　　　　（b）

図-1　エノレートの（a）電子密度分布（等高線）と（b）HOMO分布（カッコ内はフロンティア電子密度係数）

荷はCよりもOの方に偏って分布していることがわかる．したがって，カルボカチオンとのイオン的な反応（S_N1機構）の場合は，さきに述べたようにOと反応しやすいことが理解される．

一方，HOMOの分布（b）は，逆にCのほうがOよりも大きく広がっていてその係数が大きい．したがって，エノレートが求核試薬として作用する場合（S_N2機構）にはCの側から行われることがフロンティア電子理論によって理解できる．分極しやすい（あるいはsoftな）求核試薬という定性的な表現に代わってHOMOの広がりによって定量的に議論することが可能となる．

---

1) ここでは，Cに⊖をつけたものとOに⊖をつけたものの共鳴限界式を書き，あたかもその各々が別々にRXと反応するかのような表現をしているが，くれぐれも誤解しないでほしい．この共鳴式は，2つで図-2(c)に示したような1つのエノレートイオン分子を表現しているのである．1.6.4で述べたアセトアルデヒド（a）とビニルアルコール（b）は，ケト－エノール互変異性体の関係にある別々の分子である．これらからプロトンが解離すると共通のエノレートイオンとなる．

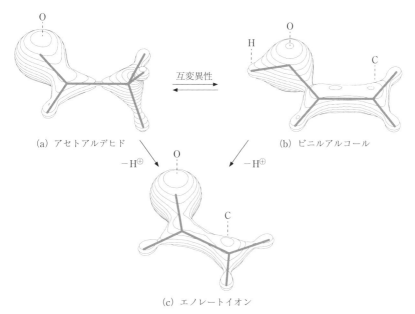

(a) アセトアルデヒド　　　　　　　　　　(b) ビニルアルコール

$-H^\oplus$　　　　　　$-H^\oplus$

(c) エノレートイオン

図-2　アセトアルデヒド・ビニルアルコール互変異性体とそれらから生じるエノレートイオンの分子モデル（全電子密度分布）

2）シアン化物イオンの求核性に対する次のようなカチオンの効果も知られている（E. S. Gould（小方芳郎他訳），『有機化学―機構と構造』，広川書店．p. 297, I. Fleming（竹内敬人，友田修司訳），『フロンティア軌道入門』，講談社サイエンティフィック．p. 48）．ヨウ化メチルに KCN を作用させた場合は通常どおりニトリルを生成するが，シアン化銀を作用させた場合には，シアンイオンのうち，より電気陰性度の高い窒素でメチル化が起こりイソニトリルが生成する．この場合は，銀イオンがヨウ化銀となりやすいためヨウ化メチルの解離を促進し，メチルカチオンが発生し，S_N1 機構が優勢になるからであると説明されている．

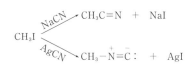

3）**HSAB 則**　1960 年代 R. G. Pearson の提唱した硬い酸・塩基と軟らかい酸・塩基の原理（Principle of Hard and Soft Acids and Bases）の略．

　　　電気陰性度が小さく分極しやすい求核種－soft base

　　　電気陰性度が大きく分極しにくい求核種－hard base

　　　正電荷密度が分散して低い求電子種－soft acid

　　　正電荷密度が集中して高い求電子種－hard acid

というふうに反応種を分類し，soft どうし，hard どうしが反応しやすいという規則である．この'原理' によって従来説明しきれなかった有機反応における特異性などが簡便に説明できるようになった．Tse-Lok Ho, "Analysis of Some Synthetic Reactions by the HSAB Principle", *J. Chem. Educ.*, **55**, 355(1978).

　　　1980 年代になって，フロンティアオービタル HOMO・LUMO との関わりが明らかにされ，ハードネス（hardness），絶対電気陰性度（absolute electronegativity）という新しい概念で説明されるようになっている（山口達明，『フロンティアオービタルによる新有機化学教程』，三共出版（2014），p. 50 参照）．

2.2.6 カルボン酸誘導体に対する求核的置換反応は，ハロゲン化アルキルに対する反応とどこが違うのか

　カルボン酸誘導体（RCO-L）と求核試薬との反応は，形式的には次のように表わされる置換反応で，ハロゲン化アルキル（RX）に対する場合と大差ないようにみえる．

$$\underset{}{R-\overset{\overset{\textstyle O}{\|}}{C}-L} \ + \ :Nu^- \ \rightleftarrows \ R-\overset{\overset{\textstyle O}{\|}}{C}-Nu \ + \ L^-$$

　しかし，反応の機構上ではS_N1機構に対応する次のようなカチオンを経由する例

$$(1) \ \ R-\overset{\overset{\textstyle O}{\|}}{C}-L \ \rightleftarrows \ R-\overset{\oplus}{C}=O \ + \ L^{\ominus}$$

$$R-\overset{\oplus}{C}=O \ + \ :Nu^{\ominus} \ \longrightarrow \ R-\overset{\overset{\textstyle O}{\|}}{C}-Nu$$

（もとの結合が切れて新しい結合ができる）

は少なく，S_N2機構に対応する１段階的な機構，

$$(2) \ \ R-\overset{\overset{\textstyle O}{\|}}{C}-L \ + \ :Nu^{\ominus} \ \longrightarrow \ \left[\overset{\delta-}{Nu}\cdots\cdots\underset{\underset{\textstyle R}{\|}}{\overset{\overset{\textstyle O}{\|}}{C}}\cdots\cdots\overset{\delta-}{L} \right] \ \longrightarrow \ R-\overset{\overset{\textstyle O}{\|}}{C}-Nu+L^{\ominus}$$

（新旧両結合の形成切断が同時に起こる）

も知られていない．

付加脱離２段階反応機構　　カルボン酸誘導体の場合は，中心炭素が不飽和であるため，まず付加反応によって新しい結合ができて中間体を形成し，次いでもとの結合が切れていく機構が支配的である．いわゆる求核的付加脱離機構である．このような機構は，ハロゲン化アルキルの

ような飽和炭素では中間体として5価の炭素を考えなければならないから不可能であると説明されていたものである．カルボニル炭素では，二重結合が次式（3）のようにたち上がれるためこのような中間体が安定となりうる．

$$
(3)\quad R-\underset{\|}{\overset{O}{C}}-L\ +\ :Nu^{\ominus}\ \rightleftharpoons\ R-\underset{Nu}{\overset{O^{\ominus}}{C}}-L
$$

$$
R-\underset{Nu}{\overset{O^{\ominus}}{C}}-L\ \longrightarrow\ R-\underset{\|}{\overset{O}{C}}-Nu\ +\ L^{\ominus}
$$

この反応機構に対応する反応速度式は，S_N2反応と同様に次のような2次式

$$
r\ =\ k_2[R-\underset{\|}{\overset{O}{C}}-L][:Nu^{\ominus}]
$$

で書き表わせるが，反応エネルギー図は次のように中間体を経る2段階反応であると考えられる．というのは，中間体が比較的安定だからである．

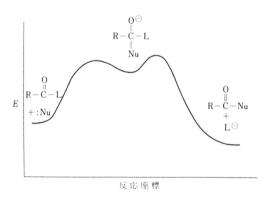

図-1　カルボン酸誘導体の付加脱離2段階機構のエネルギー図

$Nu^{\ominus}$と$L^{\ominus}$の分極能の高い場合ほど反応速度は速く，この中間体から$L^{\ominus}$の脱離が起こると反応が進行することは，飽和炭素に対するS_N2反応の場合と同様である．

2.2.7 カルボン酸誘導体の加水分解のしやすさ，反応性の順をきめているものは何か

　カルボン酸誘導体を水と反応させると，もとのカルボン酸に加水分解する．カルボン酸誘導体の水に対する反応性の順は次のようになる．

$$\underset{\text{RC}-\text{Cl}}{\overset{\text{O}}{\parallel}} > \underset{\text{RC}-\text{O}-\text{CR}'}{\overset{\text{O}\quad\text{O}}{\parallel\quad\parallel}} > \underset{\text{RC}-\text{OR}'}{\overset{\text{O}}{\parallel}} > \underset{\text{RC}-\text{NH}_2}{\overset{\text{O}}{\parallel}} > \text{RC}\equiv\text{N}$$

　一般に，カルボン酸誘導体の反応性には極端な違いが見られる．酸塩化物は空気中の水分によってさえ加水分解され，塩化水素を発生してカルボン酸となる．酸無水物は，温和な条件下で水とすみやかに反応する．これに対して，エステルやアミドは酸やアルカリの存在下加熱してやっと加水分解される．

脱離基の安定性　　カルボン酸誘導体の水に対する反応は 2.2.6 で述べたように次式のような求核的付加脱離機構によると考えられる．

$$\underset{\delta+}{\overset{\delta-}{\underset{\text{R}-\text{C}-\text{L}}{\overset{\text{O}}{\parallel}}}} + \text{H}_2\overset{..}{\text{O}} \rightleftharpoons \underset{\underset{\oplus}{\text{OH}_2}}{\underset{\text{R}-\text{C}-\text{L}}{\overset{\text{O}^\ominus}{\parallel}}} \longrightarrow \underset{\text{R}-\text{C}-\text{OH}}{\overset{\text{O}}{\parallel}} + \text{HL}$$

　その反応性は，求核試薬 H_2O は共通であるから，飽和炭素への求核置換反応の場合と同様，おおまかには脱離基 L の脱離性によって決まる（2.2.3 参照）．すなわち，脱離してくる H L の酸強度の順になるとおおまかに考えることができる[1]．

カルボニル炭素の極性　　さらに，反応性の違いは，カルボン酸誘導体 RCOL のカルボニル基の極性からも考えることができる．つまり，RCOL の求核試薬に対する相対的反応性は，このカルボニル C の $\delta+$ 性が高いほど大きくなる[2]．この C の $\delta+$ 性は，L の電子吸引性が大きいほど高められる．

　アミドの場合，電気陰性度から考えられるアミノ基の誘起効果は確かに電子

吸引性であるが，N の 2 p オービタルに入っていた非共有電子対が，図‐1左のようにカルボニル C の 2 p オービタルに流れ込んで（つまり共役して）その δ+ 性を中和すると考えられる．このことは，共鳴理論によって次式のように書き表わすのと同じである．すなわち，アミドは，そのカルボニル C が N から電子を供与されているために求核的攻撃を受け難く極めて安定な化合物となる．

$$\left[\ \underset{\overset{\|}{O}}{R-C} \overset{\frown}{\ddot{N}H_2} \ \longleftrightarrow \ \underset{\overset{|}{O^{\ominus}}}{R-C} = \overset{\oplus}{N}H_2 \ \right]$$

　さらに，エステルに関してはアルコキシ基 R′O− の O の非共有電子対の同様な共鳴効果が考えられるのでかなり安定である．しかし，O の方が N より電気陰性度が大きく分機能が小さいので非共有電子対のカルボニル C への流れこみ（π 電子供与による共鳴効果）は少なく，エステルはアミドより反応性が高くなる．

　酸無水物では，アシルオキシ基 R′C(=O)O− の O 上の非共有電子対はうしろのカルボニル基（R′C(=O)）によって引張られるため，電子供与性が小さくなる（あるいは，O 上の非共有電子対は両方のカルボニル基に分散している）．そのため，エステルより酸無水物の方が求核試薬に対する反応性が高くなる．

誘起効果（π 共役不成立）による活性化　酸塩化物の異常なほどの反応性は，Cl の誘起効果による電子吸引性のみ働き，共鳴効果による非共有電子対のカルボニル C への電子供与が行わ

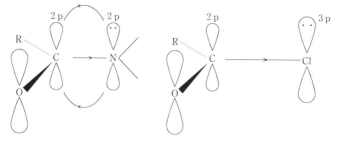

図-1　アミド（誘起効果＋共役効果）と酸塩化物（誘起効果のみ）

れないからその δ+ 性が低下しないためである．π 共役がしにくいのは，図-
1 に示したようにアミドの C-N 結合より第 3 周期元素である Cl とカルボニ
ル C との結合が長く[3]，また，Cl の非共有電子対のオービタルは 3 p であるの
で，カルボニル C の 2 p オービタルとは重なりにくいためと考えられる[4]．

MO 論による説明　以上に述べた電子論に代わって，結合反結合性軌道相互
作用（分子内 HOMO-LUMO 作用とも呼ばれる）によ
っても説明される．福井謙一のフロンティアオービタル理論は，2 分子間の
HOMO と LUMO のエネルギー準位と分布によって，反応の行方を考察する
ものであった．その後，さらに発展して，同一分子内での HOMO と LUMO
の相互作用によって分子物性が論じられるようになってきた[5]．

　アミド結合の安定化に関しては，LUMO 分布が高い（電子論で δ+ とされ
る部位）カルボニル炭素に対して，N 上の HOMO（SOMO，非共有電子対）
が作用して，図-2 のようにエネルギー準位が低下するので安定化すると説明
される．

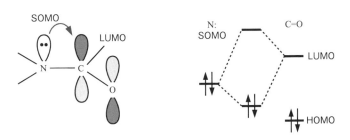

図-2　アミドの SOMO と LUMO の相互作用

1）いうまでもなく HL の酸強度の順は，HCl ＞ HOCOR′ ＞ HOR′ ＞ HNH$_2$ である．
2）もちろん，酸または塩基触媒を使った場合には，反応性も反応機構も変わってくるので一概には
　いえない．
3）たとえば，塩化アセチル CH$_3$COCl の C－Cl 結合の長さは 17.89 nm で，ホルムアミド
　HCONH$_2$ の C－N の 13.76 nm，酢酸メチル CH$_3$COOCH$_3$ の C－O の 13.33 nm に比べてかなり
　長い．
4）同じく Cl が sp^2 炭素と結合しているクロロベンゼンの場合（2.3.3 参照）と同じことである．た
　だし，この場合には求電子的反応に対して不活性となる．

5）**分子内 HOMO・LUMO 作用**　電子論では，分子内の π 結合どうしの相互作用を共役（conjugation）といい，これに対して σ 結合が作用して起こる事象を超共役（hyperconjugation）と呼んでいる（1.4.6 参照）．福井理論は 2 分子間の HOMO-LUMO の準位と分布によって有機反応の行方が運命づけられるということであったが，近年，分子内での事象（共鳴・共役・超共役）にも当てはめられるように発展してきた．

　分子内 HOMO-LUMO 相互作用で説明される事象には次のものがある．

　① エタンの軸回転障壁

　② カルボカチオンの安定性に対する CH_3 基の効果

　③ ラジカルの安定性

　④ C＝O に対する非共有電子対の効果（アミドの安定化）

　⑤ C＝C に対する置換基の効果

　本書では，個々の部分に修正は加えなかったが，次の拙著を参照していただければ幸いである．
山口達明，『フロンティアオービタルによる新有機化学教程』，三共出版（2014，p. 78）．

2.3 求電子的置換反応

2.3.1 芳香環は，求電子的な置換反応をしやすいのに付加反応しにくいのはなぜか

芳香環-置換反応　　芳香環は，動きやすい（さらに正確にいうと分極能の大きい）π 電子系があるため，置換基としてニトロ基などのような，よほど強い電子吸引基がついた場合[1]以外は，求電子的攻撃によって反応が開始する．この点はアルケンに対する求電子付加反応と同様である．

しかし，この求電子的な反応が置換反応になるか付加反応になるかは，求電子試薬 $E^{\oplus}$ が付加してできたカルボカチオン中間体[2]から，プロトンがとれた生成物と，$E^{\oplus}$ の対となっていた陰イオン $X^{\ominus}$ がさらに付加した生成物のどちらができやすいかということで決まる．芳香族環の場合には，中間体から $H^{\oplus}$ が脱離すると安定な 6π 電子（芳香族）系に戻れるため，置換反応のみが進行する[3]．付加反応による環状ジエンは生成しない．

アルケン-付加反応　これに対して，単純なアルケンの場合には，π 電子系が特別な安定化を受けていないため，π 結合が開いて飽和した化合物ができる付加反応の方が起こりやすい[3]．脂肪族の場合，不飽和化合物より飽和化合物の方が安定だからである．この点が，同じ π 電子に対する求電子試薬の反応でも芳香環とアルケンの決定的違いの原因である．

　ここに述べた関係を臭素との反応に関してエネルギー図を模式的に表わすと図-1 のようになる．ベンゼンと臭素の反応において，中間体からの安定化エネルギーは，付加反応では 16.7 kJ/mol，置換反応では 159 kJ/mol と計算されている．置換反応の方が圧倒的に有利であることがわかる．

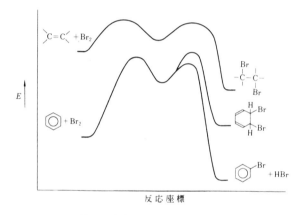

図-1　臭素との反応のエネルギー図

1）ニトロ基が置換したものは，求核的置換反応をおこす（2.3.4 参照）．

2）Wheland 中間体，benzenonium ion（arenium ion），あるいは σ 錯体とよばれてきたが，アレニウムイオンに統一する．なお，この状態を活性錯合体のように説明している教科書があるが，事実，中間体である．

　また，さらに詳しくみると，E^+ が σ 結合してアレニウムイオン（σ 錯体）中間体となる前に弱い電荷移動作用による π 錯体が形成されていると考えられている．

そして，これらの π 錯体，σ 錯体の構造イメージはそれぞれ次の図-2(a)，(b)のように表わされてきた．

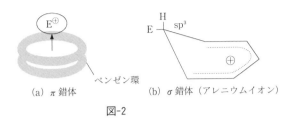

(a) π 錯体　　　　　(b) σ 錯体（アレニウムイオン）

図-2

ベンゼンにはエネルギーの等しい 2 つの HOMO があるが，1.4.2 図-2 に示したように符号が対称的なオービタルであり，ベンゼンの場合，$E^{\oplus}$ の LUMO の符号と合う場合には上図に描かれたような電荷移動錯体（π 錯体）を形成すると考えられる．また，σ 錯体に関しても，E が結合して sp^3 混成となった C が平面から持ち上がっているように描かれているが，E＝H の場合について *ab initio* MO 計算した結果では図-3 のように他の 5 つの C と同一平面にあることが明らかとなった．置換基が H 以外の場合はこの限りではないが，前版を改めて本版ではアレニウムイオンを平面構造として以下表示する（2.3.2）．

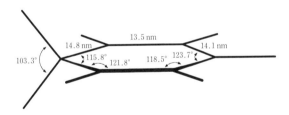

図-3　H^+ 付加したアレニウムイオン（σ 錯体）

3）アルケンに対する付加反応の中間体も，ここに示したような古典的なカルボカチオンとは限らない（2.4.2 参照）．

2.3.2 電気陰性基であるはずの NH₂ や OH などが，どうしてベンゼン環への求電子的置換反応を活性化し，オルト・パラ配向性を示すのか

置換基による反応性と配向性　モノ置換ベンゼンの求電子的置換反応において，第2の置換基（Y）の反応性と配向性 (orientation) に対する第1の置換基（X）の効果は次のように分類されている[1]．

① オルト・パラ配向で活性化するもの

－R (alkyl)，－Ph (phenyl)，－CH＝CHR

－NH₂，－NR₂，－NHCOR

－OH，－OR，－OCOR

② オルト・パラ配向で不活性化するもの

－Cl，－Br，－I

③ メタ配向で不活性化するもの

－NO₂，－SO₃H

－COOH，－COOR，－CHO，－COR

—C≡N

—$\overset{\oplus}{N}R_3$

ここで活性化，不活性化というのは，ベンゼン（X＝H）の場合と比較したときの反応速度が，それぞれ速いか遅いかということを意味している．

中間体形成のエネルギー図の相関　ここでは推定的な議論にとどまらざるをえないが，上に述べた3グループ別に各中間体による違いについて模式的に書き表わしてみる．反応の後半（H⁺の脱離）は速いことが知られているので，律速段階である求電子試薬が攻撃する部分（次頁の反応式の一段目）のみのエネルギー図を描くと図-1のようになる．なお o- と p- についても差があるはずであるが省略してあり，点線はベンゼンを表わす．もちろん活性化エネルギーが小さい方が優勢になるわけで基準として書いたベンゼンより低いものは活性化，高いものは不活性化ということになる．

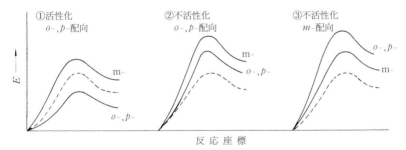

図-1 各置換基グループによるアレニウムイオン中間体形成のエネルギー図

中間体の安定性－共鳴理論による説明

芳香族の求電子的置換反応は，次式のような中間体をへる機構による（2.3.1参照）．この中間体はアレニウムといわれるカルボカチオンであるから，これに電子を与えるような置換基 X であれば，その中間体は安定化する（1.4.7参照）．そうすると，活性錯合体への活性化エネルギーが低下して反応が速くなると考えられる．したがって，多くのテキストではこの中間体の安定性を共鳴理論によって説明している[2]．

ベンゼンに対する求電子試薬の反応であるから，ひとくちにいうと電子供与基はベンゼン環を活性化し，電子吸引基は環を不活性化するといえる．しかし，各置換基が電子を供与するのか，吸引するのかは，この場合ベンゼン環に対するものであり，誘起効果（I 効果）のほかに共鳴効果（R 効果）を考えなければならないので簡単ではない．

　一般的には，この場合，誘起効果によってベンゼン環から電子を吸引しているが，共鳴効果は電子を与えていると説明されている．しかし，どうしてそうなるかは共鳴式が書けるからという程度で終わっているのが多い．

誘起効果・共鳴効果に関する詳しい説明

　まず，誘起効果を説明するためのNあるいはOとCの電気陰性度の差についてポーリングの目盛をそのまま用いてきたことに問題があると思われる．ポーリングの目盛は，単結合の分極性を計算の根拠にしていることから，Cの電気陰性度に関してはsp³混成のものの値（2.48）である．ベンゼン環のCはもちろんsp²である．sp²Cはsp³よりs性が高いから核の近くに分布し電気陰性度は大きい（2.66）（0.3(3)参照）．したがって，N（3.0）やO（3.5）との電気陰性度の差は減少し σ 電子系での誘起効果は少なくなっているはずである．

　一方，π 電子系においては，NやOの非共有電子対の入った2pオービタルがベンゼン環のCの2pオービタルと重なり合う．この共役系を通して，2pオービタルに1対(2個)の電子を持っているNやOから，1個の2pオービタルあたり1個の電子しか持っていないベンゼン環のほうへ電子が流れだすものと考えられる（バックドネーション）．σ 系とは逆の方向であるのは，このように π 電子の密度に差があるからであると説明づけられる．

　ベンゼン環の求電子的置換反応は π 錯体形成からはじまる反応（2.3.1注2）であるから，このようにして π 電子密度を高める効果を示すNH₂やOHの置換基によって活性化する．これが共鳴効果のほうが大きいという説明の根拠である[3]．

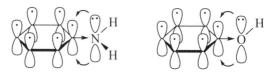

図-2　アニリン，フェノールにおける逆供与
ここでは便宜上ベンゼン環をこのように表わす

　一方，CH₃のようなアルキル基の場合は，$H^{\delta+}-C^{\delta-}$の極性結合のために電荷が集まっているsp³混成のCから，より電気陰性度の大きいsp²のCで構成

されるベンゼン環に対して電子供与の誘起効果を示す．と同時に，いわゆる超共役効果（1.4.6 参照）によってC－H結合からベンゼン環のπ電子系に電子供与する共鳴効果も考えられる．したがって，トルエンはベンゼンより反応性に富み，オルト・パラの位置に求電子置換する（2.3.4 表-1 参照）．

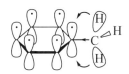

図-3　トルエンにおける超共役によるπ電子供与（共鳴効果）

中間体の安定性－定性的MO理論による説明

以上の有機電子論的説明で活性化については一応の解釈はできるが，なぜオルト・パラ配向性となるのかについては難しい．定性的なMO理論による説明を紹介する[4]．アレニウムイオン中間体のカチオン部分（平面的に分布している，図-4(a)）のみを取り出して，その非結合MO：$\Psi^* = \Sigma c_i \psi_i$ に対する各C（1-5）のAO（$\psi_1 \sim \psi_5$）の寄与係数（$c_1 \sim c_5$）を計算すると，

$$c_1{}^2 = c_3{}^2 = c_5{}^2 = 1/3, \quad c_2{}^2 = c_4{}^2 = 0$$

となる．c_2とc_4が0であるということは，このカチオンのC_2とC_4には図-4(b)のようにMO（非結合オービタル）の電荷分布がないこと（node）を意味している．

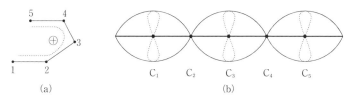

図-4　アレニウムイオンのカチオン部（a）の非結合MO（b）

このことを踏まえて，改めて各置換体に対するアレニウムイオン中間体を書き表わすと図-5のようになる．空のオービタルであることを表すため点線で

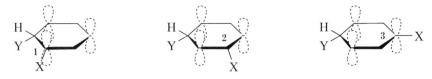

図-5　アレニウム中間体（X の位置以外は同一）

描いた．

　つまり，C_2とC_4の位置（この場合メタ位に相当）にNH_2やOHのような非共有電子対を持ち，π電子供与基（X）が付いてもオービタルがつながらず，このカチオンは安定化しない．C_1，C_5（オルト位）とC_3（パラ位）に付いた場合にはπ電子供与する効果で安定化する（1.4.7 参照）[5]．そのためアレニウムイオン中間体全体が安定化しオルト・パラ置換反応が促進される結果となる．

　逆に，グループ③のような電子吸引基がC_1，C_3とC_5にある場合には逆効果で，中間体は安定化されないが，C_2とC_4にある場合は効果が及ばないので相対的に安定となり，結果としてメタ置換が優先する．

　以上のように，共鳴理論を使わないでも配向性を説明できる．

反応物の反応性-交互共役概念

しかし，ここで述べた議論は，アレニウムイオン中間体がより安定ならば，それに到達するまでの活性錯合体もより安定で，活性化エネルギーも低くなって反応速度が速くなる(つまり活性化)という理論の上に成り立っている．速度論的に細かく議論するためには，活性錯合体のエネルギー，それが難しければ反応物の反応性を求める必要がある．

　アニリンやフェノールなどにおいて，N や O の非共有電子対がベンゼン環とπ共役しているとすると，交互共役分子として簡単にπ電子密度が推定できる．先にのべたアレニウムイオン中間体についての非結合オービタルと同様，交互に高低を繰り返す．それによると，次式のように，非共有電子対のある原子から1つおき（＊印）にπ電子密度が高くなる．つまり，オルトとパラ位

の π 電子密度が高くなって，反応性が高くなることが説明される．

　中間体の安定性だけでなく，反応物の反応性もオルト・パラ位が高いから，その間にある活性錯合体のエネルギー（活性化エネルギー）は低いであろうと推察される．つまり，速度論的にもオルト・パラ配向性となることを説明できる．

フロンティア軌道に基づいた新しい説明　　フロンティア軌道理論によれば，求電子反応は HOMO の電子分布による（1.1.6 参照）．そこで，グループ①と②の置換ベンゼンについて，*ab initio* MO（HF/STO-3 G）法で求めた HOMO 分布を図-6 に示す．

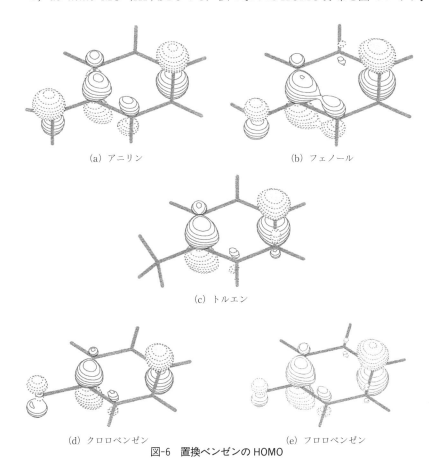

(a) アニリン　　　　　　　　　　　　(b) フェノール

(c) トルエン

(d) クロロベンゼン　　　　　　　(e) フロロベンゼン

図-6　置換ベンゼンの HOMO

特徴として見られることは，いずれも置換基 X の p 位と $ipso$ 位に多く分布し，o 位にはほとんど分布してないことである．また，非共有電子対のある X（トルエン以外）にも分布している．

　p 位以外にも HOMO が o 位以上に分布している $ipso$ 位あるいは X に対して求電子試薬 Y⁺ の攻撃を考えないのは不自然ではなかろうか？また，逆に，HOMO 分布の少ない o 位が置換した生成物が実際得られているのをどう説明したらよいのであろうか？

　これらの疑問に対する説明として，置換基の $ipso$ 位から p 位への転移を含む考え方を提案したい．それは，$ipso$ 位を Y⁺ が攻撃してできるアレニウムイオン中間体において，o 位の H⁺ の脱離を伴って Y が転移して o 置換体となるという機構である．（この場合，元からある X のほうが転移しても同じく o 置換体が与えられる．）2.3.4 表-1 に示したように，ハロベンゼンをはじめトルエンでも o/2 p 比が低いことも，このような転移機構の可能性を示唆している

オルト置換体　　　　　　　　パラ置換体

ものと思われる.

　また, X を Y^+ が攻撃した場合には, 中間体から H^+ の脱離が起こらず安定な生成物を得ることができないでもとに戻るためと考えられる.

---

1) 各置換基の効果とハメット式の置換基定数の関係, 具体的な相対反応性は, 丸山和博, 『構造有機化学』(I), 共立出版 (1969), p.4 にまとめられている.

　　なお, F を他のハロゲンと同様グループ ② に入れているテキストがあるが, モノフルオロベンゼンはベンゼンよりわずかながら活性であるというデータがあるのでグループ ① に属する (2.3.4 参照). A. Ault, "The Activating Effect of Fluorine in Electrophilic Aromatic Substitution", *J. Chem. Educ.*, **43**, 329 (1966).

　　また, σ 錯体のエネルギーを CNDO/2 法という近似法によって求めた結果が報告されているが, 次表のように F は Cl よりも CH_3O (メトキシ基) と同じ傾向を示す. つまり, F の非共有電子対は 2 p オービタルにあるから Cl (3 p オービタル) と違ってベンゼン環の π オービタルと重なり電子供与している.

Substituent	ortho	meta	para
F	+	−	+
Cl	−	− −	−
CH_3	+ +	+	+ +
CH_3O	+	−	+
CF_3	− −	−	− −
NO_2	− −	−	− −

＋ : activate, − : deactivate

G. R. Howe, "All-valence-electron CNDO/2 Calculations of Substituent Effects upon Localisation Energies for Electrophilic Aromatic Substitution", *Chem. Commun.*, **1970**, 868.

2) これらの中間体の安定性に関する説明は, 共鳴理論の得意とするところであった. ほとんどの有機化学書にあるので詳しくはそちらを参照されたい.

3) 共鳴理論では, このことを誘起効果より共鳴効果の方が強くあらわれるからと説く. どうしてかは説明されていない.

4) H. Duewell, "Aromatic Substitution", *J. Chem. Educ.*, **43**, 138 (1966) ; H. Meislich, "Aromatic Substitution—A molecular orbital approach", *J. Chem. Educ.*, **44**, 153 (1967).

5) ここで述べた N や O の非共有電子対が, C_1, C_3, C_5 の空の $2p_z$ オービタルに π 電子供与することは, 1.4.7 で説明したカルボカチオンにおいて C^+ に対して $\alpha C-H$ 結合の電子が流れ込む (超共役) のと同じ原理である.

2.3.3 クロロベンゼンは，なぜ求電子的置換の反応性が低下し，オルト・パラ配向性を示すのか

クロロベンゼンに関する説明のむずかしさ　2.3.2で述べたグループ②に属するハロゲンの一見異常にみえる特殊性をどう説明したらよいであろうか？

　有機電子論では，ハロゲンが，電気陰性度が大きいことと非共有電子対を持っていることによってそれぞれ生ずる誘起効果と共鳴効果のバランスが逆に働くためと説明されている．

　ハロベンゼンと求電子試薬の反応に関しては，

　　電気陰性大　⇒　誘起効果によるベンゼン環電子密度低下　⇒　不活性化，

　　非共有電子対　⇒　共鳴効果によるベンゼン環との共役　⇒　o,p-配向性

と説明され，また，アレニウムイオン中間体の安定性に及ぼす効果として，

　　非共有電子対　⇒　共鳴効果による安定化　⇒　o,p-配向性

と説明されていることが多い．

　これらの説明の不満足な点は，2.3.2で述べたグループ①のNH_2やOHとの違いを明らかにしていないことである．NやOも，非共有電子対を持ちCより電気陰性度が大きい点，ハロゲンと変わりがない[1]．

π共役不成立による不活性化　NH_2やOHの非共有電子対は，2.3.2で述べたように，ベンゼン環のsp^2炭素に引かれて2pオービタルとπ共役する．しかし，クロロベンゼンの場合は，Clは第3周期元素であるため，C−Cl結合距離が長くなり[2]，非共有電子対が入っている3pオービタルとベンゼン環炭素の2pオービタルの重なりが悪くなる（2.2.7参照）．そのため，π電子共役系のつながりが困難となり電子供与が十分に行なわれず，結果として不活性となると考えられる[3]．

　ベンゼン環とClの間にπ共役が成立しにくい[4]とすると，アニリン，フェノールと違って交互共役分子とはならないから，クロロベンゼンのオルト，パラ位のπ電子密度が高くなっているとは限らない（2.3.2参照）．どうしてクロロベンゼンはオルト・パラ配向性になると説明されるのであろうか？

**中間体の安定化による
オルト・パラ配向性**

一般に，速い求電子的反応は，速度論的支配を受け基質の反応性の高い個所で反応が起こるが，遅い反応には熱力学的な考察が適応できると考えられる[5]．

不活性化しているクロロベンゼンの求電子的反応速度は，アニリンやフェノールに比べてかなり遅いから，その反応選択性は中間体のエネルギー的安定性によって議論できるであろう．つまり，2.3.2で述べた中間体のカチオン部分のC_1，C_5（オルト位）あるいはC_3（パラ位）についた Cl が電子供与基となってカチオンを安定させるかが問題である．

先に述べたように，クロロベンゼンにおいては Cl からベンゼン環の π 電子系には電子供与されない．しかし，カルボカチオンであるアレニウム中間体となると，同じ sp^2 炭素でも 2 p オービタルの電子が不足しているため電気陰性（電子吸引性）が増して，Cl の 3 p オービタルの非共有電子対が引き込まれるようになると考えられる[6]．Cl は，π 電子系を形成しているベンゼン環にはその電子を与えないが，カチオンになれば π 電子供与基として作用する可能性が出てくる．クロロベンゼンのオルト・パラ位に置換したアレニウムイオン中間体は Cl によって安定化されるようになる．

クロロベンゼンにおいては，Cl の電子供与性効果が，この中間体が形成されるまでは発現されない点が NH_2 や OH との違いである（2.3.2 図-2 参照）．以上説明した Cl からの電子の流れの向きの変化を図-1 にまとめて示す．

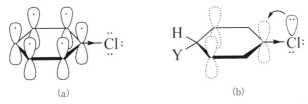

(a)   (b)

図-1 クロロベンゼンにおける Cl の π 電子不供与（a）とアレニウムイオン中間体（パラ置換体）に対する π 電子供与（b）

1）逆に，塩素とほとんど同じぐらいの電気陰性度をもつ N（アニリン）や O（フェノール）がついたベンゼン環は，どうして不活性にならないのだろうかという疑問が沸く（2.3.2参照）．見方を変えれば，電気陰性基としての効果がそのまま出ている Cl の方が NH_2，OH などより実は単純

なのである．なお，ハロベンゼンに関しては L. N. Ferguson（大木道則，広田穰，岩村秀，務台潔訳），『構造有機化学（上，下）』，東京化学同人，p.399 に詳しい．

2）*ab initio* MO 計算によるデータでは，クロロベンゼンの C−Cl の結合距離が 17.45 nm であるのに対して，アニリンの C−N は 13.95 nm，フェノールの C−O は 13.52 nm である．

3）この点，酸塩化物の求核的置換反応（2.2.7 参照）では同じ作用によって活性化されていることとの対比が面白い．どうしてだか考えてみてほしい．

4）たとえば，クロロベンゼンに関して σ 電子系では電子を吸引しているが，π 電子系では次のような共鳴をしているから，2−4 のように ⊖ の出ているオルトとパラ位で置換すると説明しているテキストがあるが，これも矛盾している．

共鳴理論によればこのような電荷分離型の共鳴構造の寄与は少ないはずであるし，共役できるならば Cl の電気陰性度の効果は π 電子系でも大きいはずだから Cl に ⊕ がつくのは不自然である．また，ベンゼン環へ Cl からこのような π 電子供与が行なわれるなら NH_2 や OH と同様，活性化しなくてはならない．

また，塩化メチル（1.94 D）に比べてクロロベンゼンの双極子モーメントが小さい（1.75 D）ことが逆向きの電荷分布の証拠としてあげられているが，これは，クロロベンゼンの炭素の混成は sp^2 であるので，sp^3 である塩化メチルより C−Cl 結合距離が短くなっているためと考えられる．C−Cl 結合距離は，塩化メチル 18.05 nm であるのに対してクロロベンゼンでは 17.45 nm である．

5）これは，反応生成物の速度論支配，熱力学支配の問題（2.1.5 参照）と同じである．

6）アレニウムイオン中間体の LUMO に対する C_1，C_5，C_3 の空 AO の大きさが大きいことに相当する．

2.3.4 フロロベンゼンが他のハロベンゼンと違って反応性が高いのはなぜか

　ハロベンゼンはハロゲンの強い電気陰性による電子吸引のため求電子的反応性が不活性であると説明されている (2.3.3). しかし, フロロベンゼンの反応性はベンゼンと大差なく, F は他のハロゲンが属するグループ② (2.3.2参照) からも除外されている. 他のハロゲンとの違いから, F のことを "スーパーハロゲン" と呼んで例外的に扱うことが行われてきた.

　F の特徴をまとめると, 電気陰性度が全元素中で最も高いことと C と同じ第2周期元素であるため AO が互いに重なりやすいことがあげられる.

　ハロゲン化アルキル (RX) に対する求核的置換反応性が,

$$RI \ > \ RBr \ > \ RCl \ >> \ RF$$

で, RF は S_N2 反応をほとんどしない (2.2.3) であるのと対照的に, ハロベンゼンの求電子的反応性は全く逆に,

$$PhF \ >> \ PhCl \ > \ PhBr \ > \ PhI$$

となっている. このような PhF の反応性の高さから, F は, ベンゼン環への求電子的反応活性を高める働きをしていることを示し, OH や NH_2 と同様に2.3.2で述べた置換基グループ① に分類される. 2.2.3で述べたように, C と同じ周期である F の 2p はベンゼン環の C の 2p オービタルと他のハロゲンより重なりやすいため π 電子供与効果 (共鳴効果) が大きいといえる.

求電子的置換反応における F の特徴　　実際に各ハロベンゼン (PhX) のニトロ化, 塩素化, プロトン化についてベンゼンと比べた相対的反応性を表-1に示す.

　その結果を見ると, ハロベンゼンのパラ置換反応選択性はオルト置換よりも高く, とくにフロロベンゼンでは塩素化と重水素化反応のパラ置換反応性はベンゼンよりも高い. PhF の場合はベンゼンより活性化されているためこの傾向はとくに顕著に現れているが, 他のハロベンゼンにおいてもパラ置換が優位な傾向にあることがわかる. o 位は2か所あるので1か所あたりの反応比として $o/2p$ を求めると, いずれも p 位のほうが格段に反応性が高いことが明ら

表-1　ハロベンゼン（PhX）の置換部位別の相対的反応性*

PhX	ニトロ化			塩素化			重水素化		
	o	m	p	o	m	p	o	m	p
PhF	0.054	0.000	0.783	0.20	0.00	4.04	0.136	0.00	1.79
PhCl	0.030	0.002	0.137	0.09	0.00	0.41	0.035	0.00	0.16
PhBr	0.033	0.001	0.112	0.08	0.00	0.27	0.027	0.00	0.10
PhI	0.205	0.010	0.648	—	—	—	0.043	0.00	0.11
PhCH₃	41.9	2.35	58.8	6018	408	7548	330	7.2	313

＊ベンゼンの速度を1とする．

かである．フロロベンゼンの $o/2p$ 比は，0.09〜0.01でパラ選択性が極端に高い．

　参考のために同表の示したトルエンの場合では，いずれの反応においてもベンゼンより反応性が高く，オルト置換とパラ置換の差は少ない．しかし，$o/2p$ 比では，いずれも0.5以下となる．CH₃基がグループ①（オルト・パラ配向，活性化）に分類される電子供与基として作用しているからである．

求電子反応活性化の説明

ハロベンゼンのC−X結合に関して結合エネルギー・結合距離を表-2に示す．1.3.5の表-1に示したハロゲン化アルキルと比較してみても同じ傾向にありC−F結合が最も短い．

表-2　ハロベンゼンのC−Xの結合エネルギーと結合距離
（かっこ内はハロゲンの電気陰性度）

(Ph)C−X	結合エネルギー (kJ/mol)	結合距離 (nm)
C−F　(4.0)	527	13.31
C−Cl　(3.0)	401	17.45
C−Br　(2.8)	339	18.8
C−I　(2.5)	272	21.0

　C−F結合の結合エネルギーが格段に大きいことは，Fの電気陰性度が高いため，この結合のイオン結合性が高く $C^{\delta+}-F^{\delta-}$ のように大きく分極していることを意味する（1.3.4参照）．そして，このことはFの誘起効果が強いことを意味している．このようにFが強く電子を引き付ける力があるから，フロロベンゼンが不活性化されるはずであるが，逆に，ベンゼンより反応性が高い結果が得られているのはなぜであろうか？

　2.3.2 で説明したように，置換の配向性を左右するアレニウムイオン中間体において，そのカチオン部分（C_1〜C_5）のうち C_1，C_3，C_5には空の $2p_z$オービタルが分布する（軌道理論的には LUMO の係数がある）が，F の占める位置がその $2p_z$オービタルの節面上にあり誘起効果が直接作用しにくい[1]．結局，カチオン全体に誘起効果を及ぼすことができず，中間体の安定性に及ぼす影響は少ないと考えられる．

　さらに，フロロベンゼンがベンゼンより反応性が高い場合があるのは，他のハロゲンと違って，（N や O と同じように）ベンゼン環やアレニウムイオン中間体のカチオン部に π 電子供与できるためである[2]．F が C と同じ第 2 周期元素であるという先に指摘した特徴がここに生かされてくる．

　ここで説明したことを改めて図-1 に示すが，アニリン・フェノールについて示した 2.3.2 の図-2 と同様である．F は NH_2や OH と同じ置換基グループ①に分類されることが理解されるであろう[3]．

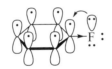

図-1　ベンゼン環に対する F の π 電子供与

パラ位選択性の説明　オルト・パラ配向とメタ配向の区別を説明するのは，旧来の共鳴理論あるいは 2.3.2 で述べた定性的 MO 理論でも可能であった．しかし，表-1 に紹介したようなオルト位に対するパラ位の優位性（$o/2p$ 値の低さ）はこれらの理論では説明しきれない．フロンティア軌道理論を持ち出すしかない．

　ハロベンゼンをはじめ，置換ベンゼンの HOMO を *ab initio* MO 法で求めたところ，いずれもオルト位にはほとんど分布せず，パラ位に集中している（2.3.2 図-6）．このことから，速度論的にもパラ位への求電子試薬の攻撃が速いことを説明できる．また，パラ置換体の方が対称性がよいため，熱力学的にも生成しやすい．

　HOMO 分布がほとんどないオルト位の置換体が生成することは，先に提案した反応機構のように（2.3.2），パラ位と同程度の HOMO 分布のある *ipso* 位（δ＋性は高いにもかかわらず）からの転移（図-2）によるものと考えられる．ハロベンゼンの場合は *o/2 p* 値が低い[4]のに対して，先に述べたように，メチル基転移の可能性があるトルエンの場合には比較的高い *o/2 p* 値となることからもこのような機構が示唆される．

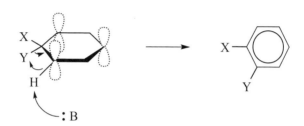

図-2　アレニウムイオン中間体における *ipso* 位からオルト位へ Y の転移

ipso 位に対する求核的置換反応　F の強い電気陰性によって生ずる *ipso* 位 C の δ＋は，この部位に対する求核的反応をも助長する．2,4-ジニトロハロベンゼンに対する塩基ピペリジンの相対反応速度を表-3 に示す．

表-3　1-ハロ-2,4-ジニトロベンゼンとピペリジンの
　　　相対反応速度（X＝I を 1.0 とする）

	X	速度比
F	3300
Cl	4.3
Br	4.3
I	1.0

（構造式：X, NO₂, NO₂ 置換ベンゼン環）

　C−F 結合は，その強いイオン結合性（分極）のため C−Cl 結合よりも約 126 kJ/mol も結合エネルギーが高い（表-2）にもかかわらず，求核反応速度は 750 倍も速い．

　このように2,4-ジニトロフロロベンゼンが，他のハロゲン化物に比べて高い反応性を示すため，ペプチドのN末端のアミノ酸を決定するためのジニトロフェニル化法の試薬（サンガー試薬）として用いられる．

1）カルボカチオンのC+の空の$2p_z$オービタルに対して隣接するメチル基のCから電子が流れないこと（Cの電子分布が高いにもかかわらず誘起効果が起ること）と裏腹である（1.4.7参照）．
　　　ただし，メチル基と違って，Fの場合は強く分極していることに間違いない．$2p_z$以外の電子占有オービタルから電子を引き付けているのである．

2）カルボカチオンのC+からの$2p_z$オービタルに対して$\alpha C-H$から電子が流れ込むこと（超共役が起こること）と同じである（1.4.7参照）．

3）かりに，Fがベンゼン環あるいはアレニウムイオン中間体に対してπ電子供与して反応活性化しているとしても程度の問題であって，N，Oに比べると電気陰性度が高いだけに限定的なものであろう．

4）2.3.2に示したようなアレニウムイオン中間体におけるH+脱離を伴う *ipso* 位→オルト位への転移は，カチオニックな転移であるから，Fの場合には特に起こりにくいと考えられる．

実験室ノート　熱拡散効果とメタンの化学(1)

　リービッヒ冷却管のように，外側を水冷したガラス管の中心部にタングステン線を張り，これに電気を流して白熱させて，急激な温度勾配をつけた系に気体の混合物を導入すると，熱拡散効果によって混合物が分離できる．これをクルジウス・ディッケル型熱拡散分離管といい，実際に希ガスや同位体の分離に応用されている．

　この熱拡散管を反応管として利用することを初めて試みたのが廣田鋼蔵先生（大阪大学名誉教授）で，昭和16年，当時の満州大連にあった満鉄中央試験所でのご研究であった．特筆すべき成果は，天然ガスの主成分であるメタンから，従前の方法よりも遙かに高い効率で重合油が得られたことであった．

　それから約半世紀たった1987年春，筆者は，この実験を追試するようある卒研学生に指示した．ところが，学生の報告は，「全く油が取れない！」．そこで，念のため流出ガスのガスクロ分析をしてみたところ，メタンのほかにももう1つのピークが現れている．このピークをよく調べるとエチレンであった．ほかの生成物はほとんどなかった．メタン2分子の脱水素カップリングが選択的に進行していたのである．　　　　　(p.230へつづく)

2.3.5 ジアゾニウムのカップリングはどうして α 位ではなくて β 位（末端）の窒素で起こるのか
また，脱窒素して置換する場合もあるのはなぜか

ジアゾニウムの構造　ジアゾニウムの構造式を次式のように N_α に $\oplus$，N_β に $\ominus$ をつけて表わしていることがあるため求核試薬は N_α を攻撃しやすいように思われるかもしれない．しかし，事実は逆である．

$$\mathrm{Ar}\ \overset{\oplus}{N_\alpha} \equiv \overset{\ominus}{N_\beta}$$

しかし，これらは形式的な電荷であって，芳香族ジアゾニウムの場合，実際には次のように芳香環と共鳴している．そのため芳香族アセチレン（ArC≡CH）と同様の構造で，$C-N_\alpha-N_\beta$ の結合は一直線である．2 つの N の間を三重結合で表わすための都合上このような形式電荷で表示しているにすぎない[1]．これまで学んできた読者には，共鳴式のチャージの位置があまり反応に関与していないことを気づいているであろう．

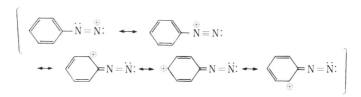

実際に，フェニルジアゾニウムイオンに関して *ab initio* MO 計算してみると，全電子密度分布は図-1(a) のようになり，$C-N_\alpha-N_\beta$ 結合は一直線になり，N_α のほうが密度分布は高い[2]．しかし，LUMO（図-1(b)）は β に多く分布し，ここを求核試薬が攻撃することは間違いない．

ジアゾカップリング　芳香族ジアゾニウムが，芳香族アミンなどに求電子的に反応するカップリング反応の場合，N_β 位での生成物であるアゾ化合物はさらに共役系が長くなって安定化することができる．これに対して N_α 位で反応したとすると安定な生成物は期待できない．

ジアゾカップリングが起こるのは，芳香族ジアゾニウムに対して芳香族第三アミンまたはフェノキシドのような求電子的攻撃を受けやすい化合物を低温で

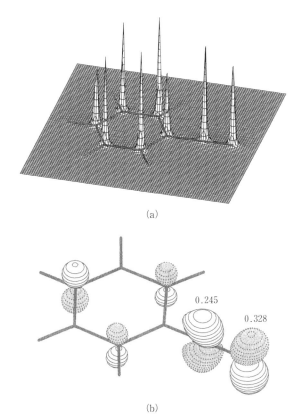

(a)

(b)

図-1 フェニルジアゾニウムイオンの（a）全電子分布と（b）LUMO 分布（数字は LUMO
　　　分布係数）

反応させたときに限られる．芳香族ジアゾニウムの場合は，比較的安定なため
に十分冷却して反応させれば，脱窒素しないでアゾ化合物を与えるわけである．

脱窒素反応　これに対して，脂肪族第一アミンからのジアゾニウムは，上記
　　　　　　　のような共鳴効果がないため一般に不安定で，ただちに脱窒素
してカルボカチオンとなるため，アゾ化合物は得られない．

　芳香族ジアゾニウムも，高温になると脂肪族の場合と同様，脱窒素が進行す
る．この芳香族ジアゾニウムの求核的脱窒素反応は，次式 a のようにアリル
カチオンを経る芳香族 S_N1 型反応の典型と考えられていたこともあったが，
その後，速度論的検討から，次式 b のような活性錯体（≠印）をへる S_N2

型反応であることが明らかにされている[3]．

1）ここにも初学者の誤解の種をまく共鳴理論の欠点が見られる．

2）あえて共鳴式に立ち戻って考えれば，N_βに⊕をつけて2つのN間を二重結合で表した一番はじめの共鳴構造の寄与率の方が高いといえる．

3）H. Zollinger, "Reactivity and Stability of Arenediazonium Ions", *Acc. Chem. Res.*, **6**, 335 (1973).

実験室ノート　熱拡散効果とメタンの化学(2)

エチレンは，現在の石油化学工業の要となる化合物である．メタン→エチレンの転換が効率よくできれば，現在ほとんど燃料として消費されている天然ガスを化学工業原料として活用できることになる訳で，このプロセスが新しいC_1化学として注目を集めている．

そこで，本書の主題にならって「疑問」を2つあげておこう．まず第一は，熱力学的平衡計算では非常に不利で起こりにくい反応である

$$2\,CH_4 \longrightarrow CH_2=CH_2+2\,H_2$$

が，どうしてかなりの転化率で進むのかという理論的な疑問である．これは，この反応系で生成物のエチレンが最も分子量が大きいので，温度勾配のため熱拡散効果によって反応場である発熱体表面から速やかに排除されるため，平衡がどんどん右へ片寄るからであると説明される．

第二は，廣田先生の結果と違って油がとれなかったのは変だという疑い…．両者の違いの原因は極めて簡単なことであった．先生は，油への転化率を上げるためメタンを立てた反応管の下部から導入していたのに対して，学生は，反応物は上から流すものと思っていたから下降流で実験していたのである．メタンの導入方向によってどうして結果がこんなに違ってくるかについては専門的になりすぎるから省略するが，こんなところに化学実験の面白さが感じられる．

2.4 付加反応と脱離反応

2.4.1 ハロゲン付加反応に関して C≡C より C=C の方が反応しやすいのはなぜか

実験事実　単純に考えると，C≡C のほうが 2 対の π 電子があるから求電子試薬に対する反応性は高いように思われる．

しかし，例えば，エチレンとアセチレンのような簡単な分子で別々に臭素水や臭素の四塩化炭素溶液で試験してみると，エチレンは直ちに臭素の色を脱色するが，アセチレンはなかなか脱色しないという実験事実がある．

また，同一分子中に C=C と C≡C を持つ化合物に臭素を付加させると，次式のように，付加は C=C で起こり，C≡C は同一条件では反応しないことが知られている．

$$CH_2=CH-CH_2-C\equiv CH \xrightarrow[-20\,^{\circ}C]{Br_2/CCl_4} \underset{90\,\%}{CH_2Br-CHBr-CH_2-C\equiv CH}$$

$$CH_2=CH-C\equiv CR \xrightarrow[-8\,^{\circ}C]{Br_2/CHCl_3} CH_2Br-CHBr-C\equiv C-R$$

さらに数量的データとして，表-1 のような同種の化学構造を持つアルケンとアルキンの臭素および塩素に対する付加反応速度定数（それぞれ $k_{C=C}$，$k_{C\equiv C}$ とする）を示す．これによると，圧倒的にアルケンの方が反応しやすいことがわかる．

表-1　アルケンとアルキンのハロゲン付加反応の速度定数比

$\dfrac{k_{C=C}}{k_{C\equiv C}}$	$\begin{array}{c}C_6H_5-CH=CH_2\\C_6H_5-C\equiv CH\end{array}$	$\begin{array}{c}C_2H_5-CH=CH-C_2H_5\\C_2H_5-C\equiv C-C_2H_5\end{array}$	$\begin{array}{c}CH_2=CH-(CH_2)_3-CH_3\\CH\equiv C-(CH_2)_3-CH\end{array}$
臭素付加	2.6×10^3	3.7×10^5	6.5×10^4
塩素付加	7.2×10^2	$\sim10^8$	5.3×10^5

(酢酸溶媒中，25℃)

s 性と π 結合の反応性　このように，π 電子の多いアルキンのほうが求電子的付加を受けにくいのはどうしてか？

つぎのような説明がなされていた[1]．すなわち，C≡C の C の混成は sp であるため sp² 混成である C＝C よりも s 性が高くなり，それだけ球形に近いので炭素－炭素間距離が短くなる（1.3.2 参照）．そのため，C≡C においては $2p_x$，$2p_y$ オービタルどうしがより多く重なり合い，C≡C の π 電子はより強固に原子核に引きつけられて，C＝C の π 電子よりも求電子試薬に対する反応性が乏しくなる[3]．

プロトン付加の場合　しかしながら，π 電子の反応性の違いのみが問題となるならば，ハロゲン以外の求電子試薬，例えば，プロトンに対しても同様にアルケンの方が反応性が高いはずである．ところが，酸触媒による水和あるいは酸付加反応に関するアルケン/アルキンの反応速度比は，ハロゲン付加の場合のような大きな値にならず，むしろ条件によっては逆転する場合もあることがわかった．

つまり，ハロゲン付加だけが特異で，それ以外の求電子試薬に対する反応性は，C＝C も C≡C も大差ないという結論になる．

MO 計算による C—C 結合電子分布からの考察　*ab initio* MO 計算法によってエタン，エチレン，アセチレンについて結合電子密度の分布を描いてみると図-1 のようになる．結合の中央部での分布の断面図は，エチレンのみ楕円形になる（二重結合であるからといって上下 2 か所に分布しているわけではない）．アセチレンの分布断面の形状はエタンと同様に単純な円形であり，ただ，密度分布が大きいだけである（三重結合というが 3 か所に集まっているわけではない）．扁平な形をしたエチレンの結合電子は，π 電子の場合の議論（1.2.2 参照）と同様，原子核から離れた位置にも分布しているため求電子的攻撃を受けやすいと考えられる．これに対して，アセチレンは電子密度分布は大きいがエタン同様均等であるため求電子的攻撃を受けにくいと説明される．これが，三重結合より二重結合の方が付加反応しやすい本質的な説明である．

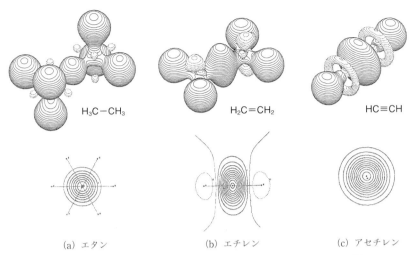

(a) エタン　　　　　　(b) エチレン　　　　　　(c) アセチレン

図-1　*ab initio* MO 計算による結合電子分布と結合中央部での断面図

1) R. Daniels and L. Bauer, "The Relative Reactivity of Acetylene and Olefin toward Bromine", *J. Chem. Educ.*, **35**, 444 (1958).

2) G. Melloni, G. Modena and U. Tonellato, "Relative Reactivities of Carbon-Carbon Double and Triple Bonds toward Electrophiles", *Acc. Chem. Res.*, **14** (8), 227 (1981).

3) 非共有電子対の数が多ければ塩基性が強くなるとはいえないこと（1.5.6 参照）と同様，π 電子の数の多さが求電子的反応性の高さを意味しないことに化学の面白さが感じられる．

2.4.2 アルケンに対する臭素付加反応において，どうしてカルボカチオンより環状のブロモニウムを経てトランス付加するのか

Br の分極能　アルケンに対する HBr の付加反応は，H^+ がまず付加してカルボニウム中間体をつくるとされている．これに対して，アルケンと Br（または Cl）との反応は，普通 Br^+ による求電子的付加によって反応が始まり，中間体は非古典的な環状ブロモニウム（II）となる[1]．それは，仮りに，カルボカチオン（I）が形成したとしても，$Br^{\ominus}$ には分極能が大きい非共有電子対があるので，これがカルボカチオンの空の p_z オービタルに流れ込んで新しい結合をつくるからである[2]．

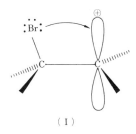
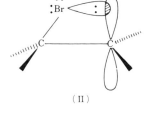

（I）　　　　　　　　　（II）

Br の大きさ　もう 1 つ見落してならないのは，Br 原子の大きさである．Br の原子半径は 22.8 nm であって，C−C 結合間隔（15.4 nm）よりかなり大きい．このように大きく，電子対を持った原子が片方の炭素にだけしか付かないと考える方が不自然であろう．実際に Br^+ のイオン半径をもとにエチレンとのブロモニウムイオンを描くと図-1 のようになる．

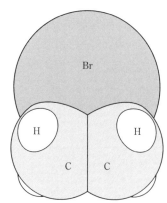

図-1　ブロモニウムのイメージ

トランス付加　次のようなオレフィン-臭素電荷移動錯体（charge transfer complex, CTC）を経る 2 段階機構でブロモニウムイオンが生成すると考えられている[3]．

$$
\begin{array}{c}
\diagdown\diagup \\
C \\
\| \\
C \\
\diagup\diagdown
\end{array}
+\ Br_2
\ \rightleftharpoons\
\begin{array}{c}
\diagdown\diagup \\
C \\
\updownarrow Br_2 \\
C \\
\diagup\diagdown
\end{array}
\ \longrightarrow\
\begin{array}{c}
\diagdown\diagup \\
C \\
| \oplus \\
C \\
\diagup\diagdown
\end{array}
Br\ \ Br^{\ominus}
$$

(CTC)

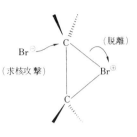

（求核攻撃）　（脱離）

　このブロモニウム中間体に対して，次に $Br^{\ominus}$ が求核的に攻撃して反応は完了する．このとき，Br の付加している側から攻めるのは立体的に不可能であり，$Br^{\ominus}$ は次のような一種の S_N2 反応的に C をはさんで Br の反対側から攻撃する．その結果，トランス付加体が得られる．トランス付加の割合は，$Br_2>Cl_2>HBr$ の順に減少する．これは，環状ハロニウム中間体の安定性の順，つまりは，分極能の順 $Br>Cl>H$ といえる．

1）J. G. Traynham, "The Bromonium Ion", *J. Chem. Educ.*, **40**(8), 392 (1963).

　この "非古典的" という表現に硬直した有機電子論の限界が見えてくるであろう．

2）このように説明しても，（I）→（II）のような転移が起こっていることを意味しているわけではなく，2.5.5 に述べるような S_N2 的な反応によって，ブロモニウムが形成されるのであろう．

3）M.-F. Ruasse, "Bromonium Ions or s-Bromocarbocations in Olefin Bromination. A Kinetic Approach to Product Selectivities", *Acc. Chem. Res.*, **23**, 87 (1990). この文献には，電子供与基のついた芳香環やエノラートのようにカルボカチオンが安定化する場合には，環状中間体にはならないことが指摘されている．

2.4.3 1,3-ブタジエンはどうして1,4-付加物を生成するのか

速度論的支配と熱力学的支配 1,3-ブタジエンに対してHBrを付加させる場合を取り上げてみる。この反応は、2.1.5で述べた速度論的支配と平衡論的支配による生成物の違いの好例として知られている。次式のように、低温では1,2-付加物が優勢であり、高温では1,4-付加物が優勢となる。また、低温での反応混合物を高温にすると1,4-付加物が増加する。1,4-付加物は内部アルケンであって、末端アルケンである1,2-付加物より熱力学的に安定である[1]。温度を上げると、Brが2-位から4-位へ転移（アリル転移）して1,4-付加物となるためその割合が増える。

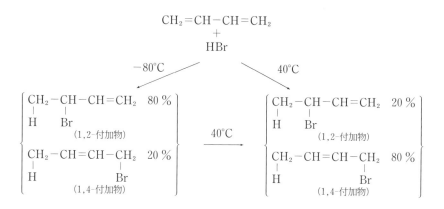

アリルカチオン中間体 生成物の安定性から熱力学的支配生成物の生成を説明するのは簡単であるが、速度論的支配を反応機構から説明するのは複雑である。速度論支配の生成物がなぜ1,2-付加物になるのか？ 順次、ていねいに考察していこう。

まず、H^+が末端のCH_2を攻撃することは、安定なアリルカチオン中間体を与えるので、マルコニコフ則からも納得できるであろう。アリルカチオンは次式のように共鳴するため安定化していると説明されている。

そして、この共鳴式において、(a)の方が二級カチオンであるから一級カチ

$$CH_2=CH-CH=CH_2 \xrightarrow{HBr}$$

$$[CH_3-\overset{\oplus}{CH}-CH=CH_2 \quad \longleftrightarrow \quad CH_3-CH=CH-\overset{\oplus}{CH_2}]$$
　　　　　　　　(a)　　　　　　　　　　　　　　　　　(b)

オンである(b)よりも安定で，カチオン(a)として次の Br^- の攻撃を受けると考えると非常に都合よく説明できるかのように誤解しがちである．しかし，アルケンに対する付加の方向性に関するマルコニコフ則の説明と混同してはならない．マルコニコフ則の場合は H^+ 付加の段階で生ずる独立したカチオンの安定性を議論しているのに対して，ここでの (a)，(b) はそれぞれ独立した存在ではなく，共鳴限界式なのである．つまり，現実には存在しない構造なのである．したがって，このように説明するのは実在しない共鳴式を描くという共鳴理論の本質的な欠陥である．

このメチルアリルカチオンは，図-1のように，$\oplus$電荷が3つの炭素に非局在化したイオンである．となると，C_2，C_3，C_4のいずれの炭素に対しても Br^- が攻撃する可能性があると考えなければならない．

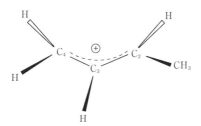

図-1　メチルアリルカチオン

MO による 1,3-付加しない説明　　Br^- が C_3 に付加したとすると，生成物がオクテット則に当てはまらなくなるからと最初から除外するのは結果論である．

2.3.2でアレニウムイオン（σ 錯体）のカチオン部分（C 5個）について行った非結合オービタルの計算をアリルカチオン（C 3個）に適用してみる．結果は，次の図-2(a)のように C_2 と C_4 の AO の寄与が大きく，C_3 は節（node）

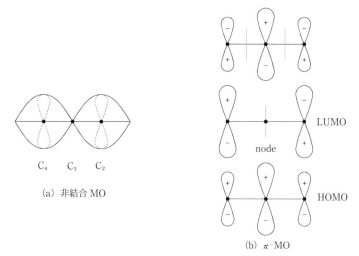

（a）非結合 MO

（b）π-MO

図-2　アリルカチオンの MO

となる．

　このことは，フロンティア軌道理論において，図-2(b)のように最低空軌道 LUMO が C_2 と C_4 に分布しているため，ここに求核試薬が攻撃するというのと同じことである．そこで実際に，メチルアリルカチオンについて *ab initio* MO 計算によって LUMO の分布を求めてみると図-3(a)のようになり，C_3 に分布がなく，定性的な MO 理論の結果とよく一致する．

　このことから，Br^- が C_3 を攻撃する可能性はないと説明できる．

1,2-付加が速度論的支配である理由

次に，C_2 と C_4 の反応性の比較であるが，C_2 に対する Br^- の攻撃がはじめに述べたように速度論的支配で C_4 に対するより速い（低温において起りやすい）ということの説明はなかなか難しい．メチルアリルカチオンの LUMO 分布（図-3(a)）において，LUMO 分布係数の計算結果より求めたフロンティア電子密度は，$C_2 = 0.3675$，$C_4 = 0.3244$ となり，どちらかといえば C_2 の方が Br^- の求核的攻撃を受けやすいといえる[2]．

　アリルカチオンは，両性(ambident)イオンであるからエノレート (2.2.5 参照) と同じように考えてみる[3]．

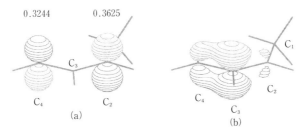

図-3 MO計算によるメチルアリルカチオンの LUMO 分布（a）と HOMO 分布（b）

C_2 での反応が速いということは，そのパスの活性錯合体がより安定であることを説明しなければならない．エノレートの場合と同様，オービタルの変形のしやすさ，つまり分極能の大きさの違いを考える必要がある．C_2 と C_4 の違いはメチル基の有り無しだけである．メチル基が超共役してカチオンを安定化する（1.4.6 参照）ことによって，アリルカチオンの C_2 炭素の分極能は大きくなっている．つまり，C_2 の方が C_4 より soft な acid であるといえる[4]．そのため，soft な base である Br^- は C_2 の方を攻撃しやすい（2.2.5 注1参照）と説明される．

アリルカチオンに対する Br^- の攻撃は，イオンどうしの反応であるからいずれも速いはずで，LUMO 分布に差が少ないことからも両位置での反応の活性化エネルギーの差はわずかであると考えられる．そのため，先に示したように，$-80°C$ で反応させても 1,4-付加物が 20% も生成するのであろう．

1）いずれの付加物も二重結合を残しているのだからもう1分子付加するのではないかという疑問も生じてくる．しかし，共役ジエンの場合は安定な allyl-cation 中間体となるのに対して，モノエンでは中間体が独立したカチオンになるため活性化エネルギーが高くなるものと考えられる．反応条件をさらに厳しくしなければ2分子付加物は得られない．

2）図-3(b)に HOMO 分布を示した．こちらは LUMO と違って，C_3 と C_4 に大きく分布し，C_2 には少ない．この HOMO の分布によって Br^- の C_4 攻撃が妨害されているのかも知れない．

3）ただし，カチオンとアニオンの違いはある．

4）もともとアリルカチオンは電荷が分散しているので，HSAB 則からして全体としては soft である．その内でも部分的に見ると C_2 がより soft であるという話である．

実験室ノート　21世紀は腐植の時代

　草炭とは，ヨシ，スゲなどが寒地の湿地帯で長年にわたって堆積腐植したもののことで，わが国では，昭和14〜5年，当時早稲田大学教授であられた小林久平先生によって初めて研究された。一見泥状であるため泥炭とよばれることもある。しかし，ほとんどが有機質であり繊維質（ピートモス）も残っており，泥炭というと無価値なものとの印象を与える恐れがあるので草炭と名付けられたのである。ミズゴケの堆積物であるツンドラを含めたその埋蔵量は，全世界で約5000億トンある。わが国には北海道の原野に約5億トンあると推定されている。これは，石炭の埋蔵量に匹敵する。炭坑閉山の相次ぐわが国では唯一自前の炭素資源であり，石炭と違ってほとんど地表に分布しているので採掘は容易である。また，石炭がほとんど再生不能の化石資源であるのに対して，草炭は，バイオマスの一種であり数十年のサイクルで再生しているといわれている。

　このような腐植資源の活用を筆者は現在夢見ている。活用といっても単なる燃料としてではなく，さらに付加価値の高い化学工業原料としてである。しかし残念ながら，わが国は石油モノカルチャーといわれるように，資源といえばまず石油に眼が行き，草炭の研究はその後ほとんど行われてこなかった。世界的にもかなり後れをとっているようである。

　容易に採掘できると言ったが，採掘が自然破壊をもたらすことは十分注意しなければならない。ツンドラ地帯を掘り起こせば，腐植中の氷にとじ込められているメタンが大量に発生して地球温暖化が増々加速するであろう。資源問題と環境問題は相反する場合もあるが，両者のバランスを取り，完全なアセスメント技術を確立することがこれからの人類に課せられた責務であり，人類の英知をもってすればそれは可能だと信じたい。石油の時代ともいわれた20世紀に続いて，21世紀は半再生可能資源である腐植物質を活用して，資源問題・環境問題に対処すべきときと考えている。

2.4.4 ディールス・アルダー反応の機構はどうなっているのか

ジエン合成　　1928年，Diels と Alder によってブタジエンと無水マレイン酸を混ぜるだけで次式のように付加して環状化合物となることが見いだされた[1]．反応が無触媒で定量的に進むことは驚きを持って迎えられた．

HC=CH₂ ... (chemical scheme)

Butadiene　　　　+　　　　Maleic anhydride　　→ Benzene,100° quant. →　　cis-Δ⁵-Tetrahydrophthalic anhydride (m.p. 104°)

その後多くのジエン（diene）とエン（dienophile）との環化反応が見いだされ，「ジエン合成」ともよばれ，多くの天然物合成などに利用されていた．反応性は多様であり，ほとんど反応しない組み合わせもあり，立体特異性があることも特徴的であった．

反応機構に関しては，右式のように2か所で同時に結合形成される協奏反応（concerted reaction）の1つに分類されていた[2]が，触媒もなしに π 結合炭素どうしが結合して環状化合物を形成することは 0.4(3) で述べたような従来の電子論的な反応機構の考え方では説明付けられなかった[3]．

ウッドワード・ホフマン則　　1965年，Woodward と Hoffmann がフロンティアオービタル（HOMO–LUMO）によってそれまで知られていた多くの有機反応の反応性・立体選択性が説明されることを見出した[4]．このブレイクスルーにより数多くの研究成果がもたらされ，ペリ環状反応（pericyclic reaction）という第3の反応機構[5]ともいわれる未知の分野が拓けた．ディールス・アルダー反応は，その1つである環化付加反応に分類されるようになった．

Diels と Alder が最初に報告したブタジエンと無水マレイン酸の反応に関してそれぞれ HOMO–LUMO の形状とエネルギーを次に示す．エネルギー準位が高いブタジエンの HOMO とエネルギー準位が低い無水マレイン酸の LUMO が相互作用すると安定化する．この時両者の波動関数の位相が一致し

ている必要がある．このことが，立体選択性を示す要因であった．

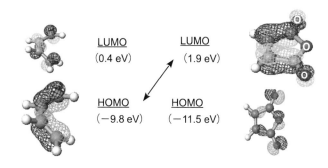

図-1　Diels-Alder 反応

共役ジエンの HOMO ほうがモノエンよりもエネルギー準位が高いのが一般的である
ので図の矢印のような相互作用で反応が進行していると考えられる．

軌道の対称性
（波動関数の位相の重要性）
「ウッドワード・ホフマン則」と通称されてい
るが，詳しくは，「軌道の対称性保持則（con-
servation of orbital symmetry）」といわれる．
軌道の対称性といわれることは，分子オービタルの波動の位相のことで，同符
号の位相が重なる場合（対称）は結合性（bonding）であるが，異符号の位相
が重なる場合は反結合性（anti-bonding）になる．

　見方を変えれば，このことによって分子オービタル理論の確かさ，波動性，
その位相の実在が実験的に証明されたことになる．

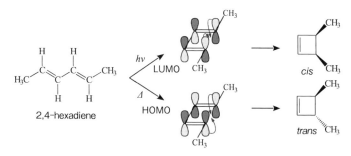

図-2　周辺環状反応

HOMO あるいは LUMO の末端の位相が揃うように（対称となるように）回転し
て結合するという原則で統一的に説明される．

1）O. Diels, K. Alder, "Synthesen in der hydroaromatischen Reihe：Anlargerungen von "Di-en"
-kolenwasserstoffen", *Justus Liebigs Annalen der Chemie*., **460**, 98-122(1928).

2）立体配置が反転する S_N2 反応も協奏反応に分類される．

3）1950 年には二人にノーベル化学賞が与えられるほど数多くの反応が知られ成果が上がっているに
も拘らず，旧来の有機化学教科書では，"no mechanism" として多くが語られない傾向にあった．

4）R. B. Woodward, R. Hoffmann, "Stereochemistry of Electrocyclic Reactions," *J. Am. Chem.
Soc*., **87**(2), 395-397(1965)；R. Hoffmann, R. B. Woodward, "Selection Rules for Concerted
Cycloaddition Reactions," *J. Am. Chem. Soc*., **87**(9). 2046-2048(1965).

5）ペリ環状反応は，イオン反応，ラジカル反応という 2 大反応形式に加えて第 3 の反応機構ともい
われ，環化付加反応（cycloaddition），電子環状付加（electrocyclic reaction），シグマトロピー
転位（sigmatropic rearrangement），グループ移動反応（group transfer reaction）に分類され
ている．I.フレミング著，鈴木啓介・千田憲孝訳，『ペリ環状反応—第三の有機反応機構』，化学
同人（2002）．しかしながら，求核試薬・求電子試薬といった電子論的な発想をやめて，化学反応
は 2 分子間のオービタルレベル HOMO（あるいは SOMO）と LUMO の相互作用によって進行
すると見るならばイオン反応・ラジカル反応とともに統一的に考えることもできるであろう．

化学教育ノート　有機電子論の引退

　19 世紀半ばに発想された原子価理論，20 世紀初めに考え出された電子対
共有結合理論，それらを受け継いで電子の動きが目に見える 'かのように' 説
明する有機電子説は 1930 年代に発展した．共鳴理論，混成軌道理論もこの
頃の発想である．これらをまとめて作りあげられてきた有機電子論をわれわ
れは感動をもって学んできた．「どうしてそうなるの？」という疑問に一定の
答えを与えてくれたからである．

　しかしながら，有機電子論では，始めからディールス・アルダー反応は全
く説明できなかったし，原子価，共鳴，混成という矛盾を含む考え方も化学
教育上の便宜から今でも教科書に記載され，学生に発問のチャンスを与えて
いる．

　福井理論とウッドワード・ホフマン則は，有機電子論的には説明しきれな
かった事実が分子オービタル理論（MO 論）によって見事に説明されること
を明らかにした．MO 計算が有機化学にとっても身近になってきている現在，
有機電子論もそろそろ引退の時期を迎えているのではなかろうか？ (p. 42 参照)

2.4.5 E2型脱離反応においてもザイツェフ則が成り立つのはなぜか

E1反応の場合 E1型脱離機構では，脱離基が離脱していったんカルボカチオンを生成する段階が律速となるから，このカルボカチオンにおいて，まず安定なカルボカチオンへと転移が起こり，それからより安定なアルケンを与える方向でプロトン脱離すると説明される．置換基が多いアルケンほどより安定であるということと「Hの数が少ない方の β 炭素からHが奪われる」というザイツェフの経験則が合致したため，このように説明されている．

　たとえば，次式のような3級アルキルの臭化物から3級のカルボカチオンが1分子反応的に生成し，この CH_3CH_2 基の αH が脱離して内部アルケン（ CH_3 基の αH が脱離して生ずる末端アルケンより安定，1.4.8参照）を生成する．

$$CH_3CH_2\!-\!\underset{\underset{CH_3}{|}}{\overset{\overset{CH_3}{|}}{C}}\!-\!Br \xrightarrow[\wedge]{-Br^{\ominus}} CH_3CH_2\!-\!\underset{\underset{CH_3}{|}}{\overset{\overset{CH_3}{|}}{C}}{}^{\oplus}$$

3級ハロゲン化アルキル　　　　3級カルボカチオン

$$\xrightarrow{-H^{\oplus}} CH_3CH\!=\!C\!\!\begin{array}{l}\diagup CH_3 \\ \diagdown CH_3\end{array}$$
内部アルケン

E2反応の場合 これに対して，脱離基Xが脱離しにくいような場合（脱離基アニオンや生ずるカルボカチオンの安定性が低い場合）には， β 炭素のH（ βH ）が先にプロトンとして引き抜かれてカルブアニオンを経るE1cB機構，あるいは S_N2 と同様にHの引き抜きとXの脱離が同時進行する（1段階協奏的）E2機構で反応が進行する．

　これらの反応機構による場合，塩基が βH を攻撃する段階が律速となるはずであるから，生成物アルケンの安定性だけでE1機構と同列に議論するわけ

にはいかない. この場合は, むしろザイツェフ則の原点に立ち戻って, H の数の少ない (つまりアルキル基の多い) βC の方が H を引き抜かれやすいことを理由付けしなければならない.

　ここでは, 2.4.6 で述べるホフマン則との関係もあるので立体化学的な説明を試みる. E2 反応における立体選択性から脱離にかかわる結合 $H-C_\beta-C_\alpha-X$ が同一平面上にあり, しかもエネルギー的に安定な "ねじれ型" 立体配座 (図-1(a)) からトランス (あるいは *anti*, 反対側に意味) 脱離生成物 (図-1(b)) となると考えるのが一般的である[1].

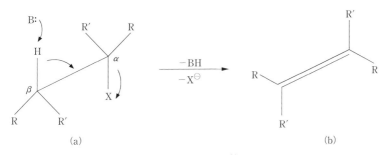

図-1　トランス脱離

　E2 反応機構の遷移状態は, 図-2 のように塩基 B によって H が C_β から引き抜かれると同時に X が C_α から脱離していく過程 (a → b) である. この過程において, C_α と C_β はそれぞれ sp³混成から sp²混成へと変形していく. この遷移状態を安定化して反応を促進するためには, sp²混成 C のまわりに π 電子供与できる R 基が多いほうが好ましい. R, R′がアルキル基の場合, CH₃基が

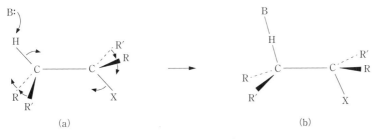

図-2　遷移状態の形成

βH の数がもっとも多く超共役効果が高いので，なるべく多く CH$_3$基がつくような配置で遷移状態が形成される[2]．

　この過程をニューマン投影図で示すと，図-3(a)から(b)へ変化することであり，アルケンが半分できかかっている状態にあることが明らかである．

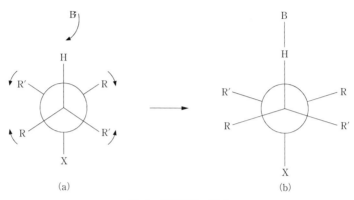

図-3　遷移状態の形成

　このような理由から，遷移状態に対しては CH$_3$CH$_2$基 1 つよりは CH$_3$基 2 つの方が好ましいわけで，このことはなるべく多く置換した C＝C の方が安定ということと合致するわけである．遷移状態が安定化されるような方向とアルキル基の少ない βC の上 H が B の攻撃を受けることが同じことになる．そして，E 1 機構の場合と同様，E 2 機構でもザイツェフの経験則を満足させる結果となる[3]．

――――――――――

1）シス（あるいは *syn*，同じ側の意味）脱離をしにくい理由は，より不安定な"重なり"型立体配座をとり，電子の流れが U ターンする形になるためと解釈される．塩基 B から流れこんでくる電子と X として離れていく電子ができるだけ離れた位置にくるほうが自然である．これは，S$_N$2 反応において求核試薬が背面から攻撃するのと同様の原理である．

2）超共役の効果はとくに励起状態において顕著になるといわれている．なおこれらの脱離反応は，熱力学的支配を受けるアルコールの脱水反応などと違って速度論的支配を受けることがわかっているので，生成物アルケンの安定性によって議論すべきではなく，遷移状態の安定性を考えねばならない．

3）しかし，アルキル基のついていないCH_3は，立体障害を受けずにBが近づくことができ，またアニオンも安定（カルボアニオンの安定性は，カルボカチオンと逆に$CH_3^- > RCH_2^- > R_2CH^- > R_3C^-$）なので（とくにE1cB機構の場合），$CH_3$側の$\beta H$が引き抜かれ，ホフマン型の脱離もかなり起こる．例えば，エタノール中でカリウムエトキシドによる2-bromopentane の脱離反応は，次式のような結果となり熱力学的計算からはわずか3％しかないはずのホフマン脱離生成物1-pentene が31％も生成してくる．

通説とは異なり，ザイツェフ脱離よりもホフマン脱離の方が標準的なのかもしれない（2.4.6）．

$$CH_3CH_2CH_2CHBrCH_3 \xrightarrow{\text{EtOK/EtOH}} CH_3CH_2CH=CHCH_3 + CH_3CH_2CH_2CH=CH_2$$

(*trans* 51 ％)　　　　　　（31 ％）

(*cis*　18 ％)

読書ノート━━━━━━━━━━━━━━━━━━━━━━━━━━━━━━━━

C_3H_6という量的な附加がどういう質的な区別をもたらし得るかは，エチルアルコール C_2H_6O を他種のアルコールを混入しないで何等かの飲用し得る形で飲んだ場合と，別の折にこの同じエチルアルコールを不評判なフーゼル油の主成分を形作っているアミルアルコール $C_6H_{12}O$ の少量を添加して飲用した場合との経験が教えている．われわれの頭は翌朝そのことにしっかりと気付き，その害を受ける．だから更にこうも云えるだろう，すなわち，酩酊とその後の二日酔が同じく質に転化された量，一方ではエチルアルコールの量，他方ではこれに添加された C_3H_6 の量，である，と．

エンゲルス"自然の弁証法"（1879），（田辺振太郎訳，岩波文庫）

2.4.6 第4アンモニウムの脱離反応は，どうしてザイツェフ則でなくホフマン則に従うのか

ザイツェフ則とホフマン則　水酸化第4アンモニウム塩の熱分解によるアルケン生成に関するホフマン則は，ザイツェフ則とともに古くから知られている経験則である[1]．ハロゲン化アルキルなどの中性分子の脱離反応は，ザイツェフ則支配（最も置換基の多いアルケンが優勢）となるのに対して，第4アンモニウムなどのカチオン基を脱離基とする反応は，ホフマン則支配（最も置換基の少ないアルケンが優勢）の生成物を与える．

	Y＝Br	$\overset{\oplus}{N}(CH_3)_3$
ホフマン脱離 $\rightarrow CH_3CH_2-CH=CH_2$	19 %	95 %
ザイツェフ脱離 $\rightarrow CH_3CH=CHCH_3$	81 %	5 %

誘起効果によるホフマン則の説明　ホフマン則に従うアンモニウムの場合，その正電荷による強い電子吸引性効果によって，β炭素は$\delta+$となっている．このβ炭素にアルキル基がつくと，その電子供与性のためにその$\delta+$性は低下し，β炭素についたHはプロトンとして引き抜かれにくくなる．したがって，ついているアルキル基の少ない方，裏返せば，Hの数の多い方のβ炭素（右式のβ_1）の水素が脱離したアルケンが優先する[2]．これが，インゴールドらによる説で，1930-40年代に主に発表されたものである．

立体効果によるホフマン則の説明　これに対して，1950年代になってH. C. ブラウンが立体ひずみ説を唱えだした．$C_{\beta_1}-C_{\alpha}$結合と$C_{\beta_2}-C_{\alpha}$結合についてニューマン投影式を書いてみるとよくわかるように，トランス脱離するためのコンホメーション（2.4.5参照）を取ろ

うとすると，$C_{\beta2}-C_\alpha$の方ではCH_2R基がかさ高いアンモニウム基に対して図-1右のようにゴーシュの配置になってしまい，互いに反発して不安定となる．一方，$C_{\beta1}-C_\alpha$間ではこのような立体的なひずみは少なく，結局，このような型を経て反応が進行する．つまり，β_1の炭素についたHが脱離し，アルキル置換基の数が少ないホフマン型生成物が優勢に得られる．

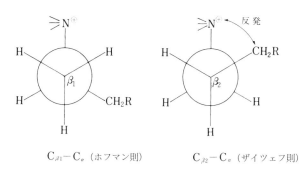

$C_{\beta1}-C_\alpha$（ホフマン則）　　　　$C_{\beta2}-C_\alpha$（ザイツェフ則）

図-1　ニューマン投影図

そこで，実際にRCH_2がCH_3CH_2基であるトリメチルアンモニウム塩に関して *ab initio* MO計算によって構造最適化モデリングを行い，メチル基側から（$C_{\beta1}\to C_\alpha$方向から）眺めた3D画像を図-2に示す．中央にメチル基が浮き出て見えるはずである．その$C_{\beta1}$から下方に伸びているC-H結合とその向こう側に隠れているC_αから上方のびている$N(CH_3)_3$基が同一平面上にあるの

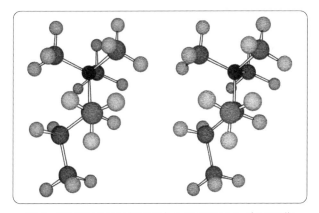

図-2　$CH_3CH_2CH(CH_3)N(CH_3)_3$の分子モデリング3D画像

がわかる．これが E 2 機構で脱離反応する場合は，メチル基の下方にのびている H を塩基が引き抜くと同時に C_α から $N(CH_3)_3$ が脱離していくのである．この最適化された分子モデルをエチル基側（C_{β_2} → C_α 方向）から見た場合には，脱離基の結合が同一平面上に配置されてこないことも観察される．

　　一応の結論　「E 2 反応の配向性を考えるとき，普通のサイズの化合物と非常にバルキーな立体ひずみのかかった化合物とを分けて考えるべきである．普通のサイズの化合物の場合には，やはり Hughes-Ingold の提唱したように I 効果によるホフマン型配向となる．ところが，非常にバルキーな置換基がアルキル基や脱離基にあるときには，立体効果が支配的となり，末端オレフィンが優先的に生成するようになる．」[3]

　ここに引用したように，ケースバイケースでいずれか一方に律しきれないというのが，一応の結論なのであろう．そのせいか一般の有機化学書にはホフマン則の理論的説明に全く触れてないものが多い．

――――――――――

1）Hofmann 則は 1851 年，Saytzev 則は 1875 年頃には早くも明らかにされている．

2）β 炭素に電子吸引基がついた場合は必ずしも Hofmann 則には従わなくなる（A. Streitwieser & C. H. Heathcock, "Introduction to Organic Chemistry", Collier Macmillan International Edition. p.796）．

3）大饗茂，『講座有機反応機構（6），脱離反応』，東京化学同人．本書には，Hofmann 則に関する Hughes-Ingold らと H. C. Brown との論争の経緯について詳しく紹介されている．

2.5 酸化反応と還元反応

C−H → C−X となることがどうして酸化反応になるのか

有機化学での定義と無機化学での定義

酸化反応・還元反応の定義は，無機イオンの場合には比較的簡単で，電子を失うことが酸化，電子が与えられることが還元である．一方，有機反応に関しては，

酸化(oxidation)は

　　脱水素(dehydrogenation)および酸素付加(addition of oxygen)

還元(reduction)は

　　水素化(hydrogenation)および脱酸素(deoxygenation)

と定義されている．

電子の授受という無機化学での定義は明確であるが，O あるいは H のやり取りで定義することには曖昧さが残る．さらに，両者を同じ概念として結びつけて考えるには少なからぬ困難を伴う．

疑問点①

まず，アルケンの水素化反応は，次のように水素付加であるから有機化学的定義によって還元である．2 H・(あるいは H^- ＋ H^+) という形で2個の電子が与えられているからアルケンは無機化学的にも還元されていることになる．

$$>C=C< \quad \xrightarrow{2[H\cdot]} \quad >\overset{\displaystyle H}{\underset{|}{C}}-\overset{\displaystyle H}{\underset{|}{C}}<$$

ところが，同じアルケンに対してハロゲン X_2 付加の場合はどうであろうか？

$$>C=C< \quad \xrightarrow{X_2} \quad >\overset{\displaystyle X}{\underset{|}{C}}-\overset{\displaystyle X}{\underset{|}{C}}<$$

　この場合，H付加と同様，2 X・という形で2個（非共有電子対までいれれ
ばそれ以上）の電子が与えられているにもかかわらず還元ではないのはどうし
てであろうか？

　　　　　　　　　　　　さらに，C−HがC−Xに変化するとき，XがOならば，脱H
　疑問点②　でO付加であるから有機化学的定義によれば問題なく酸化反応
ということができる．ところが，HがOに置き換わったことで分子全体の電
子数は増加しているわけであるから，無機化学的には還元のはずではないかと
いう理屈がなりたつ．

　このようなことから，有機化合物の酸化還元を単にOとHの増減だけで定
義するのは不正確であると考えられる．

　　酸化・還元に関する統一的な考え方　　有機化学ではCを中心に反応を考え
　　　　　　　　　　　　　　　　　　るのが当然である．無機化学的にC
の酸化・還元を考えると，次式のようにCラジカルが電子を奪われてカルボ
カチオンに，電子を与えられてカルバニオンになることにそれぞれ相当する．

$$\cdot \overset{\cdot}{\underset{}{C}}{}^{\oplus} \quad \overset{-e}{\longleftarrow} \quad \cdot \overset{\cdot}{\underset{}{C}} \cdot \quad \overset{+e}{\longrightarrow} \quad \cdot \overset{\cdot}{\underset{}{C}} {:}^{\ominus}$$

　これは，無機イオンにおける原子価（電荷）の増減に対応するわけである．
しかし，炭素化合物の場合は，これらは通常不安定な反応中間体にすぎず，酸
化・還元反応の前後でCの原子価は4価を保っているのが普通である．

　有機化合物における酸化・還元は，4価のCのうちでの細かい電荷の変化，
つまり次のように電子密度の変化と見ると，無機化学的定義と統一をとること
ができる[1]．

　　　Cの電子密度低下　⇒　酸化
　　　Cの電子密度上昇　⇒　還元

すなわち，Cに対して電気陰性（度の高い）元素であるOやハロゲンなどが
結合するとCは$\delta+$となるから酸化されたことになり，電気陰性度の低い
（電気陽性）元素であるHが結合するとCは$\delta-$となるから還元されたことに
なると考えられる．

　次の具体例のように，実際にCH$_3$基のHが電気陰性元素であるBrに置き

換わる毎に中心炭素の $\delta+$ 性は増加するが，生成物の加水分解物からいわゆる
酸化段階が確かに進んでいくことがわかる[2].

いわゆる酸化数にも，整数ばかりでなく小数以下があると考えればよい[3].
これで先にのべた疑問をいずれも解決することができる．

---

1) J.-P. Anselme, "Understanding Oxidation-Reduction in Organic Chemistry", *J. Chem. Educ.*, **74**, 69 (1997).

2) 加水分解は酸化でも還元でもないとされている．酸化段階は，炭化水素→アルコール→アルデヒド→カルボン酸→二酸化炭素の順に高くなる．

3) 電子分光法によれば，化合物中の各元素の酸化度を小数点以下までスペクトルとして測定できる．

2.5.2 フェノール類が抗酸化作用を持つのはどうしてか

抗酸化作用　基質 RH の自動酸化（auto-oxidation）は次式のように R・あるいは ROO・によるラジカル連鎖反応によって進行する．

$$RH \diagdown RO_2\cdot$$
$$ROOH \diagup R\cdot \diagdown O_2$$

フェノール類（ArOH）は，次式のようにして，これらのラジカルを捕捉し（ラジカル捕捉剤，radical scavenger），連鎖反応を停止させることができるため抗酸化剤（anti-oxidant）として作用する[1]．

$$ROO\cdot \ + \ ArOH \ \rightleftharpoons \ ROOH \ + \ ArO\cdot \qquad (1)$$

$$R\cdot \ + \ ArOH \ \rightleftharpoons \ RH \ + \ ArO\cdot \qquad (2)$$

　ArOH が抗酸化作用を発揮するためには，このような反応が進むことが肝要である．その可能性は，O−H 結合の結合解離エネルギー（bond dissociation energy）の大きさによって議論される．

　有機分子中の特定の結合に関して 298 K で実験的に求められた結合エンタルピー（DH_{298}）データの内，いくつかの分子の O−H 結合に関する部分を抜粋して表-1 に示した．それによると，フェノールの結合エンタルピーはアルコールに比べてかなり低く，ヒドロペルオキシド ROO−H に近いことがわかる．このことは，上式(1)がかなり進行しやすいことを示唆する．

表-1　O-H 結合の解離エネルギー[2]

分子	DH_{298} (kJ/mol)
C_6H_5O-H	376
CH_3H_2O-H	438
$(CH_3)_3CO-H$	444
CH_3H_2OO-H	359
$(CH_3)_3COO-H$	351
CH_3COO-H	468
C_6H_5COO-H	463

フェノキシル（ラジカル）の安定性

なぜフェノールの O−H の結合解離エネルギーが低いのだろうか．フェノキシド（phenoxide）C₆H₅O⁻の場合（1.5.2 参照）と同様にフェノキシル（phenoxyl）C₆H₅O・が共鳴安定化するためと一般的には説明されている[3]．

フェノキシルの場合について分子計算してみると，その静電ポテンシャルと電荷分布は図-1 のように対称性が高くなっていることがわかる．電荷は *ipso* 位以外の芳香環炭素に広く分布している．オービタル計算によれば，HOMO と SOMO のエネルギー差が少なく分子内相互作用のよってラジカルが安定化していると考えられる．さらに，LUMO のエネルギー準位もかなり低くなっているので 2 分子間の反応が起こりやすいはずである．ただちに二量体化してビスフェノール異性体の混合物になると報告されている[4]．

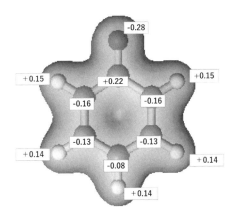

図-1　フェノキシル（C₆H₅O・）の静電ポテンシャル（電荷分布）
1.5.2 図-2b（フェノキシド，C₆H₅O⁻）と見くらべてみるとほとんど同じであることがわかる．

フェノール類の抗酸化力を試験する方法として DPPH 法[5]というのが知られている．これは，フェノール類の OH の H が DPPH の N 上に安定に存在する不対電子によってどれだけ引き抜かれ易いかを測定する方法である．反応は次のような N と O による H の奪い合いになるので O−H の結合解離エネルギーが小さいほど引き抜かれやすい．

$$Ar-O \quad \overset{\cdot\cdot}{N} \diagdown$$

表-1 にはカルボン酸の O−H 結合に関する解離エネルギーも付け加えた．ここで示される高い解離エネルギーの値からは，

「カルボン酸はフェノールに比べて酸性は強いのに，なぜ抗酸化作用はないのか」

という疑問が生じても不思議はない．

溶液中での酸解離は，

$$RCOOH \quad + \quad H_2O \quad \rightleftharpoons \quad RCOO^- \quad + \quad H_3O^+$$

のように水分子が関与し，O−H からプロトン H^+ が放出される不均等開裂である．これに対して，カルボン酸がフェノールと同様に抗酸化作用するためには次のように均等開裂しなければならないが，結合解離エネルギーの値（表-1）はこのような開裂をしにくいことを示している．

$$RCOOH \quad \rightleftharpoons \quad RCOO\cdot \quad + \quad H\cdot$$

カルボキシレート（$RCOO^-$）と同様，カルボキシル（$RCOO\cdot$）にも共鳴式を書くことはできる[6]．しかし，電子を動かして共鳴式が書けたとしても $RCOO\cdot$ が安定であるという保証が得られるわけではない．ここでも共鳴理論の限界が露呈されている．

1）このことが高齢者の体内でアンチエイジング作用をするといわれ，この世の中では"ポリフェノール"を含む食品が注目されている．

2）S. J. Blanksby, G. B. Ellison, "Bonding Dissociation Energies of Organic Molecules," *Acc. Chem. Soc.*, **36**(4), 255-263(2003).

3）フェノールの酸性をフェノキシド $C_6H_5O^-$ の共鳴安定化で説明（1.5.2）されているのと同様，フェノキシル $C_6H_5O\cdot$ も共鳴によって安定化していると簡単に片づけられていることがある．この場合も何に対してという疑問が残る．

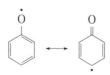

4) T. H. Das, "Hidden Chemistry in Phenoxyl Radical ($C_6H_5O\cdot$) Coupling Reaction Mechanism Revealed," *J. Phys. Org. Chem*., 2009, **22**, 872–882.

5) DPPH（1,1-dipheny-2-1picrylhydrazyl）とは次式のような化学構造で，大気中でもかなり安定に濃紫色の遊離ラジカルとして存在する珍しい化合物である．遊離ラジカルは ESR によって検出されるが，H が結合すると退色するので分光計で簡便に濃度測定できる．

6) RCOO・に関して次のように電子を動かして共鳴式を書くことは可能である．しかし，フェノキシルの場合と違って，半経験的 MO 計算（AM 1 法）を試みたが収束できなかった．

電子を動かして共鳴式が書けるということと，分子が安定化するということとは必ずしも対応しないことがわかる．

2.5.3 アルコールとチオールとでは，酸化反応の受け方が全く違うのはなぜか

チオールの酸化 チオール (thiol, RSH) は，I_2，HOCl，O_3，H_2O_2のような酸化剤によってたやすく酸化されてジスルフィドになる．また，特にアルカリ性では空気酸化されやすい．これは，RSH が酸性であるためアルカリによってチオラート (thiolate) $RS^{\ominus}$となり，これが酸素 O_2に電子を奪われてチイルラジカル RS・になりやすく，次のようにしてジスルフィドになるからであると説明されている．

$$RSH \xrightarrow{OH^{\ominus}} RS^{\ominus}$$
$$RS^{\ominus} + \cdot O_2 \cdot \longrightarrow RS\cdot + \cdot O_2\cdot^{\ominus}$$
$$2\,RS\cdot \longrightarrow RSSR$$

アルコールの酸化 第1または第2アルコールの酸化は，クロム酸など比較的強力な酸化剤を要するが，O−H 結合（459 kJ/mol）よりも C−H 結合（411 kJ/mol）の解裂を起こし，C の酸化状態を高めることになり[1]，カルボニル化合物を与える．これに対して，第3アルコールには OH 基のついた C には H がないから，このような酸化反応をできない．この場合，酸化剤は，RSH と同様に O−H 基を解裂して RO・が発生する．例えば，t-ブチルアルコールを過酸化水素などで酸化すると次式のように過酸化物を与える．

$$R-CH_2-OH \xrightarrow{[O]} R-\overset{\bullet}{C}H-O-H \xrightarrow{-H\cdot} RCH=O$$

$$2\,CH_3-\underset{\underset{\displaystyle CH_3}{|}}{\overset{\overset{\displaystyle CH_3}{|}}{C}}-OH \xrightarrow[-2\,H_2O]{H_2O_2} CH_3-\underset{\underset{\displaystyle CH_3}{|}}{\overset{\overset{\displaystyle CH_3}{|}}{C}}-O-O-\underset{\underset{\displaystyle CH_3}{|}}{\overset{\overset{\displaystyle CH_3}{|}}{C}}-CH_3$$

結合エネルギーによる説明　チオールを酸化するとジスルフィドとなりやすい理由は，次のような結合エネルギーの大小関係によって説明される[2].

$$O-H \ (459 \, kJ/mol) \ > \ S-H \ (363 \, kJ/mol)$$
$$O-O \ (142 \, kJ/mol) \ < \ S-S \ (240 \, kJ/mol)$$

一口に言うと，RSH は，S−H の結合エネルギーが小さいため RS・になりやすく，RS・は S−S の結合エネルギーが O−O より大きいため比較的安定なジスルフィドになりやすい．

R がジフェニルメチル（Ph_2CH-）のように C−H 結合が切れやすい場合にはチオールからチオケトンを合成することができるが，チオケトンは，ケトンのように安定ではなく，次式のような環状三量体になりやすいことが知られている．これは，一般に第3周期の元素が二重結合を形成しにくいことと関連している．つまり，C＝S における C の 2p オービタルと S の 3p オービタルは，次のように，大きさと形が違うため，十分重なり合わず π 結合を形成しにくいためと説明されている．

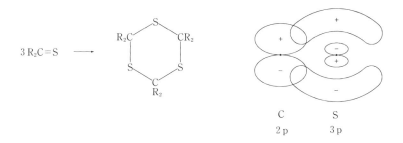

1) 形式的に，:C:H ⟶ :C・ ＋ H・ となり，C のまわりの電子数が減っているから2.5.1の考え方からしても酸化といえる．

2) このような関係になることも S が第3周期元素であることに起因する．S の原子半径が大きいために電気陰性度が O より小さく，S−H 結合エネルギーは O−H より小さくなる．これとは逆に，同じ理由により，S−S 結合は非共有電子対間の反発が少ないため，O−O 結合より強くなる（1.3.3 参照）．

2.5.4 NaBH₄はアルケンを還元しないのに，ジボランはアルケンをホウ水素化するのはどうしてか

NaBH₄にBF₃を反応させると次式のようにジボランが発生する．

$$3\,NaBH_4\ +\ BF_3\ \longrightarrow\ 2\,B_2H_6\ +\ 3\,NaF$$

反応性の違い　このジボランは，単量体ボラン（BH_3）であるかのように反応する[1]．その反応性は，同じ水素化ホウ素化合物でありながら，原料である水素化ホウ素ナトリウムとは全く異なることが知られている．これらに対する各種化合物の反応性の順は，次のとおりである．

ジボラン：

　カルボン酸　＞　アルケン　＞　ケトン　＞　ニトリル　＞

　エポキシド　＞　エステル　＞　酸塩化物

水素化ホウ素ナトリウム：

　酸塩化物　＞　ケトン　＞　エポキシド　＞　エステル　＞

　ニトリル　＞　カルボン酸　＞　アルケン

ホウ水素化反応　ジボランのアルケンに対する付加反応は，ホウ水素化[2]といわれ，その特徴は，マルコニコフ型と逆の配向性でしかもシス付加する点にある．これは，アルキル基の電子供与性によって分極したC＝Cに対して，BH_3がルイス酸として次のように求電子的に攻撃するとほとんど同時に水素が移行する四中心型反応機構であるためと説明されている[3]．

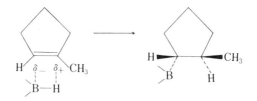

NaBH₄還元　これに対して，$NaBH_4$のボロハイドレートBH_4^-は，ルイス酸としての性質を全く持っておらず，逆にハイドライド（H^-）供与体とする求核的付加反応（つまり還元反応）をする．したがって，

アルケンとは全く反応しないが，カルボニル基には次のように容易に付加していく[3]．

$$H-\underset{\underset{H}{|}}{\overset{\overset{H}{|}}{B}}-H^- \quad \overset{\delta+}{\underset{}{\diagdown}}C=O \longrightarrow H-\underset{|}{\overset{|}{C}}-O-BH_3{}^-$$

カルボン酸の還元　これに対して，ジボランがカルボン酸を最も還元しやすいという結果は，一見考えにくい．これは次のように説明されている[4]．まず第1段階として，ジボランとカルボン酸より水素の発生を伴ってトリアシルボラン（RCOO）₃B が生成する．このアシルボランのカルボニル基は，隣接する O がホウ素の電子不足のために共役できないので，共鳴安定化した普通のエステル（2.2.7 参照）のカルボニル基より分極性の高いケトンのカルボニル基に近い性質となり，もう1分子のボランがカルボニル基の O を求電子的攻撃しやすくなる．そのあとにハイドライド（H⁻）がカルボニル C に転移して還元反応が成立する．

$$3RCOOH + 1/2B_2H_6 \longrightarrow (RCOO)_3B + 3H_2$$

$$\left[\begin{array}{c} \overset{O}{\overset{||}{-C}}-O-B\diagup \quad \longleftrightarrow \quad \overset{O}{\overset{||}{-C}}-\overset{+}{O}=\bar{B}\diagup \end{array} \right]$$

$$\overset{BH_3}{\longrightarrow} \quad R-\overset{-BH_3}{\underset{\underset{O}{||}}{\overset{+O}{|}}{C}}-O-B\diagup \quad \longrightarrow \quad R-\overset{BH_2}{\underset{O}{|}}{CH}-O-B\diagup \quad \overset{H_2O}{\longrightarrow} \quad R-CH=O$$

1）Diborane の化学構造については，1.5.5 参照．

2）H. C. Brown（守谷一郎訳），『ボラン—私はいかにして研究を進めたか』，東京化学同人，に研究経緯が詳しく述べられている．
　　実際に hydroboration するには，アルケンの THF 溶液に NaBH₄を加え，この懸濁液に BF₃-etherate を加えればよい．また，生成した有機ホウ素化合物を酸化すると，逆 Markovnikov 則的にアルケンを水和したアルコールができる．

3）LiAlH₄はカルボン酸を還元できるほど強力な還元剤であるが，NaBH₄と同様普通のアルケンは還元しない．NaBH₄がカルボン酸を還元するのは困難である．

4）H. C. Brown, "New Selective Reducing Agents", *J. Chem. Educ.*, **38**, 173 (1961).

（初版序）

なぜこの本を書いたのか

　5歳の子供に5回続けて「なぜ……？」と問われると，いかなる大科学者もたちまちお手上げになるという。この世の中のあらゆる事柄に対して，「なぜ……？」という疑問を投げかけることから新しい科学が芽ばえてくるということは誰しも言うところである。だが，受験戦争突破のため知識の詰込み教育を受けてきた学生諸君には，例えば教科書に書いてあることについて「なぜ？」，「どうして？」と疑問を持つ余裕などなかったことであろう。そんなことばかり考えていたら大学へ入れなかったかもしれない。それが現実である。

　しかし，大学生となった現在，何のために大学に入ってきたのか考えてみてほしい。もし，「学問をするため」と答える人がまだいたならば，「学問」という字をよく見てもらいたい。学問するとは「大学の門に入る」ということではなく，「学んで問う」あるいは「問うことを学ぶ」ということといえよう。講義を聴いたり，本を読んだりして知識を増やしただけでは学問したことにはならない。自らの脳細胞を総動員して，エライ教授の講義することや，リッパな本に印刷してあることに疑問を投げつけられるぐらいになるべきである。そのためにいろいろ努力することがほんとに身につく勉強である。単位を取ることにのみ汲々としていたのでは真の大学生とはいえまい。

　著者は，これまで10年余，大学2年生を相手に，Richards, Cram, Hammond の "Elements of Organic Chemistry" (McGraw-Hill・好学社) をテキストとして有機化学の初歩の話をしてきた。その間，学生諸君には，疑問点を見つけ出すことを心がけてテキストを精読し，それを予習レポートとして提出することを義務づけた。大学低学年のうちに学問の仕方，ものの見方を身につけ，自らの意思で学んでいくよろこびを知ってもらいたいからである。その結果，「この部分がよくわからないから説明してくれ」といった程度の要求（リクエスト）やミスプリントの指摘などにまざって，ときどき私もびっくりするような本質をついた「質問」が現われてくる。そのような質問を発する学生こそ，ペーパーテストの成績はともあれ，将来，自らの創意工夫で新しい仕事を開拓していける有能な化学者に成長するものと期待できるのである。

　有機化学に関しては，諸先生方のご努力によってまとめ上げられた参考書が非常に多く出版されている。その見事さは，いろいろ読めば読むほど，私の及ぶところではないことがわかってくる。そのような成書に伍して本書を世にお

くる意味はどこにあるのだろうか。先に述べたような「質問」が列挙してある
だけでも意義あることではないかと私は考えた。学生諸君が，「このことを学
んだとき，こういった疑問を持たねばならなかったのか」…… というふうに，
新しいものの見方を知り，自分の勉強の仕方の上すべりを反省する材料になる
と思われるからである。

　本書において私は，有機化学を学びはじめた学生が誤解しやすいことや，も
っと突込んで考えてもらいたいことを問題点として取り上げ，自分の「講義用
ノート」をもとにして理論的な解説をつけ加えることを試みた。「解説」であ
るから「質問」に対する「解答」とは違い，歯切れの悪い部分もある。また，
教科書と専門書のあいだのギャップをうずめることも本書の目的の1つであ
る。それだけに初学者には今すぐ理解できない部分も多いかもしれないが，そ
のような個所をいつも疑問点として胸の内にしまっておきながら勉学を続けれ
ば，いつかきっと会得するときがくるであろう。また，本書のレベルに飽き足
らずにさらに勉強したい人の一助となるよう，学生諸君が比較的容易に手にす
ることができる参考書や解説書を，私の調べた範囲でなるべく多く列記した。
調査・勉強不足のため引用もれも多いことと思われるが，その点遠慮なくご指
摘いただきたい。

　本書は，以上述べたような目的で書かれたものであるから，一般の有機化学
教科書によって十分理解できると思われる事柄については説明を省略した。ま
た，この本一冊で有機化学全般が勉強できると思ってはならない。例えば，近
年有機化学の分野でますます重要性を高めているスペクトロメトリーや天然
物，高分子の化学についてはほとんど触れなかった。本書はあくまでも有機化
学を理論的に理解するための副読本として扱かわれるべきであろう。

　読者の方には，正に浅学菲才の著者が書きとばした「解説」文に，何かおか
しいところはないか，ごまかしがありはしないかと，よく頭を働かせ，気を配
りながらお読みいただき，御批判をお寄せ下さることを期待するものである。

　以上，なぜこの本を書いたのかということを述べて，読者にどのように読ん
でいただきたいか書きつらねてみた。ところで，物理化学の創始者の一人とい
われているオストワルドは，化学入門書として有名な著書「化学の学校」(1903)
のはじめに次のような励しの言葉を初学者に与えている。化学という学問の学
び方については，これを引用しておけば十分であろう。

「私たちはすべての物質をいちいち覚えようとは思わない。しかしその道を知ろうと思います。

……それで主な道を知りさえすれば，化学においてもその進むべき道が分るようになります。そうなれば，主な道から離れて，いちいちの場所をもっと悉(くわ)しく知ることもできるのです。それでやがて分りますが，化学を学ぶことは森の中を散歩するように楽しいことなのです」（都築洋次郎訳，岩波文庫）

なお，余白を借りて著者の読書ノートの一部を御紹介させていただいた。科学思想上の重要な書であり，安価に手に入るものばかりであるから一読をお勧めしたい。学生生活も何かと忙しいかも知れないが，このような書物に親しむ余裕はあってもいいのではないだろうか。

1979年　春

（初版あとがき）　どうやってこの本ができ上がったのか

本書を上梓するにあたり，過去10年あまりの間に私の講義につきあってくれ，多くの難問をぶつけてくれた学生諸君にまず感謝の意を表します．

また，20名以上の先生方に，本書の前刷を校閲していただき，数々の御意見・御批判を頂戴しました．それらの大変有益な御指摘によって改めて手を加え，ようやくでき上ったのが本書であります．お忙しい最中にもかかわらず心よく査読をお引きうけ下さり，適切な指摘をしていただける数多くの方々と平素親しくおつきあいさせていただけることは私の最大のよろこびであるとともに誇りでもあります．お名前をここに記せないのは誠に申し訳ないことですが，これらの先生方に心からの敬意を表し，ここにお礼申し上げるしだいです．

本文や読書ノートなどに多くの成書の部分を引用または使用させていただきました．そのため，関係する先生方にお許しをお願いいたしましたところ，すべての方から快諾の御返事を頂戴し，それに加えて励ましの言葉までいただくことができました．これらの先生方にも厚くお礼申しあげます．

さらに，拙稿の浄書に御協力いただいた宮川龍次君および校正に御協力いただいた小林英子さんには心からお礼申しあげます．

　最後に，私の我ままな言い分をきき入れ，このような型はずれな書を出版される三共出版と，いろいろご面倒をみていただいた久松康二氏，秀島功氏に敬意と謝意を表します．

　1979 年　春

（二版序）　　**理論有機化学のどこが面白いのか**

　本書初版を世に問うてから早くも10年の歳月が流れた。当初，このような取とめのない副読本にどれほどの読者がいるか心もとなかったが，幸い店頭で学生諸氏の興を誘ったようで，この間7刷を重ねることができた。著者としては，望外の喜びを噛みしめると共に，はたして間違いのない有機化学観を読者に導入・伝導できたのか，責任の重大さを改めて感じている。

　責任を感じているといいながらも，三共出版秀島功氏からの再三再四にわたる改訂のお勧めに，今日までお応えしなかったことについては著者の怠慢を咎められても致し方ない。しかし敢えて言い訳を述べさせていただくと，遅疑逡巡の理由は，著者が，職場においても家庭においても10年前とくらべてはるかに多忙となり，有機化学にのみ集中できなくなったためである。著者の興味の対象が，有機化学から化学史の勉強や有機資源活用の研究へ広がって行ったのも原因である。

　有機化学の理論と化学史あるいは有機資源とは何の係わりもないように思われる人がいるかもしれないが，著者の中では繋がっている。著者は，大学教師の職責は，学問の面白さを学生に伝えることと共に，将来花が咲く種となるような研究発表をすることと自覚しているからである。化学の発展過程を勉強することによって化学のほんとうの面白さが分かるようになったと自負しているし，また，これまで学んできた事柄を活用して人類の存続に役立つような研究を世に残したいと切望している。

　勉強したり研究したりしてきた過程で，著者の心にかかった事どもを本書の余白に「化学史ノート」，「実験室ノート」としてご披露させていただくことにした。読んでいただければおわかりになると思うが，どんな研究テーマであろうと，また，どんなに未熟な学生であろうとも一生懸命に実験を続ければ，必ず一つや二つの新しい発見をすることができる。こんなところに化学の魅力はあるのではないだろうか。

　さらに，ふり返ってみると，とくに若い頃に憧れをもって自分ながらに勉強した理論有機化学の思考方法が，どんな仕事にも役立ってきたように思われる。重箱の隅をつつくような有機化学の理論を学んでも人類の福祉には何の役にも立たないと思っている読者もいることであろう。しかし，初版のはじめに

も述べたように，学生諸君にとって大切なのは学び方を学ぶことである。虚心をもって学び，自然と湧いてくる素朴な疑問をつき詰めて考えることが肝要である。疑問を提起することは問題点の発見であり，問題点の発掘能力こそが創造的開発力につながるからである。有機化学の理論はそのような能力開発の教材として格好な分野である。

また，有機化学の勉強は分子の構造・物性や反応をイメージすることにほかならないが，応用研究においてもこれが重要な鍵をにぎることを著者は経験的に知っている。だからこそ，若い諸君がバイオとか機能材とかいった先端的研究にすぐ飛びついていくことには賛成するわけにはいかない。先端技術はすぐに先端でなくなるから先端的なのである。基礎さえしっかり身につけていれば，次にくる新らしい先端技術に充分対応できるはずである。

この10年の間に，有機化学の理論も着実に進歩している。初版では途方もなくまとめ切れなかったような疑問にも解決の糸口が見いだされている。第二版ではこのような疑問を追加し，初版の解説にも改訂を加えた。初学者の素朴な疑問でも，現代の有機化学研究の対象にもなるような先端的で正鵠を射ているものがあることを確認できたのが今回の大きな収穫であった。

はんせいのおもひをこめて　1989.10.23

（三版序）　　　**本書・本版の '存在理由' は何か**

　初版(1979 年)，二版(1990 年)とそれぞれ 7 刷を数え，本書が意のある学生諸君に受入れていただけたことは，著者冥利につきる喜びである．

　本書の意図するところは，初版および二版の序に書きつくしたので，それ以上付け加えることはない．おおきな変更点としては，本版では第 0 部「化学の方法」を追加したことである．化学理論とはどんなものなのかを認識してもらい，高校化学から大学の有機化学への橋渡しをすることがこの部分の目的である．化学に対する著者の思いを書き連ねたつもりであるので，化学の魅力を感じとったうえで有機化学の勉強に進んでいただければ大変うれしい．

　本文に関しては，ポイントを押さえながら読み進むことができるように，新たに小見出しをつけることにした．そうすることによって，著者としても非常に書きやすくなることを発見できた．前版までの悪文に―その読者に詫びつつ―手をいれたが，出来ばえははたしてどうであろうか．

　かえりみれば，初版は手書き原稿，二版はワープロ原稿，そして第三版はパソコンによるフロッピーと，20 年あまりの間に本書の原稿形態もずいぶん進歩し，便利になった．その間，有機化学の理論に関しても，その先端においては劇的な進歩を遂げている．しかし，それが一般の有機化学教科書にまで反映されるにはまだまだ時間がかかるようである．その間のつなぎの役割を本書が果たせるならば，著者の本懐これに勝るものはない．

存在の証明として　1999.10.23

270

は じ め に

　本書の第三版を書き上げたとき（1999年），「もうこれで最後にしたい」と思い，そのように出版社のほうにもお伝えしていた．しかしながら，他者の計算データや参考書の理論をそのまま使わせていただいていることが，その後も私自身の心掛かりであった．しかし，昨今，分子計算ソフトがますます簡便化し，幸い私のようなものでも利用可能な時代となってきた．そこで，本当に最後のチャンスに恵まれたとの思いが募り，一大決心のもとに自前の計算結果によって見直しすることにした．

　その過程において，小著前版を含め，従来の各書に語られている理論通説と外れる箇所が数多く見いだされてきた．1年余りの模索と躊躇いの後に，下記のような外論（ソトロン）を大胆にも公表させていただくことにした．しかし，独創的というより独善的になっているのではないかという危惧はぬぐいきれない．ご批判をお寄せいただきたい．

　そのような恵みが与えられたことを感謝して…（「おわりに」に続く）

本書の外論的箇所

1.	電気陰性度（原子価状態）の解釈	13.	酸解離の速度論的解釈
2.	水分子の構造理論	14.	気相における塩基性
3.	共鳴理論批判	15.	電子不足分子の結合
4.	波動としての電子と電子雲表示	16.	分子旋光の統計分布的解釈
5.	混成オービタルの理解	17.	反応座標の理解
6.	曲がり結合	18.	速度論と平衡論
7.	四重結合	19.	S_N1 機構への疑問
8.	CO の極性	20.	塩素の π 共役（共鳴）
9.	分子の安定性とは	21.	芳香族置換の MO 的理解
10.	超共役の解釈	22.	付加反応選択性の解釈
11.	カルボカチオンの安定性の解釈	23.	脱離反応選択性の解釈
12.	内部アルケンの安定性の解釈	24.	酸化・還元の考え方

おわりに ―― 感謝の言葉を残します

　本書を閉じるにあたって，まず，著者の有機化学講義に付き合ってくれた多くの学生諸君に心から感謝します．その人数は 35 年にわたって延べ 5 千人になると思います．「教えることは学ぶこと」とよく言われますが，自分自身が十分理解してないと，自信を持って講義することは不可能です．与えられた既存の有機化学教科書を誠実に理解しようとすると私自身躓くことが間々ありました．真摯な学生ほど同様な経験をしたはずです．もともと本書は，そのような学生諸氏との語らいの中から生まれてきたものでした．

　それだけに，本書旧版に対してもそれなりの思い入れがあり，紙面を借りて，

　　　　初版序「なぜこの本を書いたか」

　　　　初版末「どうやってこの本ができ上がったのか」

　　　　二版序「理論有機化学のどこが面白いのか」

　　　　三版序「本書・本版の '存在理由' は何か」

を本版終尾に再録させていただきました．

　これらを読み返してみると，編集者として初版（1979 年）以来ご担当いただき，今や発行者として本書を世に送ってくださる三共出版（株）社長の秀島功氏との 30 年にも及ぶ交わりが思いだされます．導かれたような出会いを思い起こし長年のご厚情に心からの謝意を表します．

　本版出版の意図ははじめに述べましたが，田辺和俊教授のご指摘のもと，小林憲司教授に分子計算の手ほどきをいただきました．実際にパソコンを使ってデータ入力・画像出力してくれたのは，専門研究員の中保建博士です．彼が打ち出してくれる最新の計算法による結果は，新しい目が開かれて心躍るものばかりでした．実に楽しい時間を分かち合えることが出来て感謝しています．

　本版をようやく起筆擱筆できたのは，遅疑逡巡する著者を叱咤勉励してくれた妻英子のおかげです．勝手なことばかりしてきた私を長年にわたって支え続けてくれたことに心から感謝し，改めて「いてくれてありがとう」の気持ちで本書を献げたいと思います．

2007.5.23　　　　　　　　　　　　千の風にのって　山口達明

索　引

著者略歴
山口　達明（Tatsuaki Yamaguchi）
1939 年 10 月　東京府東京市荏原区で出生
1958 年 3 月　成蹊高等学校卒業
1963 年 3 月　早稲田大学第一理工学部応用化学科卒業
1968 年 3 月　東京工業大学大学院理学研究科化学専攻修了
2010 年 3 月　千葉工業大学退職

有機化学の理論《学生の質問に答えるノート》■第五版■

1979 年 5 月 10 日　初版第 1 刷発行
1986 年 12 月 1 日　初版第 7 刷発行
1990 年 4 月 10 日　第 2 版第 1 刷発行
1999 年 2 月 25 日　第 2 版第 7 刷発行
2000 年 4 月 10 日　第 3 版第 1 刷発行
2005 年 4 月 1 日　第 3 版第 3 刷発行
2007 年 10 月 25 日　第 4 版第 1 刷発行
2013 年 5 月 20 日　第 4 版第 2 刷発行（補訂）
2020 年 10 月 10 日　第 5 版第 1 刷発行

©著　者　山　口　達　明

発行者　秀　島　功

印刷者　渡　辺　善　広

発行者　三共出版株式会社　東京都千代田区
神田神保町 3-2
〒 101-0051　電話 03(3264)5711(代)　FAX 03(3265)5149
振替 00110-9-1065

一般社団法人日本書籍出版協会・一般社団法人自然科学書協会・工学書協会　会員

Printed in Japan　　　印刷・製本　壮光舎

ISBN 978-4-7827-0798-2

「オービタル」というのは通常「軌道論」といわれている概念のことであるが，歴史的に見ればボーアの原子構造論のことを指すもので，それを引きずった成語を使いたくないという著者のこだわりによる。これに対して「化学教程」というのは「化学の教え方」という意味合いの古臭い名称である。

このような組み合わせとしたのは「化学教程」という古い革袋を「フロンティアオービタル」の発酵力で破りたい本意からである。

フロンティアオービタルによる
新有機化学教程

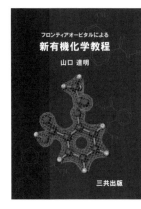

フロンティアオービタルを簡単な分子計算で描くことによって従来とは違った見方で有機化学を理解しようとするのがこの本の主眼点です。つまり，電子対の移動や共鳴式を使わない有機化学教科書です。
有機分子の電子分布図を沢山掲載していますので，従来の構造式とは違った分子のイメージがえられるでしょう。

A5・258 頁　　本体 3,200 円＋税
ISBN 978-4-7827-0714-2　　　　　　前千葉工業大学教授　山口達明著